从零开始

自己动手写区块链

裴尧尧◎著

图书在版编目（CIP）数据

从零开始自己动手写区块链/裴尧尧著．—北京：机械工业出版社，2018.11（2020.5重印）

ISBN 978-7-111-61237-7

Ⅰ．从…　Ⅱ．裴…　Ⅲ．计算机网络－基本知识　Ⅳ．TP393

中国版本图书馆CIP数据核字（2018）第241418号

本书是一本区块链底层开发入门图书，全书围绕作者开发的区块链模拟器，从原理和程序实现两个方面介绍了区块链开发技术。书中首先通过一个数字货币发行的故事，介绍了区块链的专业术语和工作原理；然后结合区块链模拟器的程序实现过程，介绍了区块链的关键技术细节。毫不夸张地讲，本书是一本手把手带领读者学习区块链开发的图书。

本书共7章。第1章从一个数字货币发行的故事引出了区块链，并围绕该故事介绍了区块链的基本原理和常见概念；第2章对区块链模拟器的基本功能和架构做了具体介绍，并对Python入门知识做了简单介绍；第3章介绍了区块链的加密技术，包括哈希算法、椭圆曲线加密和钱包等，并对热门的格密码进行了初步探讨；第4章介绍了UTXO模型中交易的数据结构，以及交易的创建和独立验证有效性的过程；第5章介绍了区块的数据结构、区块头的组成和意义、梅克尔树的作用和实现、创世区块所包含的内容、区块如何链接成区块链等；第6章以工作量证明（POW）共识算法为例，介绍了区块链达成全网共识的整个过程；第7章从专业技术角度进一步探讨了区块链技术的一些相关话题。

本书内容通俗易懂，讲解犹如庖丁解牛，非常适合区块链开发人员作为自己的第一本区块链技术读物，也适合区块链爱好者作为兴趣读物。另外，本书还适合作为区块链培训班的教材及需要了解区块链知识的相关领导干部的学习指导书。

从零开始自己动手写区块链

出版发行：机械工业出版社（北京市西城区百万庄大街22号　邮政编码：100037）

责任编辑：欧振旭　李华君　　责任校对：姚志娟

印　刷：中国电影出版社印刷厂　　版　次：2020年5月第1版第3次印刷

开　本：186mm×240mm　1/16　　印　张：17.75　　字　数：370千

书　号：ISBN 978-7-111-61237-7　　定　价：69.00元

客服电话：（010）88361066　88379833　68326294　　投稿热线：（010）88379604

华章网站：www.hzbook.com　　读者信箱：hzit@hzbook.com

前言

为何写作这本书

身边的很多朋友听说笔者了解区块链，便向笔者咨询数字货币（如比特币）是否值得购买或投资。于是笔者做了一个简单的测试，并尝试和有过交流的人发起一些关于区块链的讨论。从这些讨论中得出了两个结论：

- 90%以上的人从不同渠道听说过区块链。
- 80%以上的人将区块链等同于比特币。

这让笔者感到非常惊讶。区块链在社会群体中迅速传播，但是传播者和接收者却对其最基本的概念都没有弄明白，而将其等同于数字货币。这可能会让一些不法之徒有机可乘。由于笔者关注的侧重点主要是区块链的底层技术，并没有意识到原来区块链在社会生活中都已经如此火爆，看到很多人对区块链有严重的认识误区，所以萌生了写一本区块链技术图书的念头。

还有一些朋友，虽然能够区分区块链和数字货币，知道区块链是比特币的底层技术，但对这个热门的词汇不敢从原理和技术上进行深挖，认为学习门槛过高而避而远之。这其中还包括笔者的一个从事复杂网络研究的博士生同学。区块链真的这么难学吗？抱着这个疑问笔者开展了一个粗浅的网络调查。下面便是笔者通过网络渠道了解的区块链技术在国内的发展现状，虽然不一定完全准确，但应该有一定的代表性。

- 能够真正做区块链开发的人较少，不过他们的待遇比较丰厚。
- 大量技术人员想学习区块链开发技术，或者想从事该领域的工作，但相关的学习资料还比较少。
- 有了一些区块链技术开发培训班，但价格不菲，动辄上万。

也有一些朋友并不看好区块链的前景。这可以理解，就像早期的互联网技术出现在人们的面前时，人们也是心生疑虑或者是无感的，认为它只是一小部分人所关心的东西。而如今，互联网已经深刻地改变了人们的生活，渗透到了生活的方方面面。同样，区块链太新了，新到还没有系统的理论体系和统一的标准，所以有人不看好也是很正常的事。笔者坚信“发币”不是区块链的最终目标，未来它应该会有更多、更好的应用场景落地生根，只是当前该技术还很难普及到各行各业。可以把“发币”看做是区块链的萌芽阶段，要到成熟阶段还有很长的路要走，需要大量的技术人员投入大量的时间去研究，解决各种技术瓶颈，才会真正迎来区块链应用的大爆发。

笔者是区块链的推崇者，被区块链完美的构思所深深折服，因此有意为区块链的发展添砖加瓦。笔者想先解决区块链学习资料匮乏的问题，写作一本通俗易懂的区块链读物。这本书既能让大多数人看懂区块链的基本原理，也能引领技术人员在较短的时间内比较轻松地掌握区块链开发的相关技术，从而跨入区块链开发的大门。希望有更多的读者能够加入区块链的学习、研究和开发实践中来，通过大家的努力来构建成熟的区块链理论体系和标准。

本书有何特色

- 本书通过通俗易懂且饶有趣味的数字货币发行故事，向读者剖析了区块链的基本原理，并穿插介绍了区块链的相关概念和术语，这大大降低了理解区块链的门槛，使得大多数人都可以理解区块链的基本原理。
- 区块链的构思是精妙的，但其较为复杂和抽象，要想透彻理解并不容易。为了让读者更好地理解它，笔者耗费大量时间绘制了近 90 幅与区块链相关的原理图，这必将对读者透彻地理解区块链有很大的帮助。
- 本书围绕笔者开发的区块链模拟器展开讲解，将区块链中的加密、创建交易、创建区块、区块的链接、去中心化等核心环节通过实际代码实现，让读者能够从整体上理解区块链开发的思路，并亲自动手实践区块链开发的重要环节。
- 本书中的区块链模拟器虽然只是一个初级产品，但麻雀虽小，五脏俱全，读者完全可以通过该模拟器的动态展示，直观地体验发币、挖矿、交易等数字货币发行的重要环节，从而更好地理解区块链。
- 笔者用 Python 语言实现了区块链模拟器的开发，这大大降低了区块链开发的学习门槛。如果你具备 Python 编程基础，那么可以很顺利地实现书中的案例；如果你没有 Python 基础，但有其他编程语言基础，那么通过阅读本书第 2 章的 Python 入门知识，也可以比较顺利地实现书中的案例。
- 笔者在讲解过程中对区块链开发的各个关键技术进行了算法归纳和程序实现，便于开发人员更加深入地理解区块链的底层技术。
- 笔者请人为本书绘制了 9 幅漫画插图，穿插于各章。这些漫画插图生动而形象地展示了书中的数字货币发行故事，让抽象、复杂的区块链变得形象、直观，大大提升了读者的阅读体验。
- 本书提供了 QQ 交流群以方便读者进行区块链技术的学习与讨论。读者不但可以在群里相互交流和学习，而且还可以提出自己阅读本书时的疑问，或者其他意见和建议，笔者都会尽力解决。

为何做区块链模拟器

目前，区块链技术最成功的应用场景是发行数字货币，所以本书以数字货币为主题展开讲解（更准确地说是以比特币为蓝本）。比特币用户在比特币网络中创建交易、广播交易、验证交易、挖区块、将区块链接到区块链中，这一系列活动确保比特币系统的正常运行。遵照区块链技术的原理，笔者搭建了一个虚拟场景来模拟上述真实活动，这就是区块链模拟器。区块链模拟器使用者可以人为地设计任意环节，包括创建专属对等网络、添加任意数量节点、创建交易、广播交易、指定挖矿节点、修改共识机制、发动攻击等。通过这些环节，使用者可以以“上帝视角”了解区块链的工作原理，观察数据在网络中的传播，学习区块链如何抵御攻击。目前该模拟器就像一个数字货币发行机。

区块链模拟器非常易用，实现一次共识只需要如下 3 行 Python 程序代码：

```
>>> net = Network()
>>> net.make_random_transactions()
>>> net.consensus()
```

这 3 行代码描述了区块链系统中的 3 个关键过程：第 1 行代码搭建了一个区块链网络；第 2 行代码在网络中发起了一定数量的随机交易；第 3 行代码用来达成共识，即由谁来获取记账权。

区块链模拟器将枯燥的区块链原理用直观的方式呈现，它的实现过程也就是区块链的开发过程。结合区块链模拟器讲解区块链开发会更加形象、直观，可以起到更好的教学效果。本书将区块链关键环节的实现过程用算法归纳和程序代码两种方式呈现，手把手带领读者实际体验区块链的开发过程。另外，该模拟器是开源的，在使用上不存在任何限制，比如可以自由定义新的共识机制。希望后续可以不断地改进和完善该模拟器，让它能够成为区块链技术爱好者和研究者的测试工具。

为何用 Python 做区块链模拟器

首先，笔者希望没有编程基础的读者也能轻松地学习和使用区块链模拟器。笔者认为 Python 是一门优雅、明确和简单的编程语言。Python 作为一门解释型语言，在教学上的先天优势是其他编译型语言无法比拟的。它入门简单，代码可读性强，非常容易掌握。这些都为初学者学习区块链技术降低了门槛。比如之前提到，模拟器实现单次区块链的共识只需要 3 行 Python 代码。

其次，用 Python 编写的区块链模拟器，其源代码的可读性很强。笔者认识一位 Java 程序员，和他一起讨论过区块链的技术细节。他也想通过编写区块链程序来掌握区块链的关键技术，但由于工作繁重，目前并未实现。他知道笔者用 Python 语言编写了开源的区块链模拟器，研读模拟器的源代码后告诉笔者，他能够读懂这些源代码。

再次，Python 语言的开源为模拟器的开源提供了基础。笔者认为，开源的 Python 语言和区块链模拟器，给区块链爱好者研究区块链技术带来了很大的便利。

本书包含哪些主要内容

本书作为一本区块链开发的基础读物，除了未搭建真正的区块链对等网络外，基本上涵盖了区块链开发的一些关键技术。区块链模拟器贯穿全书讲解，模拟了现实中的对等网络，但并不具备真实性。下面简要介绍本书的主要内容。

第 1 章结合区块链故事介绍了区块链的基本原理和相关术语。

第 2 章介绍了区块链模拟器的设计和使用，以及 Python 编程入门知识。

第 3 章介绍了区块链中的加密技术，包括哈希算法、椭圆曲线加密和格密码等。

第 4 章介绍了区块链中的交易，包括一般交易形式的数据结构及创建、广播和验证的相关知识，以及如何自定义交易形式。

第 5 章介绍了区块和区块链，包括区块的数据结构、区块头的组成和意义、梅克尔树的作用和实现、创世区块所包含的内容、区块如何链接成区块链及区块链的分类等。

第 6 章介绍了区块链的去中心化共识，包括工作量证明（POW）共识算法的原理和程序实现，以及 Raft 协议的原理。

第 7 章探讨了区块链技术的相关话题，以及笔者对区块链未来发展的展望。

本书读者对象及阅读建议

- 如果你并不从事区块链的相关工作，仅仅是想了解区块链的相关概念和原理，笔者建议你阅读本书第 1 章中的区块链故事和第 2 章中的区块链模拟器 GUI 的使用，这两章内容可以让你从宏观上理解区块链的相关知识。
- 如果你从事区块链的相关工作，但不从事区块链技术开发方面的工作，笔者建议你除了阅读本书第 1 章中的区块链故事外，还应该阅读和实践本书第 2 章中的内容，通过使用模拟器来消化第 1 章中的内容。
- 如果你以后想要从事区块链的研发工作，本书可以作为你的第一本区块链开发技术图书，它会像一个向导一样带领你在区块链开发的正确道路上前行，笔者建议你通读全书各章内容，并且要认真地研读本书源代码。
- 如果你正在从事区块链的研发工作，相信书中的内容会对你有相当的启发，而且从某种意义上来说，本书中的区块链模拟器也是你测试新算法和新技术的好工具。
- 区块链技术具有重塑很多产业的潜质，这就要求相关领导干部也要重视区块链的发展，需要提前了解和学习区块链的相关知识，而本书通俗易懂的特质非常适合他们阅读，建议这类读者精读第 1、2、7 章，也可略读其他章节。

本书配套资源获取方式

本书涉及的区块链模拟器源代码文件下载网址为 https://github.com/YaoyaoBae/simchain，该模拟器的 GUI 游戏下载网址为 https://github.com/YaoyaoBae/Blockchain-simulator-exe。另外，读者也可以在华章公司的网站（www.hzbook.com）上搜索到本书，然后单击“资料下载”按钮进入本书页面，再单击页面上的“配书资源”链接下载这些资料。

勘误与售后支持

因笔者水平所限，加之写作时间较为仓促，书中可能还存在纰漏和错误之处，敬请广大读者批评指正。联系邮箱为 yaoyao.bae@foxmail.com 或 hzbook2017@163.com。另外，读者还可以通过本书 QQ 交流群（区块链技术学习与讨论）进行学习和技术交流，群号为 742346441。期待您的反馈意见，您的支持将是笔者前进的动力。

致谢

感谢中国领先的区块链技术问答社区——链客！社区对笔者写作过程中的一些疑问提供了支持。社区旨在为大家提供一个直接、高效的技术交流平台，为推动中国区块链技术的发展而努力！区块链技术爱好者遇到的每一个问题链客都能做到有问有答。链客区块链技术问答社区的网址为 http://liankexing.com。

感谢 WiFicoin 开源项目团队！是他们带领笔者走进了区块链的底层世界。区块链是一个运营项目，而很多知识我们只有在实际参与后才能有更加深入的理解。WiFicoin 开源项目为大家提供了一个低成本的参与案例，让大家见证了一个项目从启动到上市，以及不断丰富其落地生态的全过程，是一个非常适合学习者参与的项目。WiFicoin 开源项目的社区网址为 https://talkblock.org/，QQ 交流群号为 424031785。

感谢吕博雅为本书绘制了生动有趣的漫画插图！有了这些漫画插图，使得原本一板一眼的技术书籍顿时焕发了活力，可以大大提升读者的阅读体验。

感谢湖北工业大学土木建筑与环境学院的领导和同事！他们的支持、帮助和鼓励让笔者在面对挑战时能够勇往直前。

感谢欧振旭编辑和其他相关编辑！本书从选题到内容，从宏观把握到细节处理，都凝聚了他们的大量劳动。

感谢家人在长达 5 个月的写作过程中对笔者无条件的支持和宽容！

裴尧尧

于湖北工业大学

目录

第1章 区块链原理简介

会计老王每周五上午8: 00就会在村口等着大家来交易，交易总量以写满一页账本为止。一只鸡的价格是10元钱，张三想从李四手里买一只鸡，他们约定好本周五上午9:00在村口交易。到了周五9点左右，张三和李四一同走向村口，看到老王拿着账本正在等着他们。张三对老王说，给李四转账10元钱。老王看了张三一眼，确定是他本人无疑，然后开始仔细在账本里查找有没有指向张三的未被盖红章的交易输出。一会儿功夫，老王就找到了一笔指向张三的20元钱，而且这笔钱并没有被消费过，足够付给李四10元钱。这是今天的第一笔交易，老王翻开账本，在账本最新的一页上写上今天的日期，然后认真地写上这笔交易，并在指向张三20元钱的输出上盖上红章。李四看了看账本，交易确实指向自己，金额也为10元钱无误，于是把手上的鸡给了张三，本次交易成功，大家都高高兴兴地回家了。

1.1 区块链简要发展史

1.1.1 什么是比特币

谈到区块链，比特币是最常被提起的。比特币是一种 P2P 形式的数字货币。下面介绍其发展中的“大事件”。

2008 年 11 月，一个化名为中本聪的作者发表了一篇叫 *Bitcoin:A peer-to-peer Electronic Cash System* 的论文，国内译作《比特币：一种点对点的电子现金系统》，后来也被称为比特币白皮书。该文阐述了这种加密货币的理念，它不由中央银行或权力机构来发行，而是允许两个匿名者之间直接进行交易。

2009 年 1 月，中本聪用最初版本的比特币程序创建了创世区块，标志着比特币系统正式上线。一周后，中本聪发送了 10 比特币给密码学专家哈尔芬妮，这是比特币的第一笔正式交易。

2010 年 5 月，一位昵称叫 Laszlo 的程序员在论坛上发帖，想出售 10 000 个比特币，要价 50 美元，最终被人以 25 美元的披萨饼优惠券换取。这诞生了比特币的第一个公允汇率，也标志着比特币具有了流通的性质。此后的几年，比特币价格一路飞涨。

2013 年 11 月，比特币价格涨至 1 242 美元/比特币，超过同期黄金 1 241.98 美元/盎司。

2014 年 4 月，根据 Coindesk 的估计，全球大约有 60 000 商家接收比特币。

2017 年 12 月，比特币的价格达到历史新高，接近 20 000 美元/比特币。作者写作本节时，比特币的交易价格是 8 447 美元/比特币。

短短 9 年左右的时间里，比特币的价格翻了百万倍。而更让人惊讶的是，作为一个点对点（Peer-to-Peer）传输去中心化的开源支付系统（无中心管理者监督），全世界无数顶尖的黑客都垂涎这块“肥肉”，却仍然屹立不倒，这项技术是何等的天衣无缝！

于是，无数技术爱好者开始研究比特币系统“近乎完美”的底层技术。这也是本书的主题，以比特币系统为蓝本，介绍基于 UTXO 模型的区块链底层技术与程序实现。

1.1.2 比特币与区块链的关系

中本聪的论文中并没有提及“区块链”这个词，仅是把一些数据结构命名为 transaction（交易）、block（区块）和 chain（链）等。后来的研究者根据其显著特征，将该技术统一命名为区块链（Blockchain）。虽然比特币的产生早于区块链，但可以这样认为，比特币是区块链的第一个，也是目前为止最成功的应用之一。

提及区块链，常常与其联系起来的词语有数字货币、自由、信任、价值转移、加密、分布式共识、共享账本、安全和开源等。为了将区块链技术以更通俗易懂的形式呈现给读者，作者引入了一个发行数字货币的故事来介绍区块链中的专业术语，以及区块链的运作原理。由于故事背景的特殊性，并没有涵盖区块链技术中所有的术语和技术细节，但这并不妨碍读者理解区块链技术，未涉及的内容将会在后续章节中详细介绍。同时，请读者忽略从经济学角度而言故事中不合理的部分，如果一定要追究，可以在理解区块链原理的基础上设计实用的经济学模型。

1.2　什么是中心化

本节结合区块链技术，讲述一个发行数字货币的故事，但该种数字货币是中心化的。介绍的术语包括交易、数字货币、复式记账法、未消费输出、中心化、区块与区块链和创世区块。

1.2.1　交易

有一个世外桃源村，住着一群崇尚平等、爱好和平的人们，他们与世隔绝。为了满足各自的生活需求，村民之间存在交易，由于没有发行货币的能力，物与物之间只能交换，偶尔会产生分歧。比如，村民张三想用一头牛换李四的五只鸡，但李四觉得只能换四只，无法达成一致意见，有时候还发生争执。

发生争执的原因是什么呢？

交易（Transaction）的公平性得不到统一。交易的实质是所有权的转移，常常以货币为媒介，如果桃源村有货币在流通，并且每一件可能作为交换的物品都被定了价格，张三和李四就不会发生争执，交易的问题就会迎刃而解。

1.2.2　数字货币

村里有个叫中本聪的年轻人，想到了一种解决方案。他将全村的人召集到村口，介绍了自己的想法，他的原话是这样的："我知道今天张三和李四因为一头牛到底换几只鸡又发生了争执，据说还吵得面红耳赤。为了避免此类事情的再度发生，我想发行一种货币，这种货币不是某种奇形怪状的石头，也不是特定的纸张，更不是稀有的黄金白银，因为我们没有这些可用的资源。这种货币没有实体形式，而是写在账本上的数字，更确切地说是写在账本交易里的数字。具体来讲，村里有一个大家都认可的公共账本，记录着村民之间的来往交易。打个比方，李四本来没有钱，如果账本上突然写上一笔交易——张三给李四转账 10 元钱，至于张三为什么给李四转账 10 元钱，也许是因为向李四买了一只鸡或者一筐鸡蛋，我们不用理会，只要双方确认交易并写在了账本中就有效。账本中确实有指向李四的 10 元钱，李四就能拿这 10 元钱去消费，所有人都应该认可。如果账本中写了多条交易指向李四，比如还有两条交易分别是王五给李四转账 5 元钱及六麻子给李四转账 20 元钱，那么李四的账户余额就成了 35 元钱，李四就能拿这些钱去买他想要的东西。当然这些交易可能被记录在账本中不同的页码。”

中本聪想要发行的货币没有实体形式，仅是写在账本中的数字，但能在特定群体里及时流通，也就是一种数字货币（Digital Currency）。数字货币是虚拟货币的一种，虚拟货币的范围更广，还包括游戏币、小孩玩“过家家”时的“石头”和“贝壳”等。数字货币也有别于电子货币，我们常用的支付宝和微信支付属于电子货币的范畴，虽然也是记录在账本上的数字，但有别于数字货币，电子货币有实体形式，其对应于央行发行的法币。最成功的数字货币是比特币，可以在现实生活中及时流通。

虽然这个想法听起来很有趣，但也存在一些问题。比如，账本中的交易“张三给李四转账 10 元钱”，张三的 10 元钱到底在哪里？张三要给李四转账，账本里应该有指向张三的钱。如何更直观明了地解决这个问题呢？

1.2.3 复式记账法

中本聪还定了一些规则：“为了让我们的货币顺利发行，还有以下几点需要大家一起完成。首先，村里的每一件可能交易的物品都有一个统一的价格，这个价格由大家共同商议决定，货币单位采用元、角、分，最小的货币单位为 1 分钱。”

“其次，每笔交易都有一个编号，而且必须采用输入和输出的标准交易格式记录到账本里才算有效。上面提到的第一笔交易张三给李四转账 10 元钱，并没有采用标准交易格式记录，应被当作无效交易。这里给出一个标准交易格式范本（如图 1.1 所示），假如张三从李四手中购买一只鸡要支付 10 元钱，先在账本里查找有没有指向张三的交易，比如正好账本的第 3 页有一条编号为 13 的交易，其第 1 条输出指向张三，金额为 20 元钱，大于需要支付的金额 10 元钱，于是新创建交易的输入就应该指向该位置（定位），即为账本第 3 页，交易编号 13，第 1 条输出，然后将这条指向张三的输出盖上红色印章表示被消费过。由于要花费的金额是 20 元钱，还有 10 元钱的找零，所以该笔交易将产生两条输出，一条是指向李四的 10 元钱，另一条是指向张三的 10 元钱，这样就完成了这笔交易的记录。这种标准交易格式的好处在于，能查询每一笔钱的来龙去脉。”

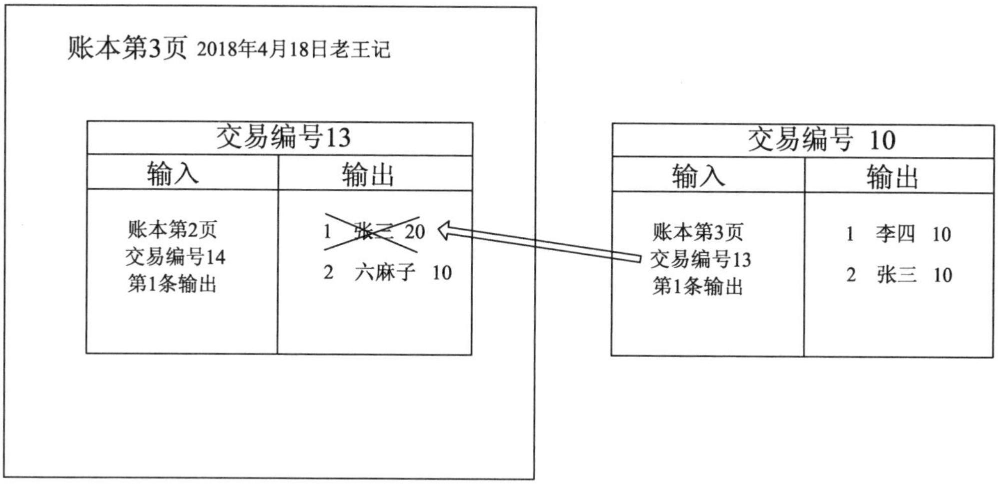

账本第3页 2018年4月18日老王记

交易编号13	
输入	输出
账本第2页 交易编号14 第1条输出	1　张三　20 2　六麻子　10

交易编号 10	
输入	输出
账本第3页 交易编号13 第1条输出	1　李四　10 2　张三　10

图 1.1　桃源村虚拟货币标准交易记录格式

中本聪给出的标准交易格式采用了复式记账法（Double Entry Bookkeeping），15 世纪形成于意大利，现为世界广泛采用。复式记账法是以资产与权益平衡关系作为记账基础，对于每一笔经济业务，都要以相等的金额在两个或者两个以上相互联系的账户中进行登记，系统地反映资金运动变化结果的一种记账方法。

这种交易格式就像链条一样，将资金的转移链接起来。如图 1.2 所示为张三、李四、王五、赵六的交易链条。区块链中除了区块（账本的页）和区块是相链接的，交易也通过输入和输出紧密链接在一起，从区块链（账本）中的交易顺藤摸瓜，可以清楚地追溯资金流动的来龙去脉。这与目前使用的货币是有区别的。举个例子来说，假设张三给了李四 1 万元，李四给了王五 1 万元，王五又给赵六 5 千元，赵六要拿 5 千元去消费，他到底用的是谁的钱呢？是来自张三？李四？还是王五？或者属于他自己？我们并不清楚，但是如果采用中本聪的标准交易格式进行记账，是完全可以追查到的，因为王五收到的每一笔钱都是一个独立的输出，当他需要消费时，他使用的是哪一个输出都能向上溯源。再比如，张三有 1 万元可能来历不当，通过合法渠道，将这 1 万元给了李四，那么李四这 1 万元就被“洗白”了，但采用中本聪的复式记账法却是不可以这样操作的。

事实上，复式记账法中交易的输入和输出应该是单个输入和单个输出的集合。在本书中，单个输入和输出，也被称为输入单元和输出单元。

需要注意的是，上述故事情节中，交易记录中的输入和输出总金额是相等的。在主流数字货币的交易中，会存在一个交易费，即输入总金额-交易费=输出总金额。

既然村民所有的钱被分散的记录在账本里，一般还记录在不同页中，那么村民如何知道自己有多少余额呢？

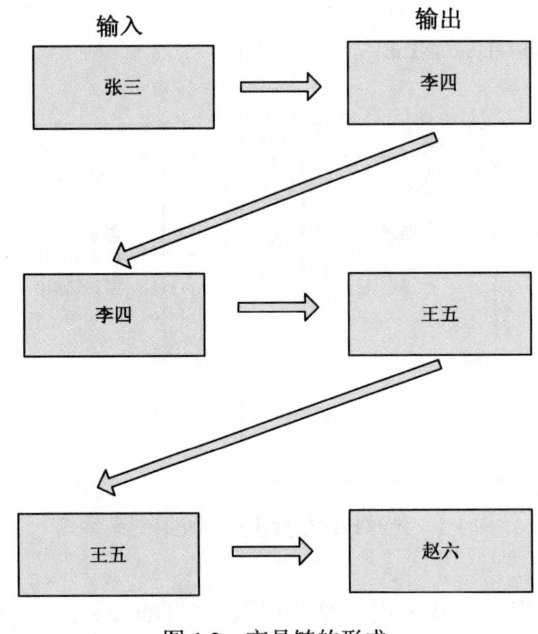

图 1.2　交易链的形成

1.2.4　未消费交易输出

中本聪对交易输出提出了更深刻的解释："账本里的输出就是大家的钱，指向谁就是谁的。但是有两种形式，一种是已消费过的，已消费过的被盖上了红章；另一种是未消费过的。如果将指向某个人的所有未消费（未被盖红章）交易输出累计加起来，总和就是这个人的账户余额。"

未消费交易输出（Unspent Transaction Output，UTXO），在本书中称为未消费交易输出单元更准确。从以上交易的定义可以看出，用户的 UTXO 被零散的记录在账本中。UTXO 是不可分割的，它只有两种状态，未消费和已消费，这也是其能溯源的原因。事实上，基于这种数据结构的模型也称 UTXO 模型，在基于 UTXO 模型的数字货币中，没有账户和余额的概念，只有 UTXO，本书讨论的就是基于 UTXO 模型的区块链技术。

目前，中本聪发明的数字货币已初具雏形。但还存在一些问题，比如应该由谁来保管账本，又由谁来记账？

注意： 本书后续内容将未消费交易输出简称为 UTXO。

1.2.5　中心化

中本聪继续介绍到："账本由一个可靠的人保管，并开展交易记录工作。账本不得修改，所以这个人必须是集正直、谨慎于一体，是大家都信得过的人。我推荐住在我家隔壁的会计老王。老王只记录有效交易。有效交易的创建必须满足以下三个条件：

（1）交易双方同时出面，交易由买方发起，老王要确保买方是本人无误；

（2）老王能在账本中找到买方足够的余额来完成支付；

（3）交易记录后还要由卖方确认无误。"

账本由诚实、正直的老王来保管，交易由老王来记录，老王就是第三方记账中心，是记账权威，哪些交易应该被写进账本在很大程度上取决于老王。日常生活中使用的微信支付和支付宝等，都属于中心化（Centralization）记账的代表，用户间的交易通过第三方权威（服务器）进行认证和记录。比如，微信账户的余额也只是一个数字，该数字来自对用户有关的所有交易的简单统计，可能用户手机里仅存放和自己有关的交易记录，但微信服务器在验证用户发送的支付交易时，仍然以服务器中的记录为准。这是因为用户个人手机

中的交易记录是可以自行篡改或者伪造的。微信服务器中存储着全网所有的交易记录，就像老王的账本一样。

接着上面的故事，是不是只要桃源村里有村民要发生交易，就先去找老王或者叫老王来记账呢？交易的具体流程又该是怎样的呢？下面将详细介绍。

1.2.6 区块与区块链

中本聪继续说道："交易集中进行，交易时间为每周五上午 8:00-12:00，交易地点在村口。换句话说，每周五上午 8:00，老王就会在村口等着大家来交易，交易总量以写满一页账本为止。一只鸡经大家商量后最终价格是 10 元钱，张三想从李四手里买一只鸡，他们约定好本周五上午 9:00 在村口交易。到了周五 9 点左右，张三和李四一同走向村口，看到老王拿着账本正在等他们。张三对老王说，给李四转账 10 元钱。老王看了张三一眼，确定是他本人无疑，然后开始仔细在账本里查找有没有指向张三的未被盖红章的交易输出。一会儿功夫，老王就找到了一笔指向张三的交易，金额为 20 元钱，而且这笔钱并没有被消费过，足够付给李四 10 元钱。这是今天的第一笔交易，老王翻开账本，在最新的一页写上今天的日期，然后认真地写上这笔交易，并在指向张三 20 元钱的交易输出上盖上红章（如图 1.1 所示）。李四看了看账本，交易确实指向自己，金额也为 10 元钱无误，于是把手上的鸡给了张三，本次交易成功，他俩高高兴兴回家了。老王今天很想早点回家，因为张三请了老王中午到他家吃鸡。于是老王希望有更多人来交易。因为规定了每次集中交易的数量是写满一页账本，写满后如果还有人需要交易，就必须等到下周五，所以老王可以提前回家。如果一页账本没写满，老王就必须等到 12:00 或者直到写满。"

根据中本聪的描述，每周五上午老王会在账本的最新一页纸上记录一部分交易，交易数量不定，但最多写满整页纸。该页纸上有确定的记账日期、记账人和页码，以及交易记录，在区块链技术中还有一个名称叫区块（Block）；整个账本由连续的页（区块）有序的链接起来，也被称为区块链（Blockchain）；页码所在的位置被称为区块高度，如图 1.3 所示。本故事中区块链的本质就是账本。那么为什么要以区块为单位保存交易记录呢？在 1.3.7 节中将给出答案。

需要注意的是，与主流数字货币（如比特币）不同，到目前为止，故事中的记账人是固定的，账本的最新页（最新区块）是由固定的老王创建，而主流数字货币的记账人（也被称为区块创建者、获胜"矿工"、记账权威等）预先是不确定的。那到底又是谁呢？后续故事中将继续讨论。同时，区块的数据结构，以及区块之间的链接与故事中的情形也有不同之处，这些细节将在后续章节中详细讨论。

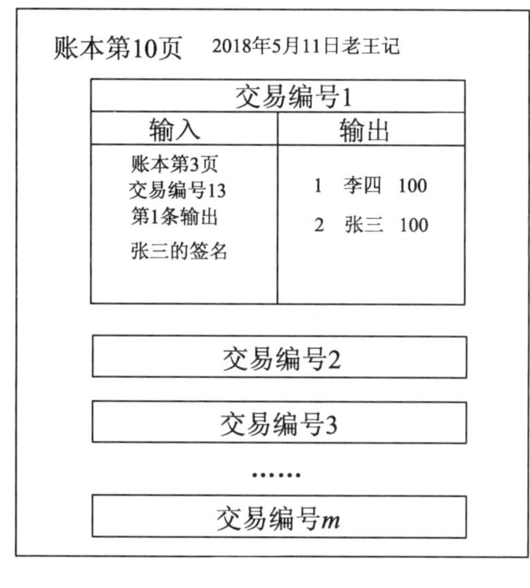

图 1.3　桃源村公共账本第 10 页和第 11 页

到目前为止，中本聪发行的数字货币还存在一个问题：账本里没有交易，或者说没有指向任何人的交易输出。所有村民都没有钱，那要如何进行交易呢？

1.2.7　创世区块

中本聪宣布货币的发行："我之前所有举例都是虚构的。目前我手上的账本是空的，也没有指向任何人的交易输出，大家都没有钱，是不可能完成一笔交易的。为了确保所有人的平等权益，我将会在账本的第一页上写入第一笔交易，这笔交易没有输入，只有指向每个人的，金额为 1 000 元钱的输出。从我写完这笔交易开始，说明我们的货币已经成功发行了。每个人的余额都是 1 000 元钱，从本周五上午 8:00 开始大家就可以自由交易了。"

说完，中本聪写满了账本的第一页纸，这张纸上有且只有一笔交易，记录了村里所有人的名字和指向他们的 1 000 元钱，如图 1.4 所示。

众人一听，中本聪这个想法毫无破绽，纷纷表示赞同，并通过民主投票最终决定由老王来保管账本并记账。中本聪让每个人确认自己的名字和 1 000 元钱写进了账本第一页的唯一一笔交易后才能回家。

从此，世外桃源村的数字货币就正式发行了。每个周五上午，老王就在村口等着大家来交易，并将有效交易以标准格式记录在账本里的最新一页中。时间一天天过去，张三买多卖少，账本里的余额越来越少；李四卖多买少，余额越来越多。

账本第1页 2018年4月18日中本聪记

交易编号1	
输入	输出
无	1 张三 1 000 …… 2 李四 1 000 …… 3 王五 1 000 …… 4 赵六 1 000 …… …… …… …… …… …… …… …… …… …… …… …… ……

图 1.4 桃源村公共账本第一页

桃源村公共账本的第一页也称为创世区块（Genesis Block）。创世区块中的交易不需要经过验证，所以从理论上讲金额是任意的，取决于创建创世区块的人。故事中的创世区块由所有村民共同创建，所以大家拥有共同的余额，失了偏颇将会产生异议。创世区块中必须有至少一条交易，交易必须至少有一个输出单元，也就是必须至少有一笔指向某个人的钱，否则后续交易将会无法发起。创世区块中的交易也被称为创币交易，但不是唯一的创币交易（比如比特币“挖矿”奖励也写在创币交易中），交易的输出总额也被称为创世币。

注意： 从经济学的角度来讲，整个村的经济总量永远是恒定的，即 1 000 元乘以村民数量，可能存在不合理之处。

值得一提的是，与故事中的创世区块不同，比特币的创世区块只有一笔交易，该交易的输出单元指向比特币创始人（中本聪），金额为 50 比特币。当然，如果读者发行一种数字货币，想在创世区块中给自己、亲戚或者朋友记录一定金额的创世币也是完全可以的。

虽然桃源村的数字货币发行了，解决了村民生活中的交易问题，从逻辑上讲是完全合理的，但也存在一些问题。

问题1：

到目前为止，桃源村数字货币的发行是以老王诚实、可靠为前提的。老王是记账中心，如果老王在未写满的区块中“人为”写入实际未发生的交易，可能存在“盗窃”行为。举个例子，张三和老王关系很“铁”，经常请老王吃鸡，眼看着自己余额越来越少，又不想出卖劳动力去挣钱，于是求老王在未记录满的页码中写入指向自己的交易，为了不让别人发现，可以是小额的。如图1.5所示的“人为”交易，就是张三试图盗用吴十的1元钱的证据。在实际生活中，这种情况也是可能出现的，比如使用某种电子货币支付App，记账中心挪用用户1分钱，并不容易被发现。

交易编号20	
输入	输出
账本第1页 交易编号1 第10条输出	1 张三 1 2 吴十 999

图1.5 张三小额盗窃吴十的钱

问题2：

如果老王不小心丢了账本，那大家的钱就没有了，整个交易系统都将崩溃。

问题3：

账本是公开透明的，谁的钱多谁的钱少一目了然。会不会出现见财起意的行为？比如知道李四钱多，张三可能会召集其他人强迫李四给他们转账。

以上三个问题中，前两个问题是因为中心化的问题，系统中存在一个权利过大的特殊机构，要彻底解决只能是去中心化。第三个问题是因为账本是公开透明的，转账地址直接与个人信息挂钩，没有进行加密处理。

首先围绕第一个和第二个问题，也就是如何去中心化的问题，我们继续听故事。

1.3 去中心化原理

本节继续讲述桃源村数字货币的发行，主题是去中心化，也是区块链技术的原理。介绍术语包括分布式存储、对等网络、交易池、“挖矿”、创币交易、工作量证明、共识与共识算法、确认、诚实节点和恶意节点、区块链分叉、双重支付、虚拟机、矿机与矿池。

一个阳光明媚的春日午后，中本聪在一阵吵杂声中醒来，家门口挤满了村民，细问之后才得知，老王外出回家，在经过进村的独木桥时，不小心将账本掉进了水里，水流湍急，再也找不回来了。账本丢了，等于大家的钱都没有了，又回到了同一起跑线上。像张三这种本身余额少的人占了便宜，李四这种余额多的只能吃哑巴亏，于是大家都来找中本聪，中本聪感到很愧疚。更重要的是，原本有交易的平衡被打破，整个村都乱了套。

聪明的中本聪意识到自己失败的原因在于中心化，于是苦思冥想去中心化的方法。他并没有学牛顿去苹果树下思考，经过不懈的努力，终于让他找到了可行的解决方案。他把大家召集到村里的会议大厅里，介绍了自己的想法。

1.3.1 分布式存储

中本聪是这样说的：

“老王丢了账本，造成大家的损失，这不是老王的错，一是因为天灾人祸，二是因为我设计的货币存在漏洞。这些日子里我总结了我失败的原因，认为罪魁祸首是因为交易记录在一个账本里，且由老王保管，老王就像是一个记账中心，如果中心出了问题，整个系统都将瘫痪。所以我的思路是去中心化。经过这段时间的思考，我终于找到了一种解决方案，也希望能解决我们当前的困境。”

“在之前规则的基础上做了适当的改进。我们的钱仍然记录在账本的交易中，交易还是按照标准格式写入账本，依旧采用集中交易的形式进行，交易时间还是每周星期五上午 8:00 开始，但结束时间不确定。每次的交易也是写满账本最新的一页为止，但交易地点改到会议大厅。还有不同之处在于，以前账本只有一个，由老王保管，现在是村里人手一个账本。”

中本聪的要求是每个人拥有一个账本，也就是将账本分开保管，在互联网术语中也称为分布式存储（Distributed Storage），账本由老王一个人保管称为集中式存储（Centralized Storage）。分布式存储的好处有两点：一是即使有个别村民的账本丢了，大部分村民的账本还在，该村民可以从别的村民处获得副本；二是如果有人想尝试修改账本，那么他需要修改每一个人的账本，无疑这个工作量是巨大的。

记账规则还是和以前一样，只要交易写进账本就生效，既然每个人都保管一个账本，就必须保证每个账本的数据是完全一致的，否则交易系统也无法健康的运行，这一点中本聪是如何做到的呢？

1.3.2 对等网络

中本聪继续说道：“以前交易是老王和需要交易的人参加，现在除了需要交易的人以外，越多人参加越好。以前交易是由买方告知老王，老王直接记录到账本里，然后由卖方确认。现在交易由买方以标准格式写在纸条上，然后将纸条在大厅里传递。传递的规则是，传递有效交易，拒绝无效交易。比如，张三向李四买一只鸡需付款 10 元，交易由张三创建，张三按照标准交易格式将该条交易写在纸条上，然后把纸条交给李四，李四验证交易有效后就要将纸条传递给大厅的其他人，其他人重复李四的工作，这样写着有效交易的纸条就在大厅内传播开来，直到纸条被大部分人验证过，最终会被放进会议大厅前面的箱子里。在场的每个人都至少有一重身份，那就是当写有交易的纸条传递到你手上时，负责验证交易有效性并将其传递出去。如果你是交易发起者，将多一重身份，要负责创建交易，当然每个人都有权利创建交易。”

中本聪的做法就好比搭建了一个对等网络（Pear to Pear Network），也被称为 P2P 网络、“点对点”或“端对端”网络，位于网络中的每一个节点（计算机）都彼此对等，各个节点共同提供网络服务。区块链网络基于国际互联网的 P2P（Peer-to-Peer）网络架构，由对等节点（Peer）构成，每个节点以“扁平”的拓扑结构相互连通，不存在任何服务端、中心化服务，以及层级结构，而且必须遵守相同的约定（P2P 协议），如图 1.6（a）所示。BT 和迅雷下载都属于对等网络的应用。

大厅里的每个村民就好比是 P2P 网络中的一个节点（Peer），每个村名享有相应的权利和遵守的规则。例如，每个节点都拥有创建交易的权利，也有应尽的义务——必须验证交易并传播有效交易。P2P 网络与传统的服务器对客服端的中心化网络有较大的不同，中心化网络中的中心节点是唯一的信息集散地，如图 1.6（b）所示，而且拥有更多的“特权”；而 P2P 网络中的节点可以拥有全网数据的副本。

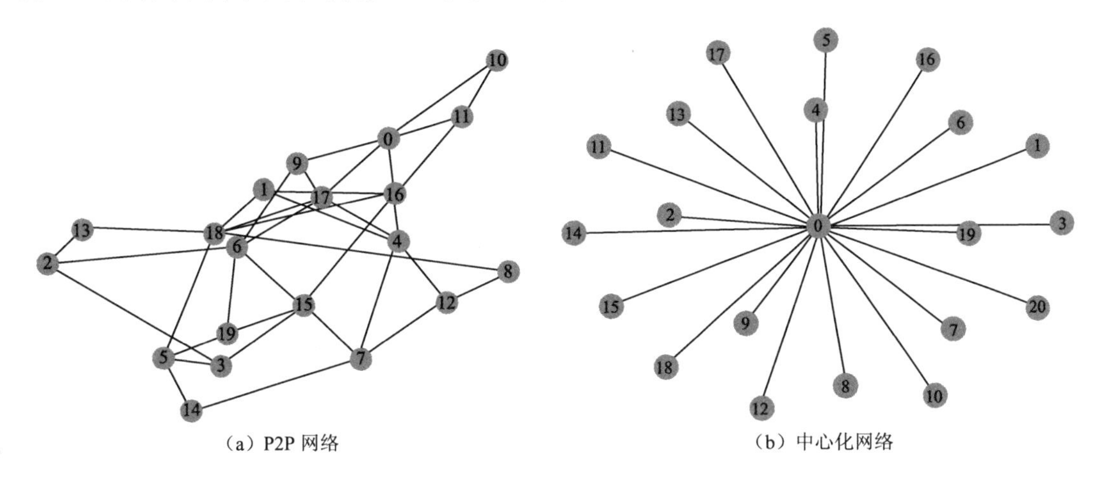

（a）P2P 网络　　（b）中心化网络

图 1.6　P2P 网络与中心化网络

现在的问题是，每个村民（节点）创建、验证和传播交易的具体流程到底是怎样的呢？

1.3.3 交易池

中本聪举了一个例子帮助大家理解交易的传播过程：

“我们来看一个实例，每到星期五上午 8:00，大家都带上自己的账本和草稿本来到会议大厅，需要交易的双方请坐在一起。如果张三想从李四手上买一只鸡需支付 10 元钱，他需要创建该笔交易并以标准交易格式写在小纸条上。其过程是这样的，张三先在自己手里的账本中查找属于自己的钱，也就是没有被盖过红章的指向自己的交易输出，比如账本的第 3 页有一条编号为 13 的交易，其第 1 条输出指向张三，金额为 5 元钱，但是不够支付 10 元钱，于是他就会继续在账本里查找，很快他又在账本的第 5 页找到一条编号为 4 的交易，第 1 条输出为指向自己的 6 元钱，这两笔钱加起来足够支付 10 元，于是将这两笔钱在账本中的位置作为当前交易的输入写在小纸条上，并签上自己的不可伪造的签名。输出是给李四的 10 元钱，和给自己的 1 元钱（5+6-10）。交易纸条范本如图 1.7 所示。”

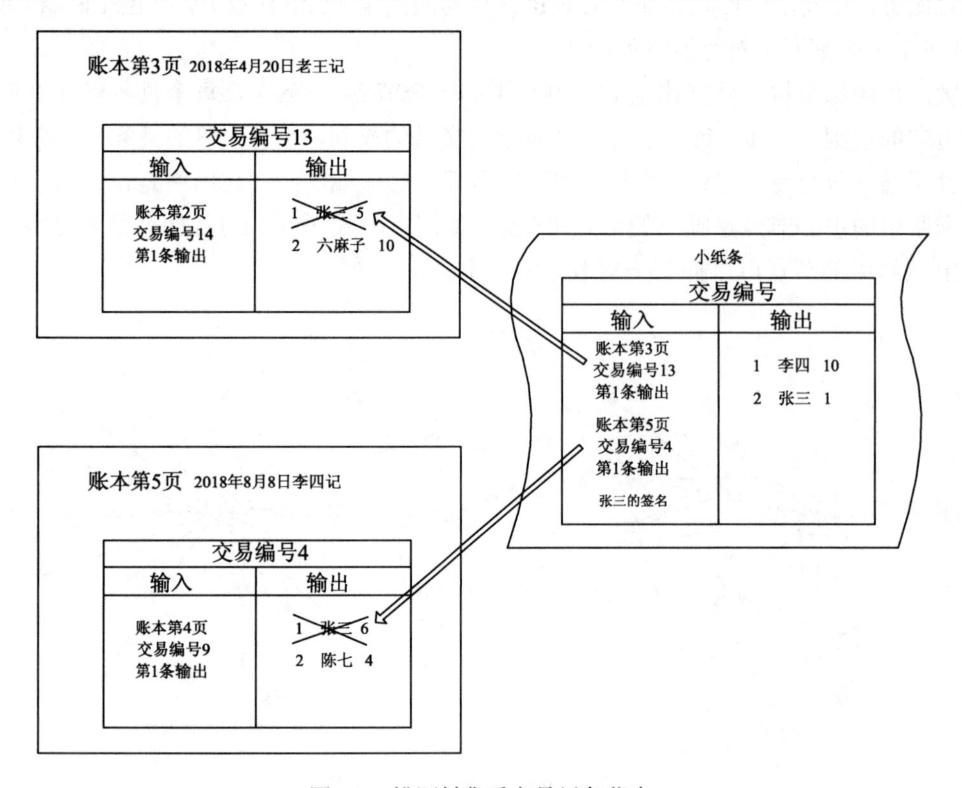

图 1.7 桃源村货币交易纸条范本

“张三将交易写在纸条上后，先在自己的草稿本上复写该笔交易，然后把纸条传给李四。李四接过纸条，首先检查交易是不是按照标准格式记录，然后对照自己的账本，检查输入和签名是不是匹配，也就是说，交易的输入必须是指向张三的未消费输出，签名必须是张三的签名，而且这个签名不是伪造的。比如交易输入是李四的，签名却是张三的，该交易将被视为无效交易。确认无误后，李四再核对交易输入和输出金额是否相等，如图 1.8 所示为交易验证流程图。"

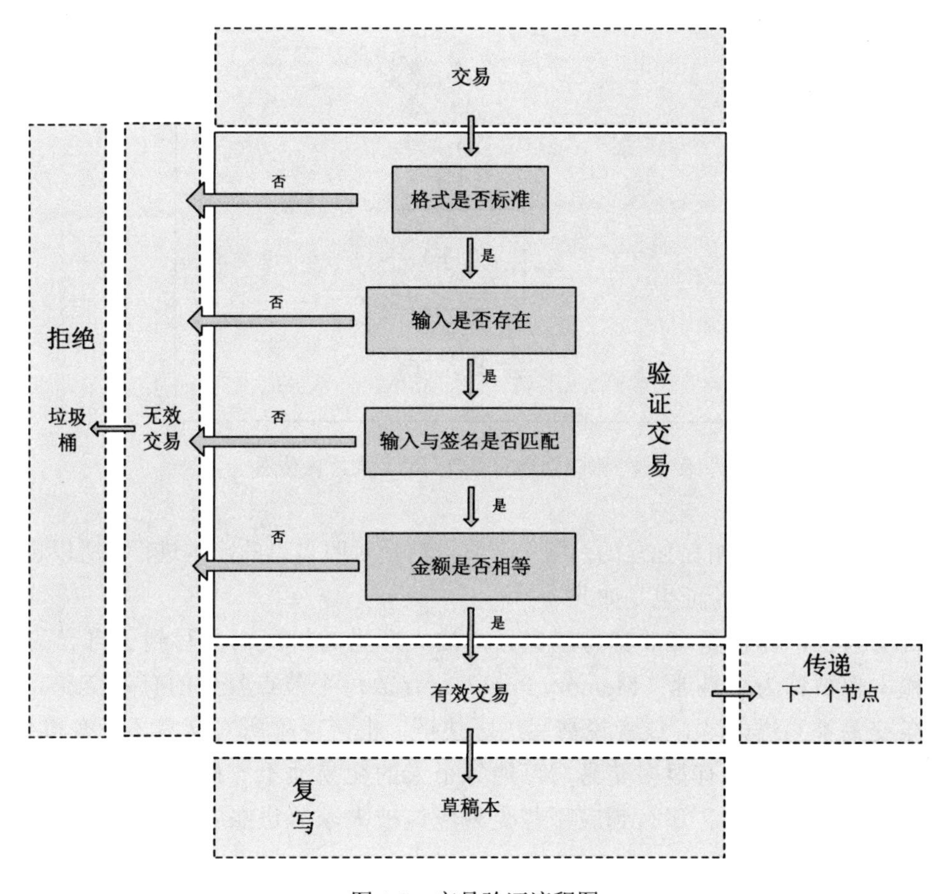

图 1.8　交易验证流程图

作为卖家，李四还要确认指向自己的钱是不是正确。如果李四没有发现任何问题，他会将该笔交易复写在自己的草稿本上。复写完后李四将纸条传给坐在他旁边的王五。王五重复李四的工作，但王五不是卖方，所以不必特别注意交易的输出具体是指向哪里。当王五确认交易有效，就将此交易也写进自己的草稿本上，然后再传给下一个人，直到交易传递到了大部分人手上，最终所有写着交易的纸条都被放进会议大厅前面的箱子里，如图 1.9 所示。以上过程每个人都是对照自己的账本独立进行验证，其中任意一条不满足，交易将被视为无效交易，无效交易都不得复写到自己的草稿本上，也不得将其传递给其他人。"

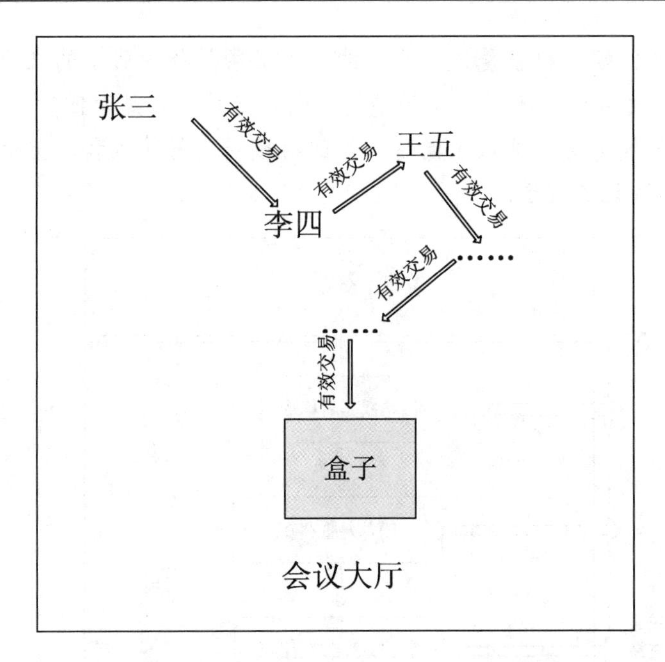

图 1.9　张三创建的有效交易在大厅内传递

验证交易的过程是相互独立的，每一个节点都是对照自己的账本进行，所以也被称为交易的独立验证，区块验证也是如此。

到目前为止，即使是有效交易，也只是被大厅里的村民们复写到了自己的草稿本上。草稿本也被称为交易池（Memory Pool），存放每个节点收到的有效交易。还没有任何一条交易被写进账本，或者说被写进区块链，也可以称所有交易还没有得到确认。每个村民的交易池中都有很多交易，可能每个人的交易池不一样，比如并非每一条交易都传递到每个人手中。那么到底哪些交易应该被大家写进账本？如何保证账本数据的完全一致呢？

1.3.4 “挖矿”

继续听中本聪介绍：

“到目前为止，交易只是写进了在座各位的草稿本上，而且每个人草稿上的交易可能还有些许差别，并没有被写进账本。但我们的规则是，只有成功写进账本的交易才会被所有人认可，精明的李四在没看到所有人将张三创建的交易写进各自手中的账本里之前，是不会轻易将鸡给张三的。大家都清楚，验证交易的过程是每个人对照自己的账本独立进行的，如果各自的账本不一致，那么如何判别有效交易，所以保证所有人账本的一致性是货币发行的必要条件。如何保证一致呢？我们可以从在座的各位中选出一位，将他草稿本上的交易写进账本，也就是说选出来的人将获得记账的权利。如何才能被选出呢？事实上在场每位的机会都是均等的。”

“在创建交易、传递纸条持续达两个小时之后，我将在我的题库里随机找一些数学题，这些题目的特点是，解答比较困难，但知道答案后验证结果却很简单。这些数学题我在以前给大家讲课时都详细介绍过。在场的每一位都可以解题，谁第一个解出答案，告知大家，其他人就可以停止答题，因为本轮记账权的获胜者已经产生。”

对应于比特币，求解中本聪所给出的数学题的过程叫做“挖矿（Mining）”，虽然和真实的挖出贵重金属不同，但同样能创造价值。如图 1.10 所示为比特币“挖矿”的“矿机”。解题的人（节点）也被称为“矿工”。“挖矿”到底是要求解一个怎样的数学难题将会在第 6 章详细介绍。这就像一场数学竞赛，“挖矿”的本质是为了夺取记账的权利。但问题是，谁会愿意去解枯燥的数学难题呢？

图 1.10　“挖矿”

1.3.5　创币交易

“为了鼓励大家积极参与解题，获胜者将获得 5 元钱的奖励。奖励以交易的形式写进账本，我们统一将其编号为 1，也就是账本最新一页的第 1 条交易，这笔交易没有输入，只有指向第一名的唯一一条输出，金额为 5 元钱。”

以上过程可以从两个方面理解，一是发放了奖励，二是发行了数字货币，实现了数字货币总量的增长。发行货币是通过创币交易（Coinbase）实现，即中本聪描述的账本最新一页（获胜矿工打包的最新区块）中的第 1 条交易。创币交易格式如图 1.11 所示，没有输入，只有一个指向获胜者的唯一输出单元，且金额为奖励数额。

交易编号1	
输入	输出
无	1　李四　5

图 1.11　创币交易格式

需要注意的是，故事中的奖励是固定值，仅包括创币金额 5 元钱。比特币中 “获胜矿工”获得的奖励除了创币金额外，还包括交易费。同时，比特币的创币金额是衰减的，详见第 6 章中的内容。

前面提到过，从经济学的角度讲，以老王为中心发行的数字货币总量是恒定的，不符合经济学的规律，中本聪将“挖矿”和“创币”结合起来，既激励了村民（节点）参与“挖矿”的积极性，也让数字货币更符合经济总量总是在增长的规律。到目前为止，在区块链里，只有创币交易（包括创世区块中的交易）是没有输入的，其他所有交易都应该有指向交易发起者使用的 UTXO 在区块链中位置的输入。

1.3.6 工作量证明

中本聪举例介绍保证账本数据一致的过程：“举个例子，当我宣布解题开始后，愿意解题的人开始解题。假设李四第一个解题成功，他检查多遍答案无误后，向大家公布自己已经找到了答案，此时其他人已经知道自己本轮已经失败，于是停止答题。李四翻开自己的账本，最新页是第 110 页，于是将奖励作为第一条交易写进该页，然后将自己草稿本上的交易进行编号，逐一誊写进该页中。李四需要注意的是，将交易转移到账本上时，算上奖励交易，每次最多只能写满一页账本，多余的交易舍弃。也就是说，如果本周五的交易过多，可能会有不被写进账本的交易，没有成功的交易只能等到下周五再由买方重新创建并写入纸条，然后继续在大厅里传递。如果本周五交易过少，将所有交易转移到账本上即可，但可能会留有空白。交易写入账本后，李四接着将第 110 页的交易一字不差的复写到大厅前方的黑板上，包括页码、记录时间，以及记账人，还要附上解题答案，如图 1.12 所示。”

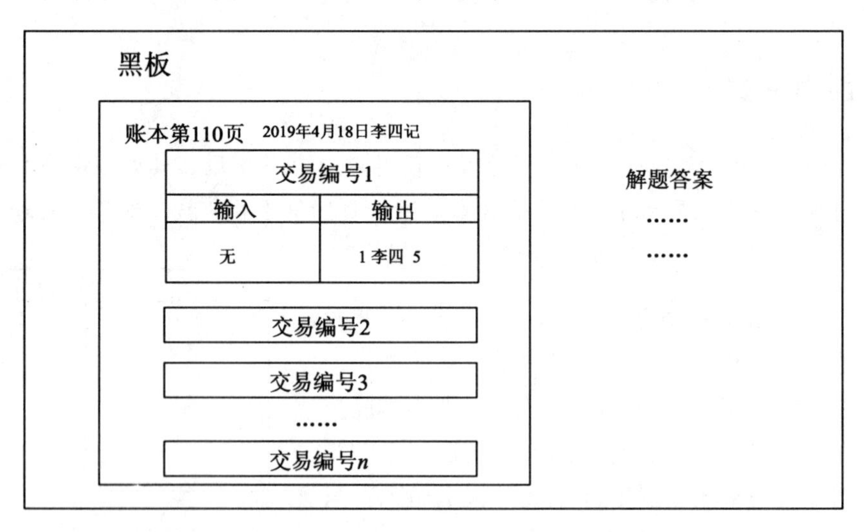

图 1.12 李四将选择的交易和解题答案誊写在黑板上

通过解题竞赛（“挖矿”），胜出的李四（“矿工”）会将原先草稿本（交易池）中的交易写进账本最新的一页（最新区块），然后将该页（区块）和解题答案写在黑板上广播出去。如果把“挖矿”当作一份工作，解题答案也被称为工作量证明（Proof of Work，POW）。那么李四需要向谁证明工作量呢？下一节将详解。

1.3.7 共识与共识算法

中本聪继续解释：

“当李四将自己账本最新一页上的交易和解题答案工工整整地板书在黑板上后，在场的其他人首先验证解题答案的准确性，前面我们就说过，我所出的题目的特点是得到答案困难，但是验证答案却非常简单，每个村民都能轻易验证答案是否正确。如果正确，检查第一笔交易是不是没有输入，且只有一条输出，金额为 5 元钱。然后对照自己的账本，和之前一样验证每条交易的有效性。如果解题答案正确，所有交易都有效，那么请翻开自己账本的第 110 页，将黑板上的信息原封不动的誊写到自己的账本里，并拿出自己的红色印章，将每笔交易输入指向的输出盖上红章表示被消费过。”

“整个验证过程是相互独立的，只要中间有任一个环节验证不通过，则不得将信息誊写到各自的账本中”

“所以需要提醒大家，每一个想获胜的人，都不能试图伪造交易，而且要绝对仔细，因为得到最终的记账权和奖励，必须经过所有人的严格验证，因为无效信息将导致其他人拒绝将这一页写入账本，包括奖励交易。”

此时此刻，所有村民（节点）将验证后的第 110 页（最新区块）写进了自己的账本（区块链），这样就保证了每个村民（节点）账本数据的一致性，即所有村民（节点）达成了一个共识（Consensus）。这种共识是通过村民验证解题答案（工作量证明）而达成的，采用工作量证明（POW）来达成共识也被称为工作量证明共识算法（Consensus Algorithm）或者共识机制（Consensus Rule）。工作量证明（POW）是比特币采用的共识算法，目前常用的共识算法还有 Raft 协议、权益证明（Proof of Stake）、委托权益证明（Delegated Proof of Stake）和拜占庭容错算法（Practical Byzantine Fault Tolerance）等，这些内容将会在第 6 章中介绍。

于是可以将区块链技术解决的主要问题总结为，分布式系统如何在没有中心的情况下保证数据的一致性，也就是分布式共识问题。区块链建立了一种信任，之前的中心化记账是因为村民信任记账中心“老王”（中介的功能），而区块链系统中并没有具备中介功能的中心节点，却仍然能保证账本数据的一致性。真实场景中，这种信任依靠代码来实现。

此时就能回答 1.2.6 节中为什么要将交易封装为区块的问题。传统的有中心节点的交易系统只有一个公共账本，中心节点对照账本验证交易，不需要达成共识，或者说验证交易就是达成共识。而分布式系还需要一个保证数据一致的共识过程。如果分布式系统的共识是以单笔交易为单位，显然是低效的。将若干交易打包成区块，可以提高系统的效率。可以想象，比特币系统对每一条交易都要单独进行共识，那该会有多大的延迟。

既然交易已经被写进了账本，也就是卖方的钱已经到位，是不是可以完成交易了呢？

1.3.8 确认

“卖方发现买方创建的交易被写进了账本，就能完成交易，比如李四这时候就可以将鸡交给张三了。如果交易没有被写进账本，交易将等到下周五才能进行”。

“以上还是我虚拟的故事，现在每个人手上都只是有一个空账本，不可能发生交易，所以请大家在自己账本的第一页写上一笔没有输入、输出指向全村人、金额为100元的交易（图1.3所示），这将是我们每个人的均等启动资金。”

李四发现张三写给他的交易被写进了账本（区块链）中，也就是交易得到了确认（Confirmation），于是就可以将鸡交给张三来完成交易。故事中的例子是交易一旦写进区块链就能得到确认，该区块就不会被更改了。但真实的数字货币中，由于共识算法自身的原因会导致偶然事件的发生，可能会出现区块链数据在接下来几个区块内数据回滚的情况，比如比特币中的偶然分叉，这使得交易的确认变得更复杂，具体请读者参考第6章中介绍的区块链分叉。比特币中交易的永久生效需要在当前区块上继续添加6个区块。简单地讲，李四要想确认张三写给他的交易，必须保证账本在110页的基础上再写上6页。这意味着，交易确认是存在一定“延迟”的。

以上所有过程中，中本聪只是说明了大家都要遵守的规则，但并没有对每个人进行监管，如果有人不遵守规则又会发生什么呢？

1.3.9 诚实节点和恶意节点

中本聪继续说道：

“如果每一个村民都是诚实可信的，都是遵守规则的，比如创建的交易是有效的，验证交易的流程是符合规矩的。假设纸条传递到了每一位，则每个人的草稿本上应该记录着完全一样的交易。”

“如果创建交易的人不遵守规则，比如张三用指向李四的钱创建交易，签名却是自己的，张三可以将交易复写到自己的草稿本上，但不会被其他诚实的村民验证通过，也就不会被写到他们的草稿本上，更别提被写进账本了。”

从中本聪的叙述中可以看出，网络中的节点类型有两种，一种是完全遵守规则的，另一种是想干坏事的，或者“捣乱”的。比如比特币系统中的规则都写在了比特币客户端程序中，普通用户如果想不遵守规则较难实现，但仍然会有个别“程序开发人员”或“黑客”尝试在网络中不遵守规则。遵守规则的节点称为“诚实节点”，不遵守规则的节点称为“恶意节点”。接下来，将分析“恶意节点”可能存在的“捣乱行为”，并分析这些行为是如何影响区块链系统运行的。

张三只买不卖，钱越来越少。于是修改自己的账本，比如将指向别人的输出改为指向自己。

这是一种掩耳盗铃的做法，张三修改了自己的账本（区块链数据），自己创建的交易在自己看来是“有效交易”。但其他节点的账本并没有被修改，当交易传播到其他节点时，其他节点无法在自己的账本中找到正确的输入，就会直接拒绝这笔交易，不会将其放进自己的交易池中，如果“获胜矿工”是张三，张三创建的区块将会被拒绝，因为区块中包含无效交易；如果“获胜矿工”来自其他节点，区块中将不包含张三创建的无效交易。张三想让其他节点都能接受他的交易，必须修改所有人的账本，这种工作量是巨大的。

1.3.10　区块链分叉

张三发现修改自己的账本后，创建的“有效交易”无法被其他人接受，根本不会将交易写进草稿本，更不可能被写进账本。于是开始拉拢部分人一起“捣乱”，当张三的交易传递到“同伙”手中时，要求其将交易写进各自的草稿本上。

现在的情况是，网络中有部分节点的交易池中已经存在“无效交易”，要想将这些“无效交易”写进区块链生效，必须由获胜的矿工将其写在黑板上（打包并广播），然后接受其他节点的独立验证。

假设张三的同伙是李四和王五，正好本轮获胜者是李四，由李四将区块打包并广播出去，该区块中包含张三创建的“无效交易”，其他节点验证李四广播的区块时，会发现张三的交易是“伪造”的，于是都不会将该区块写进自己的区块链中。张三、李四、王五如果将该区块写进各自的区块链，则他们的数据会与大部分节点的数据不一致，好比是网络中出现了两个“团体”，如图 1.13 所示。这种网络中出现节点数据不一致的情形，也称为区块链分叉。那么分叉后会发生什么呢？

事实上，李四作为“获胜矿工”的损失是巨大的，虽然获得了记账权，但由于在广播的打包区块中写入了“无效交易”，导致区块没有被大部分节点接受，挖矿奖励也泡汤了，因为当李四使用该笔挖矿奖励创建交易时，会被除了张三、李四、王五之外的其他节点拒绝，这意味着李四只能将该笔钱支付给张三和王五，支付给其他人是不可能成功的。所以作为“矿工”，应该通过“诚实行为”来利益最大化。

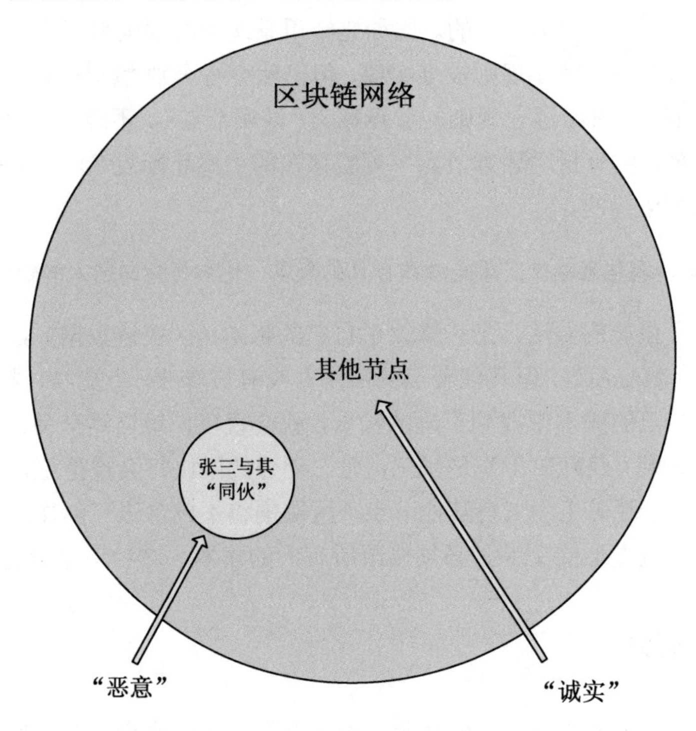

图 1.13　网络中的两个“团体”

这种分叉实际上是短暂的。张三与其“同伙”试图将“游戏”继续玩下去，假设张三与其“同伙”记录的最新区块编号是 120（账本第 120 页），如图 1.14（a）所示。如果下一个区块创建者来自其他节点（非张三与其“同伙”），广播的最新区块的编号将仍然会保持在 120，该区块由于是有效区块会被其他节点接受，如图 1.14（b）所示。此时，张三与其“同伙”会意识到之前李四创建的区块并没有被其他节点接受，要想继续“游戏”，必须用新的 120 区块替换旧区块，最终全网的数据将保持一致，如图 1.14（c）所示。

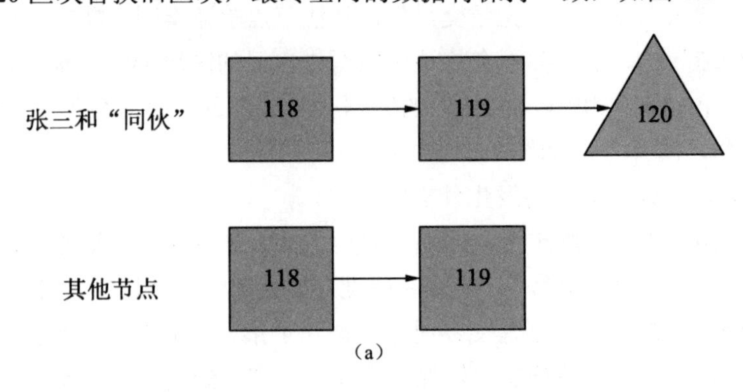

图 1.14　两个“团体”区块链数据变化（1）

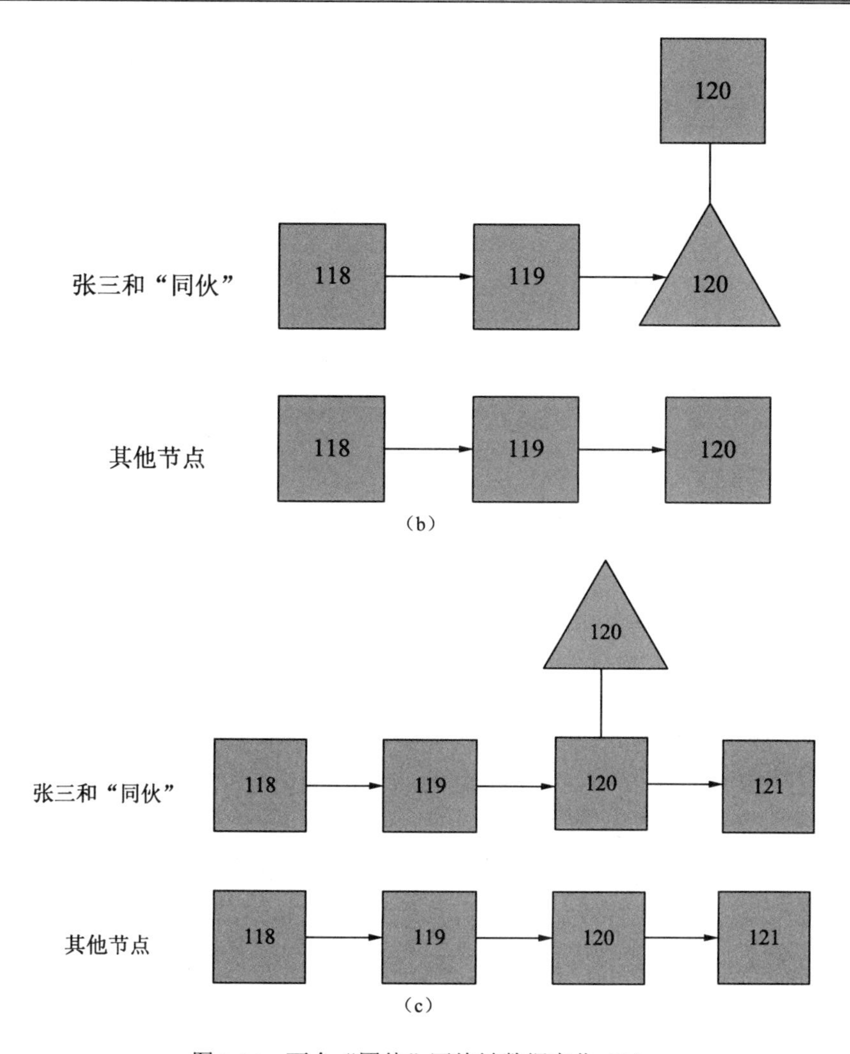

图 1.14　两个“团体”区块链数据变化（2）

注意：比特币中的区块编号是区块数据的哈希值。

当然，如果张三拉拢的“同伙”越多，区块链分叉节点在增加，但诚实节点仍然不会接受含有“无效交易”的区块。如图 1.15 所示，如果绝大多数节点都成为了张三的“同伙”，双方的身份是不是会发生互换？张三与其“同伙”变成“诚实节点”？之前的“诚实节点”变成了“恶意节点”？实际上并非如此，因为张三和“同伙”作恶的目的是为了欺骗“诚实节点”，现在却变成了张三和“同伙”之间的“相互欺骗”，显然游戏规则已经发生了改变。“诚实节点”永远“诚实”，而“恶意节点”的恶行将会被“诚实节点”排除在外。

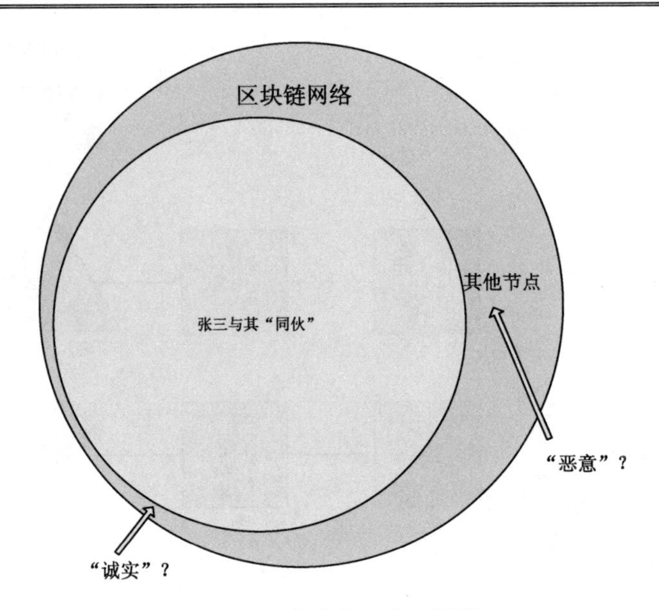

图 1.15　网络中的两个“团体”

由此可见，区块链技术对网络中的“恶意节点”具有“免疫”功能。当然，现实世界里好人是居多的，坏人是偏少的。事实上，防止节点“作恶”是公有链才需要考虑的问题，详见第 5 章介绍的区块链分类。

下面再分析另一种可能的情形。

“张三并不修改自己的账本，也不拉“同伙”一起“捣乱”，而是用李四的 UTXO 来创建交易，并伪造李四的签名，如果不被其他村民认出伪造，这将会发生什么呢？”

很显然，张三创建的交易将会被除了李四外的其他所有节点接受，最终极大可能被写进区块链。那么如何才能保障签名不可伪造呢？这属于区块链加密的内容，详见第 3 章的介绍。

1.3.11　双重支付

还有另外一种情况值得讨论。

聪明的张三想到另一种办法，比如他要向李四买一只鸡需支付 10 元钱，于是他创建了两笔交易，两笔交易的输入指向自己相同的未消费输出，第一条交易的输出指向李四，第二条输出指向自己，并分别将两条交易写在不同的纸条上，如图 1.16 所示。张三将写有第一条交易的纸条给李四，李四认为是有效的，将其写在自己的草稿本上并在大厅内传递；与此同时，张三将写有第二条交易的纸条传递给大厅中的其他人，这也是一条有效交易，也会迅速在大厅内传递。

交易编号	
输入	输出
账本第3页 交易编号13 第1条输出 张三的签名	1　李四　10 2　张三　10

交易编号	
输入	输出
账本第3页 交易编号13 第1条输出 张三的签名	1　张三　20

图 1.16　张三用相同的 UTXO 创建两笔交易

张三的恶行会得逞吗？如果网络中的每个节点在验证交易时，仅检查交易的输入是否存在区块链中，很显然张三得逞了，张三将完成双重、三重，甚至 N 重支付。所以，在前面的故事中，我们漏掉了中本聪的原话：

“当写着纸条的交易传递到每个人手上时，首先要看自己的草稿本上是不是已经写了这笔交易，因为有发生重复传递的可能性。如果交易并没有被写进草稿本，还需要检查交易的输入是不是已经被草稿本中的某条交易使用过，然后对照账本独立验证交易的有效性”

张三试图使用一个 UTXO 完成两笔支付，被称为双重支付（Double Payment）。遵照中本聪的规则，来分析一下张三使用相同的 UTXO 完成两笔支付的最终去向。具体来讲，两条交易分别在大厅内传递的过程中，将第一条交易写入交易池中的节点会拒绝第二条交易，将第二条交易写入交易池中的节点会拒绝第一条交易。这取决于交易在网络中传播时抵达节点的顺序，先抵达的将会被接受，后抵达的将会被拒绝。于是，两条交易将分别记录在不同节点的交易池中。哪一条交易会被写进区块链，取决于两条交易谁先到达本轮的“获胜矿工”。如果“获胜矿工”的交易池中接受了第一条交易，李四就能完成交易，第二条交易将会作废；如果“获胜矿工”接受的是第二条交易，则李四的交易应该取消，因为第一条交易已经被作废。

从根本上讲，张三并没有完成真正的双重支付，只是“试图”完成，但不可能成功。那么是不是没有完成双重支付的可能性？请读者参考第 6 章中介绍的 51%攻击的相关内容。

1.3.12　虚拟机

对照账本验证交易的有效性是一个繁琐的工作，村民稍有不慎就会出错。于是，中本聪发明了一种验证交易的机器，这种机器需要账本和写着交易的纸条。每个村民都有一个属于自己的机器，需要验证交易时，村民将自己的账本和写着交易的纸条放在指定的位置，机器会自动验证交易的有效性。

中本聪的发明其实是一种虚拟机，比如比特币和以太坊系统都有自己的虚拟机（比特币中被称为脚本引擎，非图灵完备；以太坊虚拟机功能更强大，图灵完备）。相比故事中的“机器”，虚拟机的作用不仅仅是验证交易和区块的有效性。那么虚拟机还有什么作用？对于一个中心化系统，当系统需要升级或变更时，直接发行新的版本即可。但对于去中心化系统，每一次升级和变更都需要经过讨论并取得共识。举个简单的例子，比如系统需要有新的交易形式出现时，没有虚拟机的系统可能要进行全面升级。对于有虚拟机的系统，在设计之初就给虚拟机设计了验证该种交易形式的功能，当新的交易形式出现时，系统也能进行验证，增加了系统的适应性。详见第 4 章中介绍的多重签名。

1.3.13 矿机和矿池

从此以后，桃源村的交易都会在每周五顺利举行。为了获得奖励，有些人经常往中本聪家里跑，向他请教数学知识，提高自己的解题能力。还有一些人组成一个团体，达成协议一起解题来提高自己的竞争力，然后按贡献分配奖金。也有一些人放弃了解题，只参与交易和记账。

比特币解题的实质是不断计算满足条件的哈希值（详见第 6 章介绍的工作量证明原理），速度越快获胜的几率就越高，所以涌现出性能更强大的、专为哈希运算而设计的“矿机”。还有一些“矿工”组成队伍，将所有人的计算设备集中起来获得更大的算力，“挖出”区块后根据每个人的贡献进行分红，这种团体被称为“矿池”。“矿池”过大时存在一定的风险。

1.4 遗留的问题

之前的故事中，仍然有如下 4 个问题并没有给予解答。

（1）区块链（账本）是公开透明的，张三查看账本，得知李四账户余额多，可能会见财起意，如何才能做到隐藏用户身份。

（2）在创建交易时，输入中需要提供交易创建者的签名。如果签名可以被伪造，则意味着所有人的 UTXO 都存在被盗用的风险。想象张三是一个书法家，很会模仿他人的签名，于是张三用李四的 UTXO 创建一笔交易，并伪造李四的签名传递出去，由于李四的 UTXO 是真实存在的，只要张三将签名模仿得以假乱真，这笔交易就会被其他节点当作有效交易存放至自己的交易池中（需要注意的是，如果是现实场景，不需要考虑故事场景中李四如果在场，可能会发现张三的作弊行为），最终将被写进区块链得到确认。因此，区块链技术中必须有防止“伪造签名”的有效途径。

（3）还有一种情况，在同一轮竞赛中，有两个或者更多的节点几乎同时找到解题答案，又应该以谁创建的区块为准？故事场景中的情形可能还比较好解决。但在真实场景中，“矿工”同时广播自己的有效区块，到底哪个区块会被写进区块链？

（4）如果李四是一个天才，每次解题都是第一个得到答案，这意味着所有的区块都由李四产生。此时的区块链系统将会退化成“中心化”的区块链系统吗？它是否还有存在的价值？

第一个和第二个问题实际是加密问题，在本书的第 3 章将会介绍。第三个问题是区块链偶然分叉的问题，由于共识机制的缺陷，导致全网区块链数据可能会存在短暂的不一致，最终如何发展将会在第 6 章中详细介绍。第四个问题将在第 5 章区块链的分类中介绍。

区块链中的专业术语很多，由于故事本身的缺陷，并不是每个概念都能解释到，比如地址、加密、钱包、哈希值、链式连接、完整节点、SPV 验证、脚本、智能合约、软分叉和硬分叉等，这些在后续的章节中我们会逐一讨论。

经过本章节的学习，相信读者已经初步掌握了区块链的工作原理，带着知识和问题，让我们继续新章节的阅读。

第2章 区块链模拟器及Python入门

每个星期五上午8:00，桃源村村民都带上自己的账本和草稿本来到会议大厅，买卖双方坐在一起。交易由买方写在小纸条上，然后在大厅内传递，所有村民独立验证交易的有效性，无效交易不得在大厅内传播，有效交易将被记录到村民的草稿本上，并传递给其他人。交易发起的两个小时候后，中本聪会发出竞赛题目，第一个计算出结果的村民将获得5元钱的奖励，奖励以交易的形式和自己草稿本上的交易一起，被所有村民写进各自的账本。

2.1 区块链模拟器 GUI 简介

如果说第 1 章中的故事是从原理的角度让读者理解区块链技术，那么第 2 章将是从程序的角度对第 1 章的故事做更好的诠释。本章主要介绍区块链模拟器 Simchain 的相关内容。模拟器有两个版本，GUI 版和脚本版。GUI 版更像一个科普游戏，非常直观、易用，可以帮助非程序开发读者更深刻地理解区块链的工作原理；脚本版需要有一定的编程基础，更适合程序开发人员使用。

2.1.1 为什么写区块链模拟器

区块链模拟器 Simchain 是作者用 Python 语言对区块链核心技术的底层实现，采用了与比特币类似的数据结构，即 UTXO 模型。

作者设计 Simchain 的初衷完全是以教学为目的，希望将真实的区块链场景虚拟到单个屏幕上来，让学习者以“上帝视角”来学习和理解区块链的底层技术，比如区块链的工作原理、区块链中的数据结构、数据在网络中的迁移、恶意节点的攻击、区块链如何防御等。作者试图将枯燥的文字用更直观的形式得以呈现，从而让教学更加通俗易懂。

同时，通过对 Simchain 源代码的学习，希望对程序开发者在底层开发，以及应用方面有一定的启发。

最后，通过不断地改进和完善，也希望 Simchain 能成为区块链技术研究者的测试工具。

2.1.2 区块链模拟器 GUI 简介

区块链模拟器的 GUI 版本是作者开发的一个小型区块链模拟游戏，当前版本为 1.0，可以当作一个小规模的比特币系统模拟机。它旨在让读者更直观地消化第 1 章中的内容，帮助初学者更快速地理解区块链的工作原理。读者可以直接下载.exe 可执行文件，下载地址为 https://github.com/YaoyaoBae/Blockchain-simulator-exe。下载完成后双击文件并打开，会弹出如图 2.1 所示的界面。

提示： 由于该可执行文件并没有提交到杀毒软件公司，所以部分杀毒软件会提示病毒，如果读者是从正规渠道下载，作者可以保障程序的安全性。

单击中间的按钮将进入主界面，如图 2.2 所示。

图 2.1　区块链模拟器 GUI 载入界面

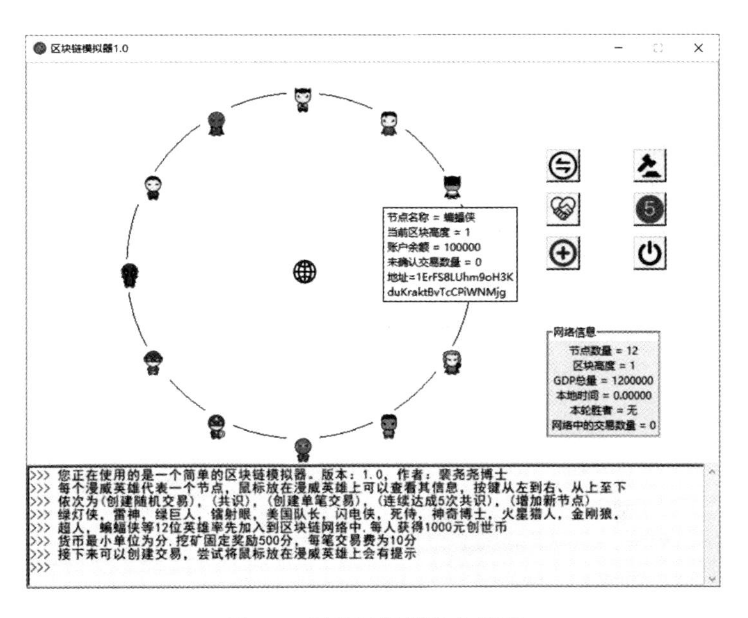

图 2.2　区块链模拟器主界面

1. 基本游戏规则

假设漫威英雄们在宇宙和平后隐居在桃源村，每个漫威英雄代表一个节点，圆桌表示地位平等。货币发行之初网络中只有 12 个英雄，最多可增加至 16 个，后期加入的英雄没有余额。中间按钮是预留网络设置，目前尚未开发任何功能。货币单位和人民币一致，为元、角、分。创世区块中给率先加入的每个英雄写入 1 000 元创世币。单笔交易固定交易费为 10 分，挖矿奖励为 500 分。

2．原理简介

哈希算法采用 sha256 双哈希，即对输入进行一次 sha256 运算后，对其结果再进行一次 sha256 运算作为输出；加密算法为椭圆曲线加密，和比特币系统选择一样的 secp256k1 曲线；交易形式为 P2A（Pay To Adress）；共识算法与比特币系统一样，采用的是工作量证明（POW）；目前网络中只有一种节点类型，均为完整节点。

模拟器 GUI 非常简单，由右边 5 个按钮实现全部操作，从左至右、从上至下按钮功能依次为创建随机交易、达成共识、创建单笔交易、连续五轮共识和添加新节点。可以将鼠标悬浮在漫威英雄上查看节点信息。在程序最初不难发现，每个节点的地址不一，余额相等，都为 1 000 元。右下角有一个动态的“网络信息”栏，根据区块链技术特点，网络中每达成一次共识、全网 GDP 总量将增加 500 分，“区块高度”相应增加 1；“本地时间”是指模拟器中的时间，并非实际时间，本质是挖矿时间的累计；“网络中的交易数量”，是指被写进交易池（草稿本），但尚未被写进区块链的交易。界面下方是个动态文本，实时记录网络中的事件。

首先单击“创建随机交易”（双向箭头图标）按钮。如图 2.3 所示，单击两次按钮共创建 3 次交易（交易的数量和创建者、接收方完全是随机产生的，每一次都会不一样），其中有一条是超人给蝙蝠侠转账 77 分，可以看到蝙蝠侠的账户余额增加了 77 分，但显示有一条未确认交易。原因是大厅里的村民都已经将有效交易写在了自己的草稿本上，也就是放进了交易池中，但还没有达成共识写进区块链。同时，可以看到网络信息中显示交易数量为 3。

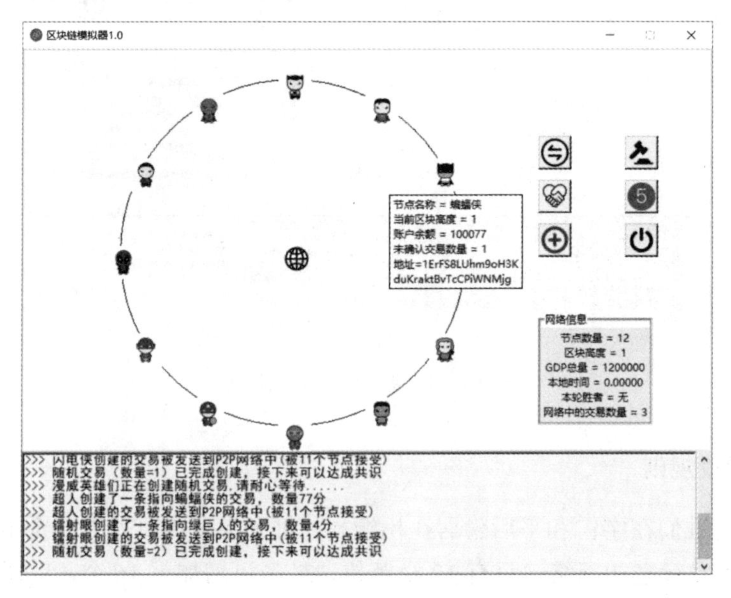

图 2.3　创建随机交易

单击“达成共识”（锤子图标）按钮，若干漫威英雄开始“挖矿”（算哈希值）以达成共识，如图 2.4 和图 2.5 所示。经过短暂的计算，绿灯侠解题成功，并广播了自己创建的区块，全网每个节点将绿灯侠广播的区块添加到自己的区块链，“区块高度”增加 1，“GDP 总量”增加 500 分。与此同时，由于默认节点打包交易池中所有交易，所以节点的未确认交易数量变为 0。

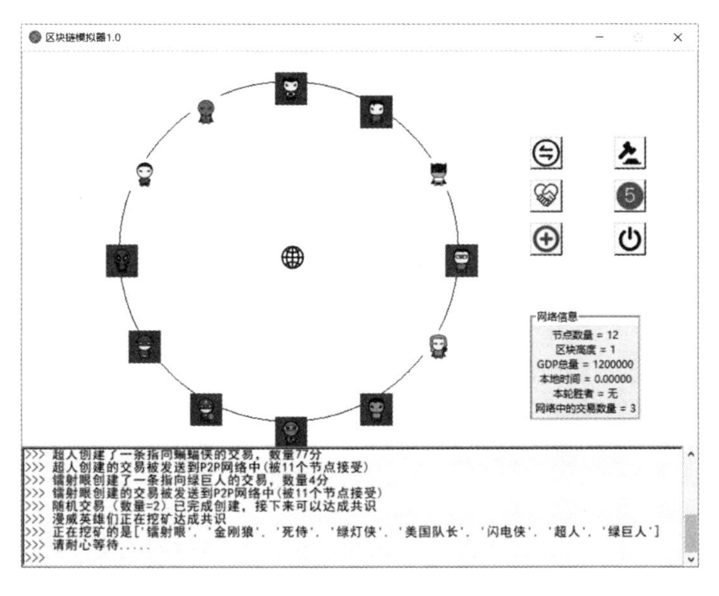

图 2.4　漫威英雄们正在挖矿

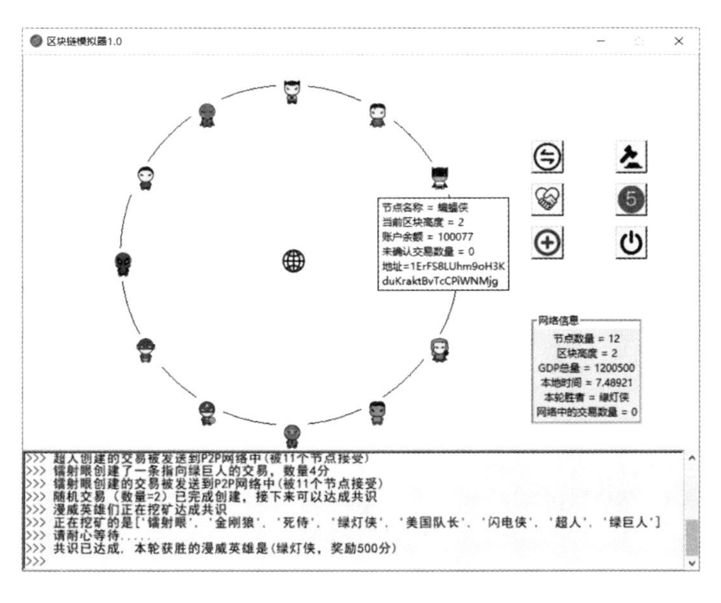

图 2.5　全网达成共识

单击“增加节点”按钮会将新节点加入网络中，目前最大增加 4 个，如图 2.6 所示。比如，桃源村有移民进村，新增节点会根据网络中其他节点的最新数据更新自己的区块链，就如新来的村民会找原村民借账本，然后一字不差地抄写在自己的账本上一样。

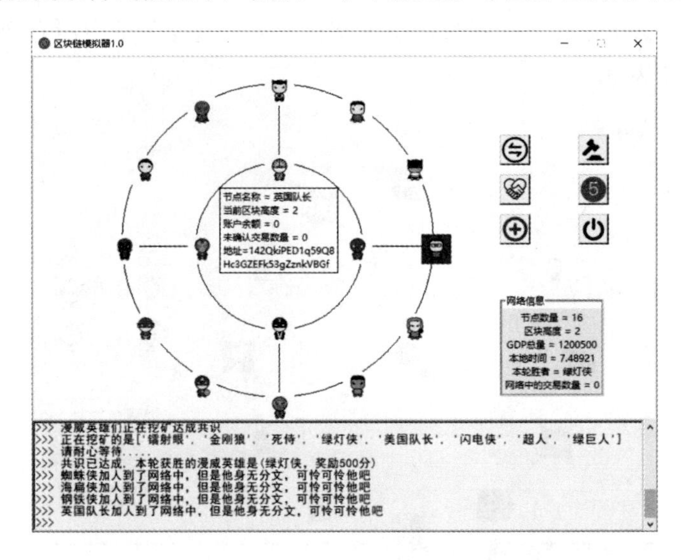

图 2.6　增加节点

单击“创建单笔交易”（握手图标）按钮能创建具体指向的交易，如图 2.7 所示，创建一条从雷神指向超人的交易，交易创建完成如图 2.8 和图 2.9 所示。此时显示，“网络中的交易数量”增加 1。如果余额不足，则创建交易会失败。比如，由刚加入网络中的蜘蛛侠创建交易，则会失败，因为他没有余额。

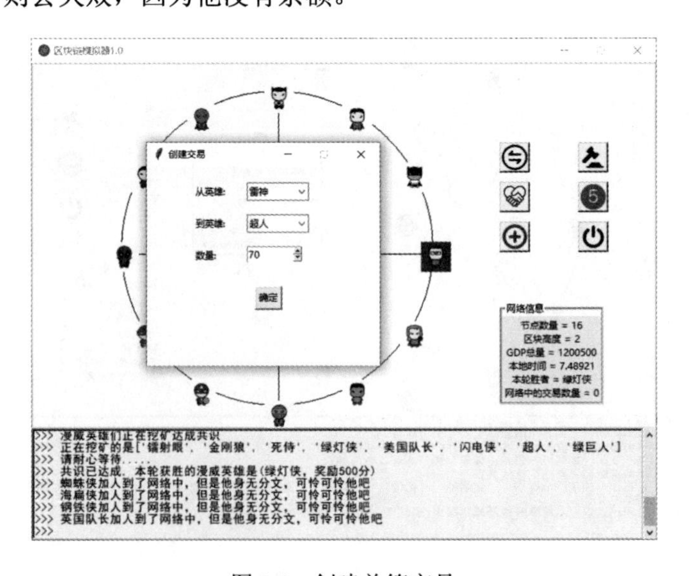

图 2.7　创建单笔交易

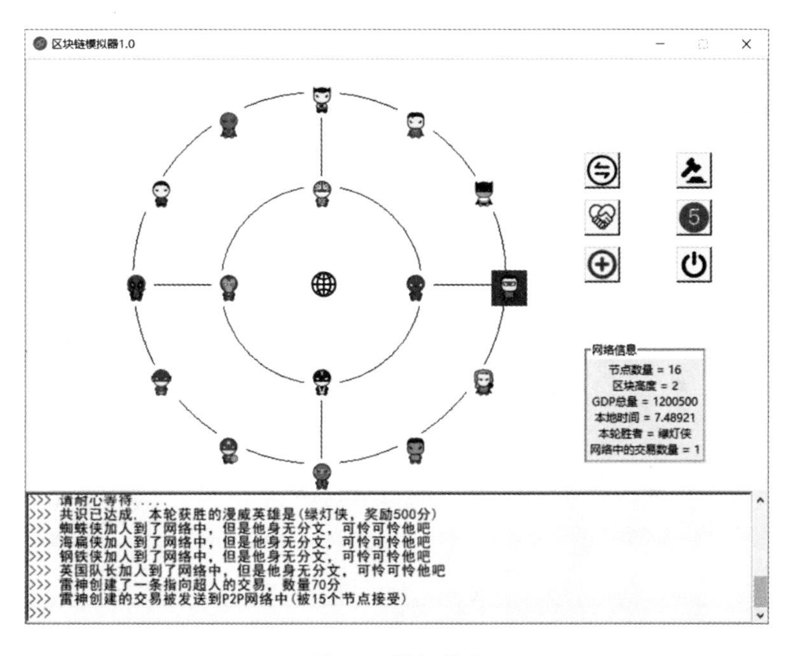

图 2.8　增加节点

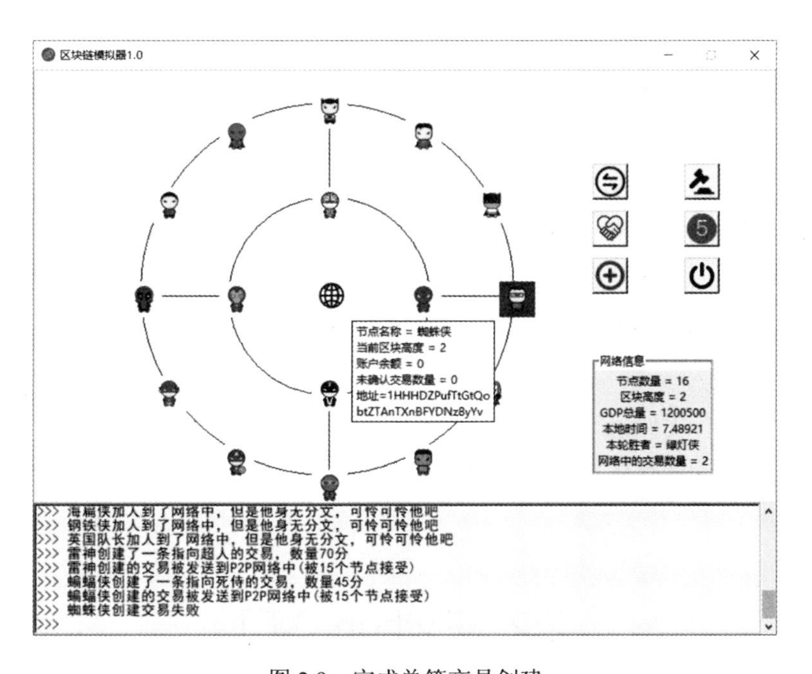

图 2.9　完成单笔交易创建

单击“连续 5 轮共识”（数字 5 图标）按钮，将会执行连续 5 次“创建随机交易”、5 次“达成共识”。如图 2.10 所示为 5 轮共识完成后的最终状态，可以看出，“GDP 总量”增长了2500分。

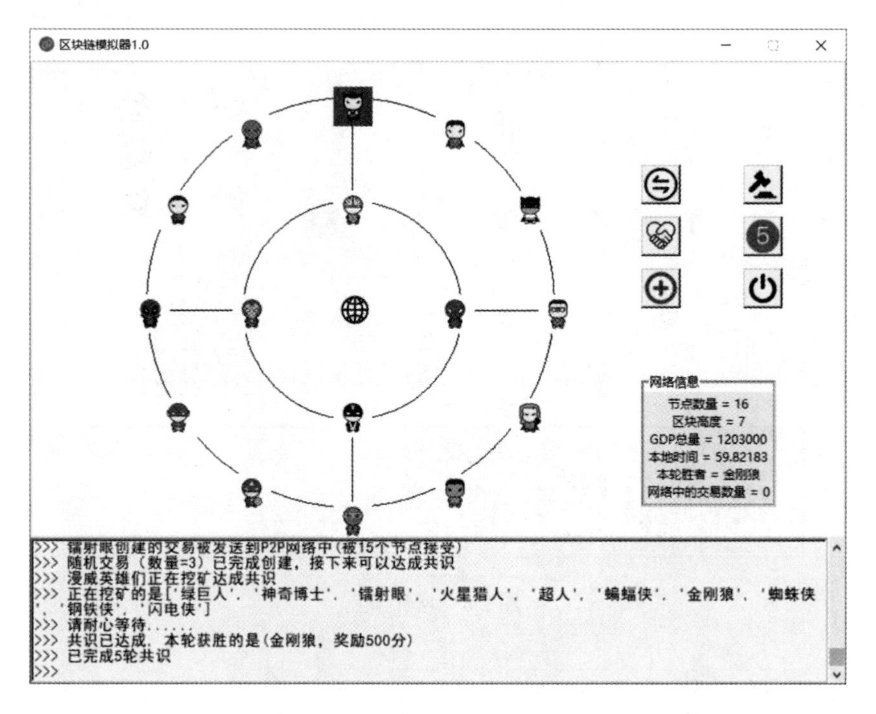

图2.10 连续5次共识完成

注意： 当程序启动时，每个节点会随机生成密钥和地址，所以模拟器在每一次重新启动后，节点的信息都会不同，读者和作者在操作模拟器时内容也会有所差异。

以上就是模拟器GUI的简要介绍。目前模拟器的GUI的功能还不是很全面，并不能模拟真实场景中的全部情况，后期作者会不断地完善，同时也需要读者的宝贵建议与意见。

除了通过可执行文件运行模拟器，也可以直接在Python的IDE中运行，而且功能更加丰富。这就需要读者有基本的Python知识。接下来，将会对Python做一个简单的入门介绍。

2.2 Python入门

本节对Python进行一个入门介绍。作为一门计算机语言，一节篇幅的介绍只能算是冰山一角。本章将主要围绕Simchain在开发过程中使用到的Python大部分知识要点展开。

2.2.1　为什么是 Python

1. 底层开发的必要性

本书作为一本区块链底层开发的入门教程，除了希望能启发区块链技术开发者外，也希望更多行业人员加入到底层开发的行列中来。当然，即使不从事底层技术的开发，从最细节出发理解区块链底层开发的全过程，在其他任何和区块链开发相关的工作中都会达到事半功倍的效果。

关于区块链的底层开发要不要做？相信很多读者也是有疑惑的，毕竟目前有一些区块链开发平台可以直接使用，并且非常受欢迎，比如以太坊、超级账本等。作者的观点是坚定的，必须从事底层开发！别忘了“中国芯”、“操作系统”事件。再者，区块链技术目前还处于起步阶段，甚至缺乏标准体系，也就是说全世界几乎都处于同一起跑线，可能部分企业有稍微领先，但也不会特别显著。开发自己的区块链平台是势在必行的，能结束对国外产品的依赖。再者，区块链平台并不一定能解决所有问题。

2. 代码阅读友好性

区块链底层开发涉及数据结构、算法实现等大量知识点，选择一门阅读友好的计算机语言进行教学非常重要。毫无疑问，Python 是完全胜任的，在本书写作之前，作者和一些从事 Java、PHP、JavaScript 等开发的朋友交谈过，他们认为都能读懂 Python。作者在本书写作的过程中，也发现一个有趣的事情，有些算法的伪代码和 Python 代码非常相近，甚至用 Python 代码表达更简洁，这也坚定了作者使用 Python 进行区块链教学的决心。

3. 程序的易用性

除了阅读友好，程序的易用也同等重要，这既能方便读者验证程序的准确性，又能轻松地调用程序。作为一种动态的解释型语言，Python 在此方面的优势也是突出的。比如 Simchain 的使用是非常简单的，不依赖任何第三方库，只需要安装 Python 和 Simchain 就能直接调用。就如前言提到过，使用 Simchain 只需要三行程序就能实现一次区块链网络的共识，并且每一行程序都可以在解析器中独立执行。

2.2.2　Python 基础知识

1. Python简介

Python 是一种解释型、面向对象、动态的高级语言，目前也是最受欢迎的程序设计语言之一。被 TIOBE 编程语言排行榜评为 2007 与 2010 年度语言，近年来长期占据计算机语言排行榜前五名。本节关于 Python 的介绍并不完整，更多知识要点学习请参考相关书籍。

2．Python及其库安装

以下安装针对 Windows 操作系统用户。

1）Python 安装

从 Python 官方网站 https://www.python.org 找到相应操作系统下的 Python 安装文件进行安装。值得注意的是，Python 有 2.x 和 3.x 版本，本书所有的程序均在 Python-3.65 上测试。对于 Windows 用户，建议下载对应版本的可执行文件直接双击安装。

2）库安装

库的安装一般有两种实现方法。最简单的是直接 Pip 安装，以 Window 系统下 Simchain 的安装举例，直接执行 CMD 命令：开始—运行—输入 cmd，则出现如图 2.11 所示的界面（以作者个人电脑为例），直接在其中输入 pip install simchain 即可完成安装。Pip 安装的前提条件是，库的作者将打包文件上传至了 https://pypi.org/。

图 2.11　Pip 安装 Simchain

第二种方法是下载安装，用户下载后的程序一般为 Name.exe 或者 Name.tar.gz 文件，前者直接双击进行安装，此处不做介绍；后者也称为源码安装。假设读者下载了 Simchain.tar.gz 文件并将其解压到 c:\simchain 文件夹，其中有一个 setup.py 文件。

接下来，切换到解压后的文件夹路径 c:\simchain，切换路径过程如图 2.12 所示，然后输入 python setup.py install 并按回车键即可完成安装。

C:\WINDOWS\system32\cmd.exe
Microsoft Windows [版本 10.0.16299.492]
(c) 2017 Microsoft Corporation。保留所有权利。
C:\WINDOWS\system32>cd c:\simchain
c:\simchain>c:
c:\simchain>python setup.py install

图 2.12　源码安装 Simchain

提示：Simchain 源码文件可在 https://github.com/YaoyaoBae/simchain 上下载。

3．Python基础知识

1）运行 Python

计算机语言所需的运行环境也叫 IDLE（集成开发环境，Intergrated Development Environment）。Python 的 IDLE 很多，如果读者是初学者，作者建议直接使用 Python 自带的 IDLE，本书所有程序均在 IDLE 上测试。

在 IDLE 中运行 Python 有两种方式。一种是交互式的，安装 Python 后，打开 IDLE，在>>> 后输入 Python 语句，解释器就会执行，并输出结果，如图 2.13 所示。

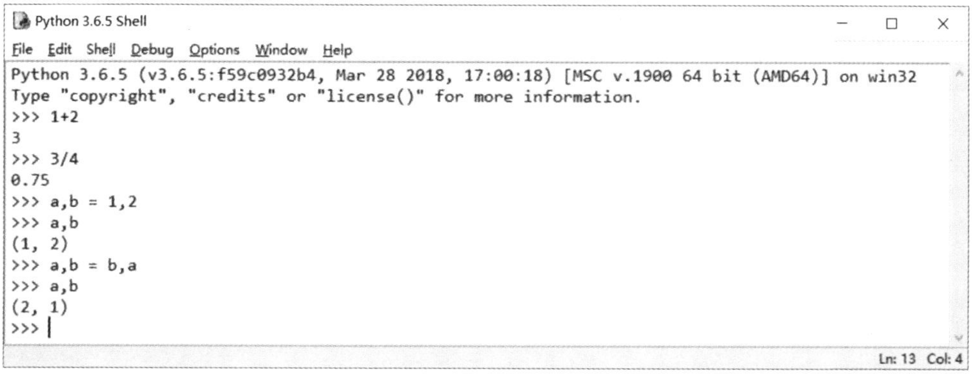

Python 3.6.5 Shell
File Edit Shell Debug Options Window Help
Python 3.6.5 (v3.6.5:f59c0932b4, Mar 28 2018, 17:00:18) [MSC v.1900 64 bit (AMD64)] on win32
Type "copyright", "credits" or "license()" for more information.
>>> 1+2
3
>>> 3/4
0.75
>>> a,b = 1,2
>>> a,b
(1, 2)
>>> a,b = b,a
>>> a,b
(2, 1)
>>>
Ln: 13 Col: 4

图 2.13　IDLE（Python GUI）

另一种运行方式是脚本，将 Python 语句集合在一起执行，这样可以发挥更大的作用，比如 Simchain 的实现过程。程序输入完成后，直接按 F5 键即可运行。新建一个 Python 文件只需在 IDLE 中单击 File -> New File，语句输入完成后保存文件至*.py 即可。在 Python 中，一个*.py 文件也被称为一个模块，如图 2.14 所示为 fun.py 文件及其中的语句。

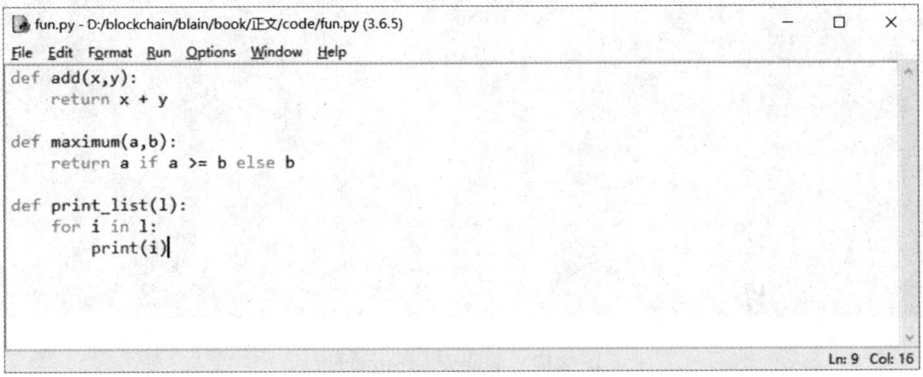

```
fun.py - D:/blockchain/blain/book/正文/code/fun.py (3.6.5)
File Edit Format Run Options Window Help
def add(x,y):
    return x + y

def maximum(a,b):
    return a if a >= b else b

def print_list(l):
    for i in l:
        print(i)
                                                  Ln: 9  Col: 16
```

图 2.14　在脚本中写入语句

2）缩进来区分语句块

Python 不像 Java、C/C++以花括号{}来区分语句块。Python 是以缩进来表示语句块，同一缩进级别为同一级别的语句块。一个脚本文件中的 0 级缩进是文件加载的时候就会被执行的语句。开启一个新的缩进需要使用：(冒号)，代表下一级别的语句块，比如条件、循环或者函数的定义。如图 2.14 所示的 fun.py 文件中，定义了 3 个函数，分别为加法函数、最小值函数和打印列表函数。

直接按 F5 键可以在 IDLE 中运行，并输入如图 2.15 所示的内容。

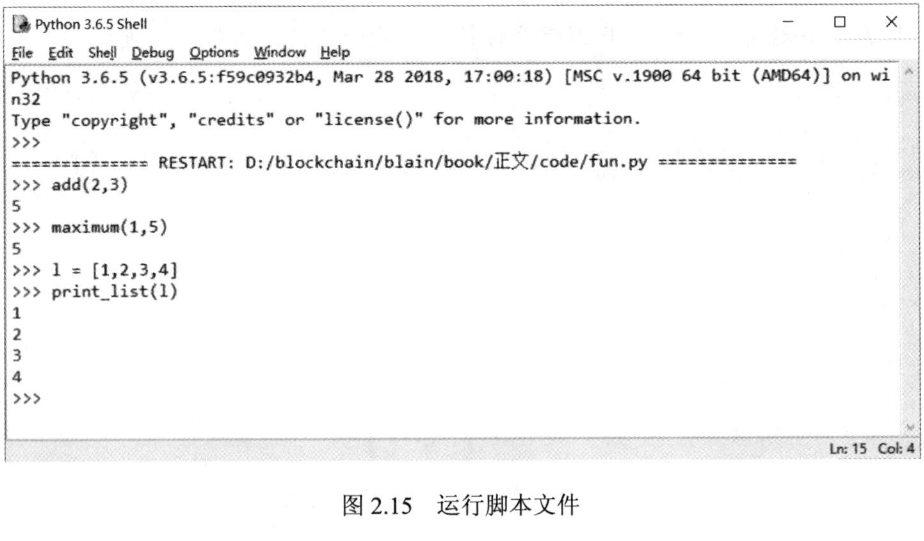

```
Python 3.6.5 Shell
File Edit Shell Debug Options Window Help
Python 3.6.5 (v3.6.5:f59c0932b4, Mar 28 2018, 17:00:18) [MSC v.1900 64 bit (AMD64)] on wi
n32
Type "copyright", "credits" or "license()" for more information.
>>>
============== RESTART: D:/blockchain/blain/book/正文/code/fun.py ==============
>>> add(2,3)
5
>>> maximum(1,5)
5
>>> l = [1,2,3,4]
>>> print_list(l)
1
2
3
4
>>>
                                                  Ln: 15  Col: 4
```

图 2.15　运行脚本文件

3）注释

Python 中有单行注释和多行注释。单行注释以#开头，比如本书对代码的注解。例如：

```
#这是一行注释
print('I love blockchain')
```

多行注释用三个单引号或者双引号将注释括起来。例如：

```
'''
这是一个多行注释
'''
print('I love blockchain')
```

4）操作符

Python 操作符与 Java 和 C/C++中十分类似，+（加）、-（减）、*（乘）、/（除）、%（求余）、**（指数运算）、=（赋值），简便运算如+=、-=、*=和/=等，以及赋值运算与其他语言相同。逻辑操作>、<、<=、>=、!=和==与其他语言相同，不相同的有 not 逻辑非、and 逻辑与和 or 逻辑或。直接在 IDLE 中输入如下内容：

```
>>> 2 + 3**2 - 3/2
9.5
>>> a = 3
>>> a
3
>>> a += 2
>>> a
5
>>> a *= 3
>>> a
15
>>> a == b
False
>>> a != b
True
>>> L = [1,2,3,4]                    #创建一个列表 L
>>> 2 in L                           #元素 2 在列表中
True
>>> 5 not in L                       #元素 5 不在列表中
True
>>> 5 not in L and 4 in L            #元素 5 不在列表中且 4 在列表中
True
>>> 5 not in L or 6 in L             #元素 5 不在列表中或者 6 在列表中
True
```

```
>>> type(c) is int                    #type 函数返回数据的类型
False
>>> a = None                          #Python 中的 None 类型，表示空
>>> type(a)
<class 'NoneType'>
```

5）内置数据类型

Python 内置的数据类型包括数字 numbers、字符串 str、列表 list、元组 tuple、字典 dict，以及集合 set。如上述 a 和 b 为数字类型 numbers，c 为字符串。

数字 numbers 主要包括整数和浮点数，此处不做过多介绍。以下介绍内置 int(x,base) 函数，在 IDLE 中举例如下：

```
>>> int(3.14)                         #x 为数字，返回十进制整数
3
>>> int(2e2,2)                        #x 为数字，当给 base 赋值时报错
Traceback (most recent call last):
  File "<pyshell#35>", line 1, in <module>
    int(2e2,2)
TypeError: int() can't convert non-string with explicit base
>>> int('33',16)                      #参数 x 为字符串，转化为十六进制数
51
>>> int('FZ', 16)                     #'FZ'不能用十六进制表示
Traceback (most recent call last):
  File "<pyshell#37>", line 1, in <module>
    int('FZ', 16)
ValueError: invalid literal for int() with base 16: 'FZ'
```

列表 list 和元组 tuple 相当于 Java 和 C/C++中的数组。列表 list 用[]来表示，如[1,2,3]。元组 tuple 用()来表示，如(1,2,3)，区别在于列表能够增删修改，而元组 tuple 不能，元组更像是常量数据。如果对不能修改的数据写保护，元组 tuple 会更适合，比如区块链中的交易和区块数据。列表 list 是有序的数组，长度是变化的，可以进行截取、组合、修改和增加等操作。下面先介绍列表 list。

在 IDLE 中输入如下内容：

```
>>> a = [1,2,'bob',[2,3],(4,6)]
```

（1）索引和切片。

```
>>> a[0]                              #列表第 1 个元素，python 索引从 0 开始
1
>>> a[-1]                             #列表最后 1 个元素
(4, 6)
>>> a[-2]                             #列表倒数第 2 个元素
```

```
[2, 3]
>>> a[1:]                                    #切片，获取后 4 个元素
[2, 'bob', [2, 3], (4, 6)]
>>> a[:2]                                    #切片，获取前 2 个元素
[1, 2]
>>> a[2:4]                                   #切片第 3 和 4 个元素
['bob', [2, 3]]
```

（2）调用 append()方法添加元素至列表。

```
>>> a.append(222)                            #将 222 添加到列表末尾，类似“压栈”
>>> a
[1, 2, 'bob', [2, 3], (4, 6), 222]
```

注意：与 Python 中的称法不同，在其他语言中，对象的方法可能被称为函数，而属性则称为字段。

（3）判断元素是否在列表内。

```
>>> 'bob' in a
True
>>> (4,5) in a
False
>>> [2,3] not in a
False
```

（4）列表的乘法操作。

```
>>> a *2
[1, 2, 'bob', [2, 3], (4, 6), 222, 1, 2, 'bob', [2, 3], (4, 6), 222]
```

（5）列表的加法操作。

```
>>> a + ['alice',1,4]
[1, 2, 'bob', [2, 3], (4, 6), 222, 'alice', 1, 4]
```

提示：列表没有减法和除法操作。

（6）获取列表长度，即元素个数。

```
>>> len(a)
6
```

（7）获取元素在列表中的索引。

```
>>> a.index('bob')
2
```

（8）删除列表元素。

```
>>> a.remove('bob')                  #删除指定元素
>>> a
[1, 2, [2, 3], (4, 6), 222]
>>> a.pop()                          #pop()方法删除并返回最后一个元素，类似“出栈”
222
>>> a
[1, 2, [2, 3], (4, 6)]
```

Python 中内置的数据结构 list 能实现栈的功能，第 4 章中介绍的堆栈机就是基于列表 list 定义。元组 tuple 类型和列表 list 类似，但是不能修改、添加和删除元素，没有 append()、remove()、pop()等方法。在 IDLE 中举例如下：

```
>>> b = (1,2)
>>> b[0]
1
>>> b[-1]
2
```

尝试修改第一个元素时，程序报错。

```
>>> b[0] = 2
Traceback (most recent call last):
  File "<pyshell#58>", line 1, in <module>
    b[0] = 2
TypeError: 'tuple' object does not support item assignment
```

尝试调用 pop()方法时，程序报错。

```
>>> b.pop()
Traceback (most recent call last):
  File "<pyshell#59>", line 1, in <module>
    b.pop()
AttributeError: 'tuple' object has no attribute 'pop'
```

字符串 str 可以结合列表 list 来对比学习，在 IDLE 中简要举例如下：

```
>>> s = 'I love blockchain'
'I love blockchain'
>>> s[2:6]
'love'
>>> s[:]                               #截取所有字符
'I love blockchain'
>>> s.split(' ')                       #将字符串按空格分割为字符串列表
```

```
['I', 'love', 'blockchain']
>>> ' '.join(s.split(' '))          #将字符串列表整合
'I love blockchain'
>>> s.replace(' ','')               #将空格替换
'Iloveblockchain'
>>> a = "hello"
>>> for s in a:                     #for 循环遍历字符串
        print (s)
h
e
l
l
o
```

字典 dict 相当于 Java 中的 Hashmap，以 key/value（键/值）的方式存储数据，用{}表示，字典的 keys 是不重复的。

在 IDLE 中举例如下：

```
>>> info = {'name':'bob','age':18,'sex':'male'}
```

（1）获取字典中的元素。

```
>>> info['name']
'bob'
>>> info.get('name')
'bob'
>>> info.get('o')                   #'o'不是字典中的 key，默认返回 None
>>> info.get('o',0)                 #'o'不是字典中的 key，默认返回 0
0
>>> info['o']                       #'o'不是字典中的 key，程序报错
Traceback (most recent call last):
  File "<pyshell#64>", line 1, in <module>
    info['o']
KeyError: 'o'
```

上例通过[key]和 get(key)方法获取字典中的值，如果 key 存在于字典中时，可以正确获取对应的值。如果 key 不在字典中时，采用[key]方法将会报错，get(key)方法返回默认的 None 类型，也可以设定默认值。

（2）向字典中添加元素。

```
>>> info['grade'] = 2
>>> info
{'name': 'bob', 'age': 18, 'sex': 'femal', 'grade': 2}
```

（3）获取字典的 keys。

```
>>> info.keys()
dict_keys(['name', 'age', 'sex', 'grade'])
>>> type(info.keys())                          #type()函数访问数据的类型
<class 'dict_keys'>
```

可以看出，字典的 keys 并不是列表类型，可以通过内置的 list()函数进行转换。

```
>>> list(info.keys())
['name', 'age', 'sex', 'grade']
```

（4）获取字典的 vaules。

```
>>> info.values()
dict_values(['bob', 18, 'male', 2])
>>> tuple(info.values())                       #也可以调用内置的 tuple()函数进行转换
('bob', 18, 'femal', 2)
```

（5）获取字典的 keys 和 values。

```
>>> info.items()
dict_items([('name', 'bob'), ('age', 18), ('sex', 'femal'), ('grade', 2)])
```

（6）判断 key 是否在字典的 keys 中。

```
>>> 'age' in info
True
>>> 'Age' in info                              #大小写敏感
False
```

（7）删除字典中的元素。

```
>>> info.pop('sex')
'male'
>>> info
{'name': 'bob', 'age': 18, 'grade': 2}
```

（8）更新字典的元素。

```
>>> info2 = {'sex':'male','age':19}
>>> info.update(info2)
>>> info
{'name': 'bob', 'age': 19, 'grade': 2, 'sex': 'male'}
```

注意：如果向字典中添加元素的 key 已存在，则会对其 value 进行更新。

集合 set 与字典 dict 类似，但只存储 keys，不存储 values。集合 set 中没有重复元素。在 IDLE 中举例如下：

```
>>> a = {1,2,3,4}                          #创建一个集合
>>> b = set([1,1,2,3,3])                   #从列表 list 创建集合
>>> a
{1, 2, 3, 4}
>>> b                                      #集合对重复元素过滤
{1, 2, 3}
>>> a - b                                  #a 对 b 的差集
{4}
>>> b - a                                  #b 对 a 的差集为空集
set()
>>> a.symmetric_difference(b)              #调用 symmetric_difference 获取对称差集
{4}
>>> b.symmetric_difference(a)
{4}
>>> a.union(b)                             #集合的并集
{1, 2, 3, 4}
>>> a.intersection(b)                      #集合的交集
{1, 2, 3}
```

6）语法

Python 的语法主要包括分支语句及循环语句。这里仅介绍 if 分支和 for 循环，举例如下：

```
>>> a = [1,4,5,3]
>>> len(a)
4
>>> for i in range(len(a)):                # 类似 C 语言通过索引对数组元素进行访问
      print(a[i])
1
4
5
3
>>> for val in a:                          #Python 中列表元素的访问
      print(val)
1
4
5
3
```

除此之外，Python 的列表推导简洁且功能强大。

```
>>> a = range(10)
>>> a
range(0, 10)
>>> list(a)
[0, 1, 2, 3, 4, 5, 6, 7, 8, 9]
```

获取偶数列表。

```
>>> [v for v in a if v%2 ==0]
[0, 2, 4, 6, 8]
```

将奇数列的值乘方，偶数列保持不变。

```
>>> [v**2 if i%2 != 0 else v for i,v in enumerate(a) ]
[0, 1, 2, 9, 4, 25, 6, 49, 8, 81]
```

提示： 字典 dict 和集合 set 也能使用同样的操作。

7）定义函数

Python 中的函数定义一般以 def 开头，return 结束，可传入参数。下面在 IDLE 中举例如下：

（1）定义一个加法函数，命名为 add，传入两个参数，返回参数的和。

```
>>> def add(x,y):
        return x + y
>>> add(3,4)
7
```

（2）定义一个 test()函数，无传入参数，打印 I love blockchain。

```
>>> def test():
        print( " I love blockchain ")
>>> test()
I love blockchain
```

（3）定义一个函数，传入多个不确定个数的参数，以元组的形式传入。

```
>>> def func(*args):
        print (args)
>>> func(2,3,5)
(2, 3, 5)
```

（4）定义一个函数，传入多个不确定的参数，以字典的形式传入。

```
>>> def func_(**kwargs):
        print(kwargs)
```

```
>>> func_(a = 1,b = 3)
{'a': 1, 'b': 3}
```

（5）定义一个函数，传入有初始值的参数。

```
>>> def func__(a=1,b=2):
        print (a,b)
>>> func__()
1 2
>>> func__(3,4)
3 4
```

8）定义类

面向对象编程语言的核心是类，类是一种自定义数据类型，是对同一类事物的封装，只有被实例化后才能被调用，类的实例也称为对象。Python 中的一切皆为对象，包括函数。下面新建一个 test.py 文件，并在其中写入脚本，创建简单的节点类型 Peer，如下所示。

```
#导入数学运算库，相当于 C 语言中的#include<math.h>
import math

#以 class 关键字开头，Peer 是类名，一般首字母大写
#冒号缩进，类似花括号表示将代码括在其中
class Peer:

    #定义类初始化方法__init__，是内置的专有方法
    #self 关键字代表类的实例本身
    #实例初始化需要一个读入参数为坐标 coords
    def __init__(self,coords):

        #初始化方法中初始化两个属性
        self.coords = coords
        self.blockchain = []

    #定义一个添加 block 的方法，输入参数 block
    #添加到实例的 blockchain 属性中
    def add_block(self,block):
        self.blockchain.append(block)

    #定义一个距离方法，计算实例坐标离原点的距离
    def distance(self):

        #将节点坐标赋值给 x 和 y
        x,y = self.coords
        return math.sqrt(x**2 + y**2)
```

🔔**建议：**类定义时，属性命名一般用名词，而方法命名一般用某个动作。

定义完后直接按 F5 键，并输入如下内容：

```
>>> peer = Peer((1,1))                      #创建一个实例，命名为 peer
>>> peer.blockchain                         #访问属性 blockchain
[]
>>> peer.coords                             #访问属性 coords
(1, 1)
>>> peer.distance()                         #调用 distance()方法计算距离
1.4142135623730951
>>> peer.add_block(block = 1)               #调用 add_block()方法添加 block
>>> peer.blockchain
[1]
```

显然，distance()方法的命名并不符合上文的建议，可以使用 calculate_distance，也可以使用 property 装饰器将该方法转化为属性。只需要在方法前加上如下代码即可。

```
    #以@开头
    @property
    def distance(self):
        x,y = self.coords
        return math.sqrt(x**2 + y**2)
```

再次运行 test.py 模块，重新输入上例内容。

```
>>> peer.distance                           #propery 装饰器定义属性
1.4142135623730951
```

🔔**提示：**更多装饰器知识点，请读者参考相关资料。

类也能通过继承创建，继承是指从已有的类中派生出新的类，新的类能吸收已有类的数据属性和行为。在 test.py 中继承内置类型 tuple 定义新类型 NewTuple，代码如下：

```
#NewTuple 类继承 tuple 类
class NewTuple(tuple):

    #__new__()专有方法在__init__()方法前调用
    #用于创建实例，其至少有一个关键字 cls，代表要实例化的类
    #且必须返回一个实例，__init__()方法中的 self 就是指这个返回的实例
    def __new__(cls,a,b):
        print("create a object")

        #super()方法用于继承父类 tuple 的__new__()方法
```

```
        return super(NewTuple,cls).__new__(cls,(a,b))

    def __init__(self,c,d):
        print("what's my job?")
        self.c = c
        self.d = d
```

建议： 更多__new__()和 super()的使用，可参考相关资料。

运行脚本文件，并在 IDLE 中输入如下内容：

```
>>> nl = NewTuple(1,2)          #创建一个实例，先运行__new__()，然后运行__init__()
create a object
what's my job?
>>> nl.c,nl.d                   #访问两个属性
(1, 2)
>>> nl.index(1)                 #继承了 tuple 的 index()和 count()方法
0
>>> nl.count(1)
1
>>> nl[0]                       #和 tuple 一样也能索引
1
>>> nl[1]
2
```

新定义的数据类型也能作为参数传入函数或对象。比如定义元素打印函数，代码如下：

```
def print_tuple(a):
    for v in a:
        print(v)
```

重新运行脚本文件，并在 IDLE 中输入如下内容：

```
>>> nl = NewTuple(1,2)
create a object
what's my job?
>>> print_tuple(nl)
1
2
```

以上定义的方法都是实例方法，必须将类实例化后才能进行调用。除了可以定义实例方法，还可以定义类方法。下面给 Peer 对象定义显示坐标的类方法，代码如下：

```
    #类方法用@classmethod 装饰器，对应于实例方法的 self 关键字
    #方法第一个关键字是 cls
```

```
    @classmethod
    def show_coords(cls,coords):

        #创建一个实例
        self = cls(coords = coords)
        return self.coords
```

在 IDLE 中举例如下：

```
>>> Peer.show_coords((1,2))          #类直接调用，不需要实例化
(1, 2)
>>> peer.show_coords((3,4))          #实例也能调用
(3, 4)
```

由以上可以得出，类方法可由类和实例调用，而实例方法只能由实例调用，不能由类直接调用。

9）Python 导入模块

下面主要介绍两种 Python 导入模块的方法。

（1）import modname

模块是指一个可以交互使用，或者从另一 Python 程序访问的代码段。只要导入了一个模块，就可以引用它的任何公共对象。模块可以通过这种方法来使用其他模块的功能。用 import 语句导入模块，就在当前的名称空间（namespace）建立了一个到该模块的引用。这种引用必须使用全称，也就是说，当导入模块中定义的函数或者类时，必须包含模块的名字。所以不能只使用 funcname 或 classname，而应该使用 modname.funcname 或 modname.classname。在 IDLE 中举例如下：

```
>>> import simchain as sc            #将 simchain 简写为 sc
>>> zhangsan = sc.Peer((1,2))
>>> zhangsan
Peer(1, 2)
>>> pointer = sc.Pointer(2,3)
>>> pointer
Pointer(tx_id:2,n:3)
```

（2）from modname import funcname, classname

from modname import fa, fb, ca, cb

或者 from modname import *

与第一种方法的区别：funcname 或者 classname 被直接导入本地名字空间，所以它可以直接使用，而不需要加上模块名的限定。 *表示该模块的所有公共对象（public objects）都被导入当前的名称空间。在 IDLE 中举例如下：

```
>>> from simchain import Network        #仅导入 Network
>>> net = Network()
2018-06-19 18:35:45,449 - A blockchain p2p network created,12 peers joined
2018-06-19 18:35:45,459 - genesis block has been generated
>>> from simchain import *              #导入所有公共对象
>>> vin = Vin(2,3,4)
>>> vin
Vin(to_spend:2,signature:3,pubkey:4)
```

10）Python 中常用模块

下面简要介绍 Python 中常用的内置标准模块，包括 time 模块、random 模块和 logging 模块。

（1）Time 模块

Time 模块是时间处理模块，比如实现一个简单的计时功能，代码如下：

```
>>> import time                   #导入 time 模块
>>> start = time.time()           #返回当前时间戳
>>> start
1529405099.4545517
>>> time.sleep(3)                 #等待 3 秒
>>> end = time.time()
>>> spend = end - start           #返回时间间隔
>>> spend
50.26827931404114
```

（2）Random 模块

Random 模块是一个伪随机数生成模块，在 IDLE 中举例如下：

```
>>> import random                 #导入 random 模块
>>> random.random()               #生成一个[0,1)的伪随机浮点数
0.3471727942912114
>>> random.uniform(-2,4)          #在[a,b)范围内生成服从均匀分布的伪随机浮点数
0.8874782519569879
>>> random.randint(1,10)          #在[a,b)范围内生成一个伪随机整数
8
>>> a = [1,3,4,5,2,7]
>>> random.choice(a)              #在序列中随机选择一个数
1
>>> random.choices(a,k=2)         #在序列中随机选择 k 个数，可重复
[4, 4]
>>> random.sample(a,k=3)          #在序列中随机选择 k 个数，不重复
[4, 2, 5]
>>> random.shuffle(a)             #随机打乱序列中的元素
```

```
>>> a
[7, 4, 2, 5, 1, 3]
```

提示：上文中的序列是指类似列表 list、元组 tuple 的数据类型，只是作者用列表 list 举例。

（3）Logging 模块

Logging 模块是一个日志输出模块，可以将日志打印到控制台，在 IDLE 中举例如下：

```
>>> import logging
>>> tom = 'Tom'
>>> jerry =
>>> logging.debug('{0} is a naughty boy'.format(tom))
>>> logging.info('{0} is a naughty boy'.format(tom))
>>> logging.warning('{0} is a naughty boy'.format(tom))
WARNING:root:Tom is a naughty boy
>>> logging.error('{0} is a naughty boy'.format(tom))
ERROR:root:Tom is a naughty boy
>>> logging.critical('{0} is a naughty boy'.format(tom))
CRITICAL:root:Tom is a naughty boy
```

可以看出，前两个方法并没有输出，原因是 logging 默认 root logger 的 level 是 warning，低于该级别就不输出。其输出级别排序默认为：critical > error > warning > info > debug。通过 basicConfig()方法设置日志级别和输出格式，代码如下：

```
>>>  logging.basicConfig(level=  logging.DEBUG,format  =  '%(asctime)s  -
%(message)s')
>>> logging.info('{0} likes {1}'.format(tom,jerry))
2018-07-10 08:32:37,742 - Tom likes Jerry
```

（4）Numpy 模块

Numpy 是 Python 最著名的第三方库之一，能实现快速数据处理，包括矩阵运算，在第 3 章介绍的格密码中会频繁使用它。可以直接 Pip install numpy 安装，安装完成后，在 IDLE 中举例如下：

```
>>> import numpy as np                          #导入 numpy 并用 np 简写
>>> a = np.array ([7,4,6,5])                    #创建一个 1 维行向量
>>> a
array([7, 4, 6, 5])
>>> type(a)                                     #类型为 n 维数组
<class 'numpy.ndarray'>
>>> b = np.random.randint(0,10,(4,4)) #创建一个 4 阶方阵，元素为[0,10)范围内的整数
>>> b
```

```
array([[4, 4, 3, 2],
       [7, 3, 8, 4],
       [1, 5, 4, 0],
       [8, 0, 9, 7]])
```

访问数组的 shape 和 size 属性获取形状和元素的个数。

```
>> a.shape
(4,)
>>> b.shape
(4, 4)
>>> a.size
4
>>> b.size
16
```

需要注意的是，shape 属性返回的是元组 tuple 类型。

```
>>> c = 1
>>> d = (1,)
>>> type(c)
<class 'int'
>>>> type(d)
<class 'tuple'>
```

通过访问属性 T 或者调用 transpose()方法实现转置。

```
>>> b.T
array([[4, 7, 1, 8],
       [4, 3, 5, 0],
       [3, 8, 4, 9],
       [2, 4, 0, 7]])
>>> b.transpose()
array([[4, 7, 1, 8],
       [4, 3, 5, 0],
       [3, 8, 4, 9],
       [2, 4, 0, 7]])
```

一维数组的转置会失效。

```
>>> a.T
array([1, 2, 3, 4])
```

如果出现以上情况，可以调用 reshape()方法实现转置。

```
>>> a.reshape(-1,1)
array([[7],
```

```
       [4],
       [6],
       [5]])
>>> b.reshape(8,2)
array([[4, 4],
       [3, 2],
       [7, 3],
       [8, 4],
       [1, 5],
       [4, 0],
       [8, 0],
       [9, 7]])
```

调用 arange()函数和 linspace()函数对区间进行等分。

```
>>> a = np.arange(0,1,0.1)
>>> a
array([ 0. ,  0.1,  0.2,  0.3,  0.4,  0.5,  0.6,  0.7,  0.8,  0.9])
>>> b = np.linspace(0,1,10)
>>> b
array([ 0.        ,  0.11111111,  0.22222222,  0.33333333,  0.44444444,
        0.55555556,  0.66666667,  0.77777778,  0.88888889,  1.        ])
>>> b = np.linspace(0,1,10,endpoint = False)
>>> b
array([ 0. ,  0.1,  0.2,  0.3,  0.4,  0.5,  0.6,  0.7,  0.8,  0.9])
```

可以看出，arange()函数的格式是(起点,终点,步长)，但不包括终点；linspace()函数的格式是(起点,终点,等分数)，可用 endpoint 参数控制是否包括终点。

zeros()、ones()、empty()等函数能快速创建数组，其中 empty()函数只分配内存，不赋值，代码如下：

```
>>> a = np.zeros((4,4))
>>> a
array([[ 0.,  0.,  0.,  0.],
       [ 0.,  0.,  0.,  0.],
       [ 0.,  0.,  0.,  0.],
       [ 0.,  0.,  0.,  0.]])
>>> b = np.ones((4,4))
>>> b
array([[ 1.,  1.,  1.,  1.],
       [ 1.,  1.,  1.,  1.],
       [ 1.,  1.,  1.,  1.],
       [ 1.,  1.,  1.,  1.]])
>>> c = np.empty((4,4))
```

```
>>> c
array([[  2.96739769e-119,   1.45250033e-070,   1.06399914e+248,
          1.49895788e-259],
       [  6.64683435e-119,   8.47669474e+135,   1.29315989e+161,
          8.90567240e+252],
       [  2.43812974e-152,   6.09079069e+247,   1.66155533e-259,
          1.96264353e+243],
       [  1.80124665e-046,   9.18273619e+252,   6.59138017e-087,
          1.81667905e-152]])
```

可使用和列表相同的方式对数组进行存取。

```
>>> a = np.arange(10)
>>> a
array([0, 1, 2, 3, 4, 5, 6, 7, 8, 9])
>>> a[1]
1
>>> a[:3]
array([0, 1, 2])
>>> a[4:]
array([4, 5, 6, 7, 8, 9])
>>> a[2:4]
array([2, 3])
>>> a[1:4:2]
array([1, 3])
>>> a[-1]
9
>>> a[-2]
8
>>> a[1:-1]
array([1, 2, 3, 4, 5, 6, 7, 8])
>>> a[1:-1:4]
array([1, 5])
```

可通过函数实现快速数组运算。

```
>>> x
array([0, 1, 2, 3, 4, 5, 6, 7, 8, 9])
>>> y = x**2
>>> y
array([ 0,  1,  4,  9, 16, 25, 36, 49, 64, 81])
>>> x + y
array([ 0,  2,  6, 12, 20, 30, 42, 56, 72, 90])
>>> x*y
```

```
array([  0,   1,   8,  27,  64, 125, 216, 343, 512, 729])
>>> np.sin(x)
array([ 0.        ,  0.84147098,  0.90929743,  0.14112001, -0.7568025 ,
       -0.95892427, -0.2794155 ,  0.6569866 ,  0.98935825,  0.41211849])
```

可以看出，数组的*乘法运算是矩阵元素的相乘，可以通过 Numpy.dot()函数实现数组相乘，Numpy1.10.0 版本中，新增的 Numpy.matmul()函数也能实现该运算。

```
>>> a = np.array([[1,2],[2,3]])
>>> b = np.array([1,2])
>>> np.dot(a,b)
array([5, 8])
>>> np.matmul(a,b)
```

Numpy.linalg 子包中提供了线性方程组的求解函数 solve()。

```
>>> a = np.random.rand(5,5)
>>> a
array([[ 0.97685534,  0.63369216,  0.30946601,  0.9599492 ,  0.41226575],
       [ 0.29668625,  0.5413057 ,  0.67195329,  0.24394575,  0.13768369],
       [ 0.52109762,  0.93664715,  0.4001945 ,  0.52302717,  0.43949806],
       [ 0.0603267 ,  0.70555744,  0.55148684,  0.58847232,  0.78056595],
       [ 0.90483666,  0.44196604,  0.95575928,  0.29898881,  0.63945063]])
>>> b = np.random.rand(5)
>>> b
array([ 0.61967231,  0.94415499,  0.18442066,  0.47837391,  0.43580209])
>>> x = np.linalg.solve(a,b)
>>> x
array([-0.68017887, -0.4285852 ,  1.73602445,  1.67926161, -1.43971856])
```

建议：更多功能及模块知识点，请读者自行查阅相关资料。

11）str 与 bytes

与 Python 2 有很大的不同，Python 3 中文本（text）和二进制数据是完全区分的。文本采用 unicode 进行编码，以 str 类型表示，在本书中也称为字符串。而二进制数据以 bytes 类型表示，本书中也称为字节串。Python 3 中不能以任何隐式方式将 str 和 bytes 类型两者混合使用，比如不能进行拼接，不能在 str 中搜索 bytes 数据，也不能将 str 作为参数传入需要 bytes 类型参数的对象，反之亦然。字符串 str 与字节串 bytes 通过 encode()和 decode()对象进行转换，如图 2.16 所示。

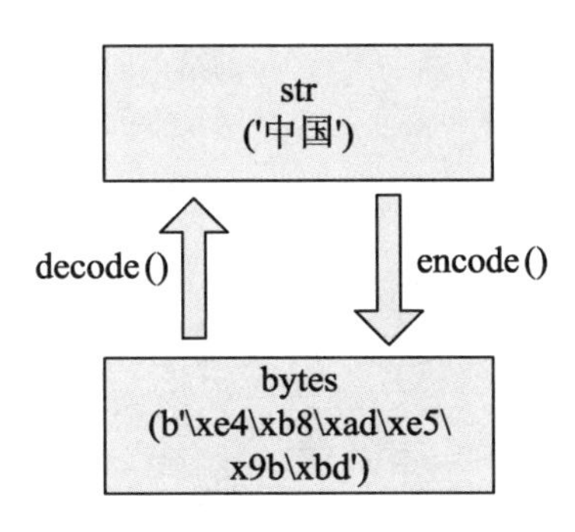

图 2.16　str 与 bytes 类型的转换

在 IDLE 中举例如下：

```
>>> '中国'.encode()                                 #默认 UTF-8 格式编码
b'\xe4\xb8\xad\xe5\x9b\xbd'
>>> b'\xe4\xb8\xad\xe5\x9b\xbd'.decode()     #默认 UTF-8 格式解码
'中国'
>>> '中国'.encode('GBK')                            #GBK 格式编码
b'\xd6\xd0\xb9\xfa'
>>> b'\xd6\xd0\xb9\xfa'.decode('GBK')           #GBK 格式编码
'中国'
```

注意： 本书中除了双哈希算法的输出和地址的表示为字符串，其他均为字节串。

2.3　Simchain 简介

本节将和读者分享区块链模拟器 Simchain 的设计过程与使用。

2.3.1　什么是 Simchain

在前文中多次提到了 Simchain，Simchain 到底是什么？Simchain 是 Simulator of blockchain 的缩写，中文名可以翻译为区块链模拟器，是作者为本书教学而开发的一个 Python 库，当前版本为 1.0。2.1 节中的 GUI 程序就是结合 Simchain 和 Python 内置的 GUI 模块 Tkinter 进行开发的。

前文已多次提及，Simchain 的使用非常简单，在 IDLE 中输入如下内容：

```
>>> from simchain import Network     #从 Simchain 中导入 Network 对象
>>> net = Network()                  #创建一个区块链网络实例
```

```
>>> net.make_random_transactions()  #网络中的节点创建随机交易
>>> net.consensus()                 #网络中的节点达成共识，交易被写进区块链
```

以上程序输出结果如下所示。

```
2018-06-19 11:39:21,556 - A blockchain p2p network created,12 peers joined
2018-06-19 11:39:21,599 - genesis block has been generated
2018-06-19 11:39:50,821 - peer(98, 71)(pid=11) created a transaction
2018-06-19 11:39:50,824 - peer(98, 71)(pid=11) sent a transaction to network
2018-06-19 11:39:51,544 - peer(98, 71)(pid=11)'s transaction verified by
11 peers
2018-06-19 11:39:51,581 - peer(5, 56)(pid=9) created a transaction
2018-06-19 11:39:51,585 - peer(5, 56)(pid=9) sent a transaction to network
2018-06-19 11:39:52,325 - peer(5, 56)(pid=9)'s transaction verified by 9
peers
2018-06-19 11:39:52,361 - peer(46, 86)(pid=2) created a transaction
2018-06-19 11:39:52,363 - peer(46, 86)(pid=2) sent a transaction to network
2018-06-19 11:39:53,084 - peer(46, 86)(pid=2)'s transaction verified by 11
peers
2018-06-19 11:39:53,123 - peer(24, 23)(pid=7) created a transaction
2018-06-19 11:39:53,125 - peer(24, 23)(pid=7) sent a transaction to network
2018-06-19 11:39:53,881 - peer(24, 23)(pid=7)'s transaction verified by 11
peers
2018-06-19 11:39:54,009 - peer(64, 15)(pid=1) created a transaction
2018-06-19 11:39:54,041 - peer(64, 15)(pid=1) sent a transaction to network
2018-06-19 11:39:54,767 - peer(64, 15)(pid=1)'s transaction verified by 11
peers
2018-06-19 11:39:54,803 - peer(5, 56)(pid=9) created a transaction
2018-06-19 11:39:54,806 - peer(5, 56)(pid=9) sent a transaction to network
2018-06-19 11:39:55,538 - peer(5, 56)(pid=9)'s transaction verified by 11
peers
2018-06-19 11:39:55,574 - peer(98, 71)(pid=11) created a transaction
2018-06-19 11:39:55,579 - peer(98, 71)(pid=11) sent a transaction to network
2018-06-19 11:39:56,310 - peer(98, 71)(pid=11)'s transaction verified by
11 peers
2018-06-19 11:39:56,348 - peer(64, 51)(pid=6) created a transaction
2018-06-19 11:39:56,351 - peer(64, 51)(pid=6) sent a transaction to network
2018-06-19 11:39:57,082 - peer(64, 51)(pid=6)'s transaction verified by 11
peers
2018-06-19 11:39:57,120 - peer(64, 15)(pid=1) created a transaction
2018-06-19 11:39:57,122 - peer(64, 15)(pid=1) sent a transaction to network
2018-06-19 11:39:57,871 - peer(64, 15)(pid=1)'s transaction verified by 11
peers
2018-06-19 11:39:57,909 - peer(24, 23)(pid=7) created a transaction
```

```
    2018-06-19 11:39:57,917 - peer(24, 23)(pid=7) sent a transaction to network
    2018-06-19 11:39:58,666 - peer(24, 23)(pid=7)'s transaction verified by 11
peers
    2018-06-19 11:39:58,705 - peer(98, 71)(pid=11) created a transaction
    2018-06-19 11:39:58,714 - peer(98, 71)(pid=11) sent a transaction to network
    2018-06-19 11:39:59,445 - peer(98, 71)(pid=11)'s transaction verified by
11 peers
    2018-06-19 11:39:59,494 - peer(85, 31)(pid=5) created a transaction
    2018-06-19 11:39:59,502 - peer(85, 31)(pid=5) sent a transaction to network
    2018-06-19 11:40:00,280 - peer(85, 31)(pid=5)'s transaction verified by 11
peers
    2018-06-19 11:40:38,247 - 4 peers are mining
    2018-06-19 11:40:42,181 - peer(46, 86)(pid=2) is winner,3.8838677406311035
secs used
    2018-06-19 11:40:50,853 - Block(
    hash:000012d0306d0b9eb59052ff0dd5f08001e77879638b6f831f597ee7d6350863)
received by 11 peers
```

注意：由于 Simchain 中使用的非确定性钱包，所以每次启动时节点信息都会不一样，而且交易创建、共识节点选择是随机的，所以读者的输出结果会和作者不一样，但并不影响教学。

结合输入程序和输出结果不难发现，如果将不同的节点（Peer）看作村民，整个过程完成了桃源村每周一次的集中交易会。那么 Simchain 是如何搭建起来的，又是按照怎样的思路进行设计的呢？下一节将详细介绍。

2.3.2　Simchain 设计

接下来，将简单介绍 Simchain 的设计流程。主要从节点、钱包、区块链数据、虚拟网络和 Simchiain 的组织结构五个方面展开。

1. 节点

1）节点的功能

根据第 1 章中的介绍可知，一个健全的区块链网络必须依靠足够多的节点来维持。完整节点（full node），也称全节点，是区块链网络中最普通、最重要的节点类型，比特币初期与 Simchain 一样，所有节点均为完整节点。完整节点应该具备以下四个功能：钱包、路由、共识和存储，如图 2.17 所示。

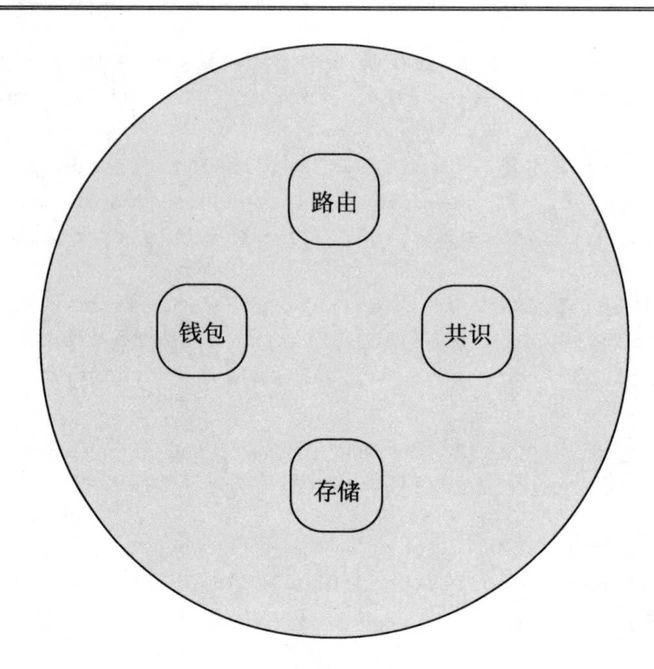

图 2.17　完整节点四大功能

路由功能实现全网节点之间最直接的数据传递，验证交易和区块的有效性，接收并发送有效交易和区块至网络中的其他节点。

钱包功能实现创建交易、查询余额等。

存储功能实现完整的、全新的区块链数据的备份。

共识功能通过共识算法保障全网区块链数据的一致。

随着技术的发展，区块链系统中节点的类型得到了多元化发展。新的节点类型可能只有完整节点的部分功能。比如，共识节点一般只具备路由、共识和存储功能。SPV（Simplified Payment Verification，简易支付验证）节点只包含路由和钱包功能。许多链接到区块链网络的大型公司仅存储最新和最完整的区块链数据来搭建其他服务，如交易所、商家支付处理等，并不具有共识和钱包功能。以上拥有区块链完整数据的节点在本书中被称为存储节点，存储节点包含共识节点。

2）节点的分类

按照节点所具备的功能分类，分为完整节点、SPV 轻型节点、共识节点、服务型节点等。

按照是否存储完整区块链数据进行分类，区块链中只有存储节点和非存储节点。

按照是否参与共识进行分类，区块链中只有共识节点和非共识节点。

无论节点类型如何多样化，足够多的存储节点和共识节点是区块链系统健康运行的基础。如果一个区块链系统中，共识节点全部由同一个团体掌控，意味着该团体掌握了整个网络，系统也将“退化”成类中心化系统，所有区块都将由该团体产生，该团体能在一定程度上对系统有控制权，但和传统的中心化系统又有区别，因为无效区块仍然会被其他节点拒绝。

3）Peer 对象

从编程的角度讲，如果实现了功能最丰富的完整节点，区块链网络也顺理成章的搭建起来。根据完整节点所具备的功能，Simchain 中定义了数据类型 Peer（见源码文件 peer.py），其数据结构如表 2.1 所示。

表 2.1　Peer数据类型

<table>
<tr><th colspan="4">class Peer</th></tr>
<tr><td rowspan="9">路由功能</td><td rowspan="9">方法（method）</td><td>broadcast_transaction()</td><td>广播交易</td></tr>
<tr><td>receive_transaction()</td><td>接收交易</td></tr>
<tr><td>broadcast_block()</td><td>广播区块</td></tr>
<tr><td>receive_block()</td><td>接收区块</td></tr>
<tr><td>verify_transaction()</td><td>验证交易</td></tr>
<tr><td>verify_block()</td><td>验证区块</td></tr>
<tr><td>login()</td><td>登录</td></tr>
<tr><td>logout()</td><td>登出</td></tr>
<tr><td>update_blockchain()</td><td>更新区块链</td></tr>
<tr><td rowspan="13">钱包功能</td><td rowspan="5">属性（property）</td><td>wallet</td><td>钱包</td></tr>
<tr><td>sk</td><td>最新私钥</td></tr>
<tr><td>pk</td><td>最新公钥</td></tr>
<tr><td>addr</td><td>最新地址</td></tr>
<tr><td>fee</td><td>交易费</td></tr>
<tr><td rowspan="8">方法（method）</td><td>get_balance()</td><td>返回余额</td></tr>
<tr><td>get_utxo()</td><td>返回该节点的UTXO</td></tr>
<tr><td>get_unconfirmed_utxo()</td><td>返回该节点未确认的UTXO</td></tr>
<tr><td>set_fee()</td><td>设置交易费</td></tr>
<tr><td>get_fee()</td><td>返回交易费</td></tr>
<tr><td>calculate_fees()</td><td>计算区块中所有交易费</td></tr>
<tr><td>create_transaction()</td><td>创建交易</td></tr>
<tr><td>create_coinbase()</td><td>创建创币交易</td></tr>
<tr><td rowspan="5">共识功能</td><td rowspan="5">方法（method）</td><td>choose_tx_candidates()</td><td>选择打包交易</td></tr>
<tr><td>create_candidate_block()</td><td>创建候选区块</td></tr>
<tr><td>calc_target()</td><td>计算候选区块中的难度位数</td></tr>
<tr><td>consensus()</td><td>达成共识（比如算题）</td></tr>
<tr><td>package_block()</td><td>打包区块（获胜后）</td></tr>
</table>

（续）

class Peer			
存储功能	属性（property）	blockchain	区块链数据（永久）
		orphan_block	孤儿块列表
		utxo_set	未消费输出集（变动）
		mem_pool	交易池（缓存）
		orphan_pool	孤立交易池（缓存）
		txs	该节点创建的交易（永久）
	方法（method）	get_height()	返回当前区块高度

建议： Simchain 中完整节点的功能定义所包含的属性和方法并不一定是绝对完整和唯一的，读者可根据自己的需求自行定义，这里仅供参考。

Simchain 中并没有对任何数据进行永久保存，所有数据均临时保存在内存中。区块链存储在 blockchain 属性中，类型为列表 list。有效交易存储在 mem_pool 属性中，类型为字典 dict。区块链中所有 UTXO 存储在 utxo_set 属性中，类型为字典 dict。由于是模拟器，也没有实现真正意义上的P2P路由协议，仅通过Network对象对节点通信进行简单的模拟。共识功能函数 consensus()采用了与比特币一样的工作量证明（POW）共识算法。钱包功能由 wallet 属性实现。

2. 钱包

表 2.1 中钱包功能的 wallet 属性是自定义数据类型 Wallet（见源码文件 wallet.py）的实例，其中存储密钥对和地址，密钥对指私钥 SigningKey 和公钥 VerifyingKey 对象（见源码文件 ecc.py），Wallet 对象的数据结构如表 2.2 所示。

表 2.2　Wallet数据结构

class Network		
属性（property）	keys	钱包中的密钥对，分别为私钥和公钥，列表list类型
	addrs	钱包中和密钥对对应的地址，列表list类型，通过索引对应
	nok	钥匙对的数量
方法（method）	generate_keys()	生成密钥对

私钥 SigningKey 对象的数据结构如表 2.3 所示。

表 2.3　SigningKey数据结构

class SigningKey		
属性（property）	curve	选用的椭圆曲线，为CurveFp类型
	generator	基点G，为Point类型
	order	基点G的阶
	baselen	编码基础长度
方法（method）	from_number()	通过整数生成私钥
	from_bytes()	通过字节串生成私钥
	get_verifying_key()	返回该私钥对应的公钥
	sign()	对明文进行签名
	to_bytes()	将私钥进行字节串编码

公钥 VerifyingKey 对象的数据结构如表 2.4 所示。

表 2.4　VerifyingKey数据结构

class VerifyingKey		
属性（property）	curve	选用的椭圆曲线，为CurveFp类型
	generator	基点G，为Point类型
	order	基点G的阶
	baselen	编码基础长度
方法（method）	from_bytes()	通过字节串生成公钥
	from_point()	通过点生成公钥
	verify()	签证签名
	to_bytes()	将公钥进行字节串编码

提示：关于密钥和地址的详细介绍，读者可参考第 3 章中椭圆曲线加密，包括 Point 和 CurveFp 类型。

3．区块与区块链

在 Simchain 中是用列表 list 来存储区块链，列表中的每一个元素代表一个区块。而区块的数据结构相对比较复杂。结合第 1 章中的故事，Simchain 中主要定义如表 2.5 中所示的更小单元数据类型来构成区块。

表 2.5　Simchain中区块（Block）相关的数据类型

Simchain中的自定义数据类型	Pointer	指向区块链中未消费交易输出(UTXO)的定位指针，类似第1章中图1.1，账本第3页交易编号12第1条输出
	Vin	交易的输入单元，即创建交易使用的单个UTXO
	Vout	交易的输出单元，即创建交易生成的单个UTXO
	Tx	单笔交易
	UTXO	单个未消费交易输出，是对Vout对象的重新封装
	Block	区块
	MerkleTree	梅克树节点

提示：详细介绍参考第 4 章和第 5 章中的相关内容。

4．模拟区块链网络

Simchain 中的网络并不是真实的 P2P 网络，而是对真实网络的一种模拟，Simchain 中 Network 数据类型的部分属性和方法如表 2.6 所示。

表 2.6　Network部分数据结构

class Network		
属性（property）	peers	网络中的在线节点,列表list类型
	off_peers	离线节点，列表list类型
	consensus_peers	参与共识的节点，列表list类型
	current_winner	本轮获胜者，Peer类型
	time	本地时间，实际是挖矿时间累计，列表list类型
	nop	网络中的节点数量，int类型
方法（method）	add_peer()	新增一个节点到网络中
	make_random_transactions()	网络中的节点随机创建交易
	consensus()	网络中的节点达成共识

5．Simchain的组织结构

Simchain 的组织结构非常简单，除了子包 lbc（Lattice Based Cryptography），其他都是模块，每一个模块在全书中的对应章节均有介绍。Simchain 的组织结构如表 2.7 所示。

表 2.7　Simchain组织结构

Simchain	network.py	定义Network对象
	peer.py	定义对象Peer，Simchain的核心模块，详见第4、5、6章
	wallet.py	定义钱包对象，详见第3章

（续）

Simchain	hdwallet.py		定义分层确定钱包对象，详见第3章
	ecc.py		定义椭圆曲线加密相关对象，详见第3章
	consensus.py		定义共识算法，详见第6章
	datatype.py		定义基本数据类型，详见第4章和第5章
	vm.py		定义堆栈机，详见第4章
	params.py		定义基本参数，比如网络节点初始数量、初始币值、奖励金额、交易费、难度位数等
	logger.py		定义记录器
	merkletree.py		定义梅克尔树对象，详见第4章
	mnemonics.py		定义助记词对象，详见第3章
	base58.py		base58编码模块，非原创，来自网络
	lbc	lattice.py	定义满秩格对象和部分功能，详见第3章
		lyus.py	定义Lyubashevshy签名，详见第3章
		utils.py	定义格中的部分通用函数

2.3.3 Simchain 使用

本节中关于 Simchain 的介绍仅限于应用层面，旨在帮助读者在 GUI 的基础上更进一步理解区块链的原理。Simchain 的底层实现过程请读者继续关注后续章节。

假想一种与比特币类似的情形，桃源村起初只有一个数字货币用户，创世区块由他创建，其中给自己写了一笔 100 元的交易。在 IDLE 中输入如下内容：

```
>>> from simchain import Network,Peer   #导入 Network、Peer 对象
>>> net = Network(nop = 1,von = 10000)  #创建区块链虚拟网络，初始节点数量为 1，
                                         创世币为 10000 分
>>> net.nop                             #访问网络中的节点数量
1
>>> net.peers  #访问网络中的节点，列表类型，每个节点会随机生成一个坐标，类似 IP 地址
[peer(54, 40)]
>>> zhangsan = net.peers[0]             #将 0 号节点命名为张三
>>> zhangsan.coords                   #张三的 IP 地址，在 Simchain 中无具体用处
(54, 40)
>>> zhangsan.sk                         #访问张三的私钥
b'\xaa\xfb\xec\r\xc6\x19%\xb8\x9e\x0cN\x99s\xa1\xb7\xf8\x8c]`\xd7"\xd13
{\xefr\x89\xb52\xde\xdbQ'
>>> zhangsan.pk                         #访问张三的公钥
b'8\xc96\xb6\x0c\x15.|(\xbec\xb8N\xce\xea\xd7\xed\x9d\x06\x0b\x94\xae\
```

```
xb5_\xc4\xc2G\xae\x0e(}\xe3\x90D\xb6\n\xd9\xfe%U\x0fT
f\xcb\xbe7\xb9\xb2c\xda\xd1a\t\x03}\x84*\x98\xb1}0\xd3\x03'
    >>> zhangsan.addr                              #访问张三的地址
    '13JyTbD3oR9Bgasa45uXsbgbdDmS67i89K'
```

注意：Simchan 中的密钥是以字节串呈现，地址以字符串呈现。

密钥和地址在区块链中是用户身份的证明，地址类似用户的银行卡号，私钥可以理解为银行卡密码，是一一对应的关系。即一个私钥对应一个公钥，一个公钥对应一个地址。在第 1 章中的故事里，手写交易的输出是指向交易接收者的姓名，与比特币一样，在 Simchain 中是指向接收者的地址（银行卡号），如图 2.18 所示。也就是说，只要输出单元指向的地址属于谁，谁就拥有该 UTXO 的使用权。

如何确保所指向的地址对应的 UTXO 不会被其他人使用呢？公钥又有什么用呢？私钥、地址与银行卡密码、卡号的关系是不是完全对应？关于这些问题，将在第 3 章中给予解答。

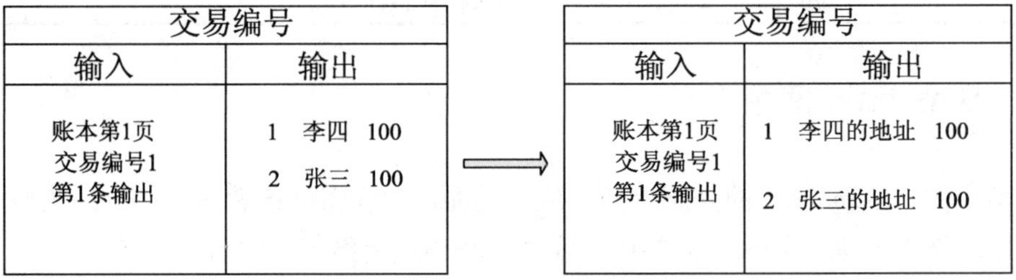

交易编号	
输入	输出
账本第1页 交易编号1 第1条输出	1　李四　100 2　张三　100

⇨

交易编号	
输入	输出
账本第1页 交易编号1 第1条输出	1　李四的地址　100 2　张三的地址　100

图 2.18　交易的输出指向地址

目前，整个区块链网络中就只有张三一个节点。就像当年中本聪刚创建比特币系统时一样，创世区块由他创建，但其中仅包含有一条交易，该交易只有一个输出单元，指向中本聪的地址，金额为 50 比特币，具体如下：

```
    >>> zhangsan.get_balance()                     #查看张三的余额，为 10000 分
    10000
    >>> zhangsan.blockchain[0]                     #访问创世区块
    Block(hash:9f53d80df4ed3e2cdbd1e6510be2f1c55c765838eeef55f04559926cc569
7265)
    >>> zhangsan.blockchain[0].txs                 #访问创世区块中的交易，数量为 1
    [Tx(id:d18a391ae803454405b7e0185ef40fef14b34848a8248885633c2b34a2a3bad2)]
    >>> zhangsan.blockchain[0].txs[0].tx_out       #访问创世区块中交易的输出，1 个输出
                                                     单元
    [Vout(to_addr:13JyTbD3oR9Bgasa45uXsbgbdDmS67i89K,value:10000)]
    >>> zhangsan.get_utxo()                        #获取张三的 UTXO，数量也为 1
```

```
    [UTXO(vout:Vout(to_addr:13JyTbD3oR9Bgasa45uXsbgbdDmS67i89K,value:10000),
    pointer:Pointer(tx_id:d18a391ae803454405b7e0185ef40fef14b34848a82488856
33c2b34a2a3bad2,n:0))]
```

注意：节点 blockchain 属性为列表 list 类型，单个元素是 Block 对象。Block 对象的 txs 属性也是列表 list 类型，单个元素为 Tx 对象。Tx 对象的 tx_in 和 tx_out 属性分别为交易的输入和输出，也均为列表 list 类型。输入列表 tx_in 的单个元素是 Vin 对象；输出列表 tx_out 的单个元素是 Vout 对象。详细介绍请参见第 4 章和第 5 章中的相关内容。

可以看出，创世区块中交易输出单元正好是指向张三第一对密钥对应的地址。

到目前为止，张三和当年的中本聪陷入了同样的处境，要想让系统正常运行，必须有更多的用户涌入。在张三的游说下，李四加入到网络中，就好像当初中本聪给密码学专家哈尔芬妮发送 10 比特币一样。在 IDLE 中继续输入如下内容：

```
    >>> net.add_peer()                              #添加一个节点到网络中
    >>> lisi = net.peers[1]                         #将第二个节点命名为李四
    >>> lisi.sk                                     #访问李四的私钥
    b'9\xe1\xe8\xa52P\x1a<HZ\xe3\x05\x13\x05\x99\xcc\x97CP\x9f\x0e\x82\x01\
xb49\xe2\xa4k<\xe5\x1c\x8f'
    >>> lisi.pk                                     #访问李四的公钥
    b"\xd9\x92\xbe\xa9\xd7\x832D\xffl*\xadz\\:\x8clT@\xb0H\x9f\xd8!\xc6\xe1
\x13G+\n\xf2\xf8\x05\xfeo\xbe\xa9\xf8\xf1\xc6\xdd\x0e\x9d\x13\x02'\xea\x86\
xb7U\xaf\xec\\\xe8 \x08\xd6\x88S\xdb\x90\xf3\xad\xd1"
    >>> lisi.addr                                   #访问李四的地址
    '14k7yTRabxn67RxV6FJzSArBuMQxB5nERX'
    >>> zhangsan.blockchain == lisi.blockchain #张三的区块链与李四的区块链相同
    True
    >>> zhangsan.utxo_set == lisi.utxo_set         #张三的 UTXO 集与李四的 UTXO 集相同
    True
    >>> lisi.get_balance()
    0
```

为什么李四的区块链数据，以及 UTXO 集与张三的完全相同？如果没有特别的说明，本书中提及的区块链都是指公有链（关于区块链的分类详见第 5 章的介绍）。事实上，区块链网络是动态的，在一个时间段内，总会有节点登录、登出，或者新的节点加入。区块链系统的正常运行是以全网数据保持一致为前提的，于是，当下线过的存储节点再次上线，或者新的存储节点加入网络中时，这些节点必须要向网络中的其他存储节点发送请求来同步区块链数据。因为区块链数据一致，则 UTXO 集也是一致的。

李四没有钱，要想区块链系统顺利运行，张三必须向刚刚加入到区块链网络中的李四转账，希望李四能帮忙宣传该数字货币，吸引更多的用户。事实上，转账还有另外一个目的，为共识创造基础条件，如果网络中没有交易发生，就无法达成共识（比如比特币“挖矿”），更别谈通过发放共识奖励来实现创币了。中本聪在挖出创世区块一周后，给密码学专家哈尔芬妮转账 10 比特币。假设张三就是中本聪，李四就是哈尔芬妮，张三给李四转账 100 分。在 IDLE 中继续输入如下内容：

```
>>> zhangsan.create_transaction(lisi.addr,100)  #参数为李四的地址和金额
>>> tx = zhangsan.current_tx                    #获取当前交易
>>> tx.tx_out                                   #访问当前交易的输出
[Vout(to_addr:14k7yTRabxn67RxV6FJzSArBuMQxB5nERX,value:100), Vout(to_addr:
13JyTbD3oR9Bgasa45uXsbgbdDmS67i89K,value:9890)]
>>> zhangsan.get_balance()                      #张三余额
10000
>>> lisi.get_balance()                          #李四的余额
0
>>> zhangsan.broadcast_transaction()            #张三将交易广播到网络中
>>> zhangsan.get_balance()                      #张三余额，10 分的交易费
9890
>>> lisi.get_balance()                          #李四的余额
100
```

可以发现，交易创建后张三和李四的余额并没有发生变化，但当交易广播出去后，完成了转账支付，而且 10 分的交易费消失了。那么是不是真的实现了转账呢？在 IDLE 中继续输入如下内容：

```
>>> zhangsan.get_unconfirmed_utxo()             #获取张三未确认的 UTXO
[UTXO(vout:Vout(to_addr:13JyTbD3oR9Bgasa45uXsbgbdDmS67i89K,value:9890),
pointer:Pointer(tx_id:3b182b06b3c7c89f67f19a8a8ca009267b2f83db9f73a6fc1
aa16cdb4a4994a1,n:1))]
>>> lisi.get_unconfirmed_utxo()                 #获取李四未确认的 UTXO
[UTXO(vout:Vout(to_addr:14k7yTRabxn67RxV6FJzSArBuMQxB5nERX,value:100),
pointer:Pointer(tx_id:3b182b06b3c7c89f67f19a8a8ca009267b2f83db9f73a6fc1
aa16cdb4a4994a1,n:0))]
>>> zhangsan.get_height() == lisi.get_height() == 1
True
>>> zhangsan.mem_pool                           #张三的交易池中有一条交易
{'3b182b06b3c7c89f67f19a8a8ca009267b2f83db9f73a6fc1aa16cdb4a4994a1':
Tx(id:3b182b06b3c7c89f67f19a8a8ca009267b2f83db9f73a6fc1aa16cdb4a4994a1)}
>>> lisi.mem_pool == zhangsan.mem_pool          #李四的交易池与张三的相同
True
```

从余额上看，交易似乎已经完成了。但张三和李四都有一个未确认的 UTXO，回忆第

1 章中的故事，当创建的有效交易传递到节点时，节点会将其存放到自己的交易池中，每个节点都有自己的独立交易池，由于 P2P 网络的特殊性，同一时刻每个节点的交易池可能不一样。为了保证区块链数据的一致，需要达成一个分布式共识，即在所有节点中选择一个“特殊”节点，将该节点的交易池打包成最新区块。为了找到这个“特殊”节点，出现了各种共识算法，比如比特币系统中的工作量证明（POW）。在每一轮共识发起时，网络中的共识节点（第 1 章故事中参加解题的村民）将开始解题竞赛，第一个得到答案的将获得打包区块的权利，其交易池中的交易将被写入区块链，其他节点按照他的区块更新自己的区块链数据，从而保证了全网数据的一致。需要注意的是，获胜节点在选择打包交易时不一定会打包当前交易池中的全部交易，具体细节参考第 6 章。

为了激励节点解题，获胜的节点将获得固定金额的货币加上交易费作为奖励，并由自己以标准交易格式记录到区块。在 IDLE 中继续输入如下内容：

```
    >>> net.consensus()                                    #网络中的节点达成共识
    2018-06-21 17:23:37,711 - 2 peers are mining
    2018-06-21 17:23:42,368 - peer(54, 40)(pid=0) is winner,4.594226121902466
secs used
    2018-06-21 17:23:42,478 - Block(
    hash:00002b876ad6abfe15f688cf63497573f50cd451fbdcd8a837173453370da7c9)
received by 1 peers
    >>> zhangsan.get_balance()                    #张三获得奖励固定 500 分，交易费 10 分
    10400
    >>> zhangsan.get_height() == lisi.get_height() == 2
    True
    >>> zhangsan.get_unconfirmed_utxo() == lisi.get_unconfirmed_utxo() ==[]
    True
    >>> zhangsan.blockchain[1].txs[0].is_coinbase        #第一条交易为创币交易
    True
    >>> zhangsan.blockchain[1].txs[0].tx_out[0].value  #奖励 500 分，交易费 10 分
    510
```

当网络中的节点达成共识后，胜者张三得到奖励，节点区块高度增加 1，网络中的交易也得到了确认。相信读者此时也能理解，为什么中本聪拥有 100 万个比特币的原因了。当比特币最开始发行时，用户少，“矿工”少，题目难度也小，中本聪无疑是“矿工”中的佼佼者。作者甚至妄想这样一个场景，中本聪曾经一度用多台电脑相互发送交易，同时“挖矿”，所有的奖励都属于自己。

注意： Simchain 中的交易和共识过程是间断的。在真实的比特币网络中，交易和“挖矿”是一个连续的过程。

创建交易、广播交易、共识、打包区块、广播区块，最后添加到区块链，如此反复，

区块链网络就正常的运行了。

2.4 区块链四要素

通过第 1 章和第 2 章的学习，基本掌握了区块链的工作原理。区块链系统由对等节点构成 P2P 网络，网络中随时发生交易，交易经过存储节点（包含共识节点）独立验证通过后被添加进各自的交易池，获胜的共识节点将交易池中的交易打包进区块并广播到网络中，被存储节点独立验证通过后添加至区块链，从而保证了全网数据的一致。交易和共识在同时发生着，而且是一个连续的过程。任意时刻网络中都会有节点登录、登出，或者新的节点加入，新上线或者新加入的存储节点需要向在线的存储节点发送请求更新自己的区块链数据，意味着网络中需要有足够的存储节点在线。同时，共识节点不应该是一个团体，它们之间应该保持公平竞争的对立关系，来保证生成区块的可靠性和安全性，这要求网络中有足够的独立共识节点。

根据以上总结，归纳健康的区块链系统必须具备的四要素包括：P2P 网络、连续的交易、足够多的存储节点，以及足够多的共识节点。可能读者会有疑问，既然共识节点也是存储节点，为什么也是要素之一？可以设想这样一种情形，即存储节点中只有一个共识节点。

本书更多的篇幅是讨论后三个要素。第 3 章中介绍的加密是保障区块链数据安全的前提条件，第 4 章是以交易为主题，第 5 章介绍区块和区块链，第 6 章介绍如何达成共识。相比第一个要素，后三个要素都或多或少有底层程序的实现，而 P2P 网络更多的是在原理上做简要的阐述。

接下来，就请和作者一起，开启区块链的编程之旅吧。

第3章 区块链中的加密

时间一天天过去了，张三买多卖少，账本里的余额越来越少；李四卖多买少，余额越来越多。于是，张三用李四的UTXO创建交易，并伪造李四的签名，将其传递到大厅里。

3.1 为什么需要加密

回顾第 1 章中遗留的问题，如果张三使用其他人（比如李四）的 UTXO 创建交易，并伪造 UTXO 所有者（李四）的签名，然后将交易广播到网络中，假设张三的签名确实能以假乱真，将会被网络中的其他节点独立验证通过并放进交易池，最终会被矿工打包进区块链。要避免这种情况发生，我们还存在一些问题待解决：

如何做到签名不可伪造？

因为区块链是公开的公共账本，谁的余额多，谁的余额少，在账本中一目了然，如何隐藏用户的身份？

除此以外，区块链网络中不存在监督，当交易和区块在网络中传播时，如何才能保证其数据不被篡改？

事实上，以上问题的解决都是通过加密来实现。下面将围绕区块链中的加密来展开介绍。

3.2 如何实现加密

本节将讨论密码学中的两个具体内容，哈希算法和椭圆曲线加密。这些内容并不要求读者具备太多密码学知识。

3.2.1 哈希算法

本书中所提到的哈希（hash）、哈希值和哈希算法是密码学中的概念，也被称为哈希函数或者散列算法，只是命名上有些差异，实质上是一回事，因为算法常常以函数的形式实现。

1. 定义

哈希算法实现这样的操作，它能将任意长度的二进制明文串（输入）转化成固定长度的二进制串（输出）。输出也常被称为哈希值、摘要（digest）或指纹（fingerprint）。哈希算法有如下几个重要特性。以下性质我们结合 Python 举例。

特性 1：输出确定

Python 内置的 hashlib 模块中实现了 SHA（Secure Hash Algorithm）家族中的 5 个算法

（SHA1，SHA224，SHA256，SHA384 和 SHA512）。SHA 哈希算法族由美国国家安全局（NSA）所设计，并由美国国家标准与技术研究院（NIST）发布。后 4 个算法有时也并称为 SHA2。当然，hashlib 还包括 RSA 加密的 MD5（Message Digest 5）算法。本书主要介绍 SHA256 哈希算法。SHA256 算法输入的最大长度不超过 2^{64} 位，256 的意思是输出为 256 位（bits）。下面在 Python 里进行如下操作：

```
>>> import hashlib                                  #导入内置的哈希运算模块
>>> string = "I love blockchain"                    #创建一条字符串
>>> value = hashlib.sha256(string.encode())         #调用 sha256 对象计算哈希值
>>> value
<sha256 HASH object @ 0x05A271D8>
>>> type(value)
<class '_hashlib.HASH'>
>>> value.digest()                                  #返回字节串摘要
b'\x84"\x8b\x03*\xd6\x9c\xa5G)\x15o\x86N\xdasB\x1eI:\xf5r0siZ\x15\xfco\
xa2R\x93'
>>> len(value.digest())
32
>>> value.digest_size                               #哈希摘要字节长度
32
>>> value.hexdigest()                               #返回十六进制字符串摘要
'84228b032ad69ca54729156f864eda73421e493af5723073695a15fc6fa25293'
>>> len(value.hexdigest())
64
>>> value.block_size                                #内部块长度
64
```

输出确定是指，只要输入和使用的哈希算法是固定的，无论计算多少次，得出的结果都是确定的。简单地说，对于函数 $y=H(x)$，确定的 x 对应着确定的 y。需要注意的是，这并不是一一对应的关系，不同的 x 可能对应相同的 y。详细介绍请参考特性 5 的内容。

内部块是指，在该 hash 算法中，输入明文会被预先处理成长度为 64（512 位）个字节的倍数，按照 64 个字节进行分组（块），然后对每组数据块逐一操作，详见下一节介绍的 SHA256 算法实现。

```
>>> hashlib.sha256(b'I love blockchain').hexdigest()    #直接计算
'84228b032ad69ca54729156f864eda73421e493af5723073695a15fc6fa25293'
>>> h = hashlib.sha256()                            #生成哈希对象
>>> h.update(b'I love blockchain')                  #调用 update()方法
>>> h.hexdigest()                                   #返回十六进制字符串摘要
'84228b032ad69ca54729156f864eda73421e493af5723073695a15fc6fa25293'
```

注意：在 Python3 中，哈希算法的输入要求是字节串，如果输入字符串，则报错；输出可以是字节串或十六进制字符串。

特性 2：正向快速

只要确定了输入明文和哈希算法，在有限的时间和有限的资源内就能计算得到哈希值。简单地说，对于哈希函数 $y=H(x)$，知道了 x，就能很容易求出 y。

特性 3：逆向困难

逆向困难的意思是，如果已知输出哈希值，在有限的时间内得到输入明文是困难的，但并不表示不存在。简单地说，对于哈希函数 $y=H(x)$，倘若知道了 y，却很难逆向求出 x。如果一定要逆向求解，需要怎么做呢？因为哈希算法的输入比输出大，所以一定会有输入明文映射到相同的输出上。对于一个 256 位的输出，理论上需要选择 $2^{256}+1$ 个不同的输入明文，计算每个明文的哈希值，并检查它们的值是否相等。该计算是困难的。以计算 2^{128} 次为例，如果一台计算机每秒计算 10 000 个哈希值，需要花 10^{27} 多年时间。

特性 4：雪崩效应

哈希函数对输入是相当敏感的。即使只对原始输入数据做一点改动，哈希函数的输出结果就会有很大不同。如下：

```
>>> s1 = "I love blockchain"
>>> s2 = "i love blockchain"
>>> v1 = hashlib.sha256(s1.encode())
>>> v2 = hashlib.sha256(s2.encode())
>>> v1.hexdigest()
'84228b032ad69ca54729156f864eda73421e493af5723073695a15fc6fa25293'
>>> v2.hexdigest()
'd2eb69267dcf9e10e489cf61ed6427944a99db170063f879ba150d63f79cc5df'
```

可以看出，仅仅是修改了单个字母的大小写，输出的哈希值却大相径庭。该种特性可以应用于电子文件的防篡改。比如，有一本电子书希望不被人改动，但书的内容过多，对每个字逐一对比的工作量是巨大的，可以保存文件的哈希值。当需要检查电子书的内容是否被篡改时，只需要采用同样的哈希算法计算其哈希值，然后将当前计算值与之前保存的哈希值进行对比，如果二者不一致，则表示电子书被修改过。

特性 5：避免碰撞

碰撞是指对于不同的输入，通过哈希算法计算得到相同的输出。简单地说，对于哈希函数 $y=H(x)$，存在 $x_1 \neq x_2$，有 $H(x_1)=H(x_2)$。最理想的哈希算法应该是不存在碰撞的，但由于理论和技术水平上的局限，目前设计的哈希算法都是有可能发生碰撞的，不同哈希算法“抗碰撞性”强弱也不同。就目前的计算能力而言，SHA256 算法发现碰撞的可能性是较小的。但随着技术的发展，计算能力的增强，找到碰撞的几率会相应增加。当然，对应的更强“抗碰撞性”的哈希算法也会随之被设计出来。

在 Simchain 中采用的是 SHA256 双哈希算法，将输入明文先进行一次哈希运算，对结果再进行一次哈希运算。简单来说，对于哈希函数 $y=H(x)$，双哈希算法指的是 $y=H(H(x))$。SHA256 双哈希函数的 Python 实现如下：

```
#导入内置哈希运算模块
import hashlib

#定义双哈希函数名为 sha256d，d 是 double 的缩写
def sha256d(string):

    #如果输入是字符串，则将其转化为字节串
    if not isinstance(string, bytes):
    string = string.encode()

    #首先计算输入的哈希摘要 hashlib.sha256(string).digest()，为字节串类型
    #然后计算哈希摘要的哈希值，输出为十六进制字符串
    return hashlib.sha256(hashlib.sha256(string).digest()).hexdigest()
```

注意：Simchain 中的 sha256d()函数输入可以是字符串或字节串，输出是十六进制字符串。

2. SHA256算法

下面介绍 SHA256 算法的一种实现，其过程大致分为如下五个步骤。

第 1 步，填充明文。采用固定的方式填充明文，使得明文的比特位数为 512 的倍数。举例，某输入明文长度为 112 位，小于 448 位，则其后第一位填充 1，后面 448-1-112=335 位填充 0，然后在其后添加 64 位的无符号整数，表示明文填充前的长度。于是有 112+1+335+64=512 位。如果输入明文长度大于 448，比如 490，则其后第一位填充 1，后 960-1-490=469 位填充 0，然后在其后添加 64 位的无符号整数，用以表示明文填充前的长度。于是有 490+1+469+64=1024 位。比如字符串"abc"为 24 位，先在其后填充 1，后 423 位由 0 补齐，然后 64 位用明文长度补齐，则 24+1+423+64=512 位。

$$\underbrace{01100001}_{a}\underbrace{01100010}_{b}\underbrace{01100011}_{c}1\overbrace{00..00}^{423}\overbrace{000..\underbrace{11000}_{24}}^{64}$$

提示：比特（bit）是衡量计算机数据存储的最小单位，也称为位。字节（bytes）是衡量计算机数据存储的第二单位，1 字节=8 位。字是另外一种存储单位，通常由 16 位、32 位和 64 位组成。

第 2 步，解析填充后的明文。将填充后的明文解析成 N 个 512 位分组。

第 3 步，初始化缓存。在哈希计算前，先初始化 8 个长度为 32 位的字作为缓存 abcdefgh。将最终的缓存转换为字节串或字符串便是信息摘要。缓存的十六进制表示，参见程序中的变量_H。

第 4 步，哈希过程。SHA256 算法采用了 6 种逻辑函数，对明文的每个 512 位分组进行 64 步的迭代运算操作。每一步都以缓存 abcdefgh 为输入，然后更新缓存，计算过程中的每一步用到一个常数 K_i 和一个 32 位的字 w_i。常数 K 用十六进制表示参见程序中的变量_K。6 种逻辑函数如下：

$$ch(x,y,z)=(x\wedge y)\oplus(\overline{z}\wedge x)$$

$$maj(x,y,z)=(x\wedge y)\oplus(x\wedge z)\oplus(y\wedge z)$$

$$\sum\nolimits_0(x)=ROTR^2(x)\oplus ROTR^{13}(x)\oplus ROTR^{22}(x)$$

$$\sum\nolimits_1(x)=ROTR^6(x)\oplus ROTR^{11}(x)\oplus ROTR^{25}(x)$$

$$\sigma_0=ROTR^7(w)\oplus ROTR^{18}(x)\oplus SHR^3(x)$$

$$\sigma_1=ROTR^{17}(w)\oplus ROTR^{19}(x)\oplus SHR^{10}(x)$$

其中，$SHR^n(x)$定义为

$$SHR^n(x)=x\gg n$$

$ROTR^n(x)$定义为

$$ROTR^n(x)=(x\gg n)\,|\,(x\gg(32-n)$$

哈希过程具体如下所述。

（1）生成一个长度为 64 的空列表 w，用于存储 64 个字。将 512 位明文转换成 16 个 32 位的字，并赋予列表 w 的前 16 个元素，接下来按下列式子填充列表 w 的后 48 个元素。

$$\sigma_0=ROTR^7(w_{i-15})\oplus ROTR^{18}(w_{i-15})\oplus SHR^3(w_{i-15})$$

$$\sigma_1=ROTR^{17}(w_{i-2})\oplus ROTR^{19}(w_{i-2})\oplus SHR^{10}(w_{i-2})$$

$$w_i=\sigma_0+\sigma_0+w_{i-16}+w_{i-7}$$

其中，$15\leqslant i\leqslant 63$

（2）更新缓存 abcdefgh。

for i ←0 to 63 do

$$\sigma_0=ROTR^2(a)\oplus ROTR^{13}(a)\oplus SHR^{22}(a)$$

$$maj(a,b,c)=(a\wedge b)\oplus(a\wedge c)\oplus(b\wedge c)$$

$$T_2=\sigma_0+maj(a,b,c)$$

$$\sigma_1=ROTR^6(e)\oplus ROTR^{11}(e)\oplus SHR^{25}(e)$$

$$ch(e,f,g)=(e\wedge f)\oplus(\overline{e}\wedge g)$$

$$T_1=h+\sigma_1+ch(e,f,g)+K_i+w_i$$

$$h=g$$
$$g=f$$
$$f=e$$
$$e=d+T_1$$
$$d=c$$
$$c=b$$
$$b=a$$
$$a=T_1+T_2$$

第 5 步，将最终得到的缓存 abcdefgh 转换为字节串或字符串获得信息摘要。

用 Python 实现该算法，过程如下：

```
import struct                             #strut 模块能实现 Python 值与 c 语言结构体的转换
import binascii                           #实现二进制与 ASCII 码之间的转换

#64 个常数 K
_K = (0x428a2f98, 0x71374491, 0xb5c0fbcf, 0xe9b5dba5,
      0x3956c25b, 0x59f111f1, 0x923f82a4, 0xab1c5ed5,
      0xd807aa98, 0x12835b01, 0x243185be, 0x550c7dc3,
      0x72be5d74, 0x80deb1fe, 0x9bdc06a7, 0xc19bf174,
      0xe49b69c1, 0xefbe4786, 0x0fc19dc6, 0x240ca1cc,
      0x2de92c6f, 0x4a7484aa, 0x5cb0a9dc, 0x76f988da,
      0x983e5152, 0xa831c66d, 0xb00327c8, 0xbf597fc7,
      0xc6e00bf3, 0xd5a79147, 0x06ca6351, 0x14292967,
      0x27b70a85, 0x2e1b2138, 0x4d2c6dfc, 0x53380d13,
      0x650a7354, 0x766a0abb, 0x81c2c92e, 0x92722c85,
      0xa2bfe8a1, 0xa81a664b, 0xc24b8b70, 0xc76c51a3,
      0xd192e819, 0xd6990624, 0xf40e3585, 0x106aa070,
      0x19a4c116, 0x1e376c08, 0x2748774c, 0x34b0bcb5,
      0x391c0cb3, 0x4ed8aa4a, 0x5b9cca4f, 0x682e6ff3,
      0x748f82ee, 0x78a5636f, 0x84c87814, 0x8cc70208,
      0x90befffa, 0xa4506ceb, 0xbef9a3f7, 0xc67178f2)

#初始化缓存
_H = (0x6a09e667, 0xbb67ae85, 0x3c6ef372, 0xa54ff53a,
      0x510e527f, 0x9b05688c, 0x1f83d9ab, 0x5be0cd19)

#定义 sha1_256 类
class sha_256:

    #输入参数为明文
    def __init__(self,m = None):
```

```
        #初始化明文
        self.buffer = b''

        #输入明文的长度
        self.counter = 0
        self.H = _H
        self.K = _K
        if m:
            self.update(m)

    #定义循环右移的方法
    def rotr(self, x, y):
        return ((x >> y) | (x << (32-y))) & 0xFFFFFFFF

    #定义对单个分组进行操作的方法
    def operate(self,c):

        #定义长度为64的空列表w
        w = [0]*64

        #将单个分组转换为16个32位的字，并填充w列表的前16位
        w[0:16] = struct.unpack('!16L', c)

        #填充w列表的后48位
        for i in range(16, 64):
            s0 = self.rotr(w[i-15], 7) ^ self.rotr(w[i-15], 18) ^ (w[i-15] >> 3)
            s1 = self.rotr(w[i-2], 17) ^ self.rotr(w[i-2], 19) ^ (w[i-2] >> 10)
            w[i] = (w[i-16] + s0 + w[i-7] + s1) & 0xFFFFFFFF
        a,b,c,d,e,f,g,h = self.H

        #执行64步迭代操作
        for i in range(64):
            s0 = self.rotr(a, 2) ^ self.rotr(a, 13) ^ self.rotr(a, 22)
            maj = (a & b) ^ (a & c) ^ (b & c)
            t2 = s0 + maj
            s1 = self.rotr(e, 6) ^ self.rotr(e, 11) ^ self.rotr(e, 25)
            ch = (e & f) ^ ((~e) & g)
            t1 = h + s1 + ch + self.K[i] + w[i]
            h = g
            g = f
            f = e
            e = (d + t1) & 0xFFFFFFFF
```

```
            d = c
            c = b
            b = a
            a = (t1 + t2) & 0xFFFFFFFF

        #更新缓存
        self.H = [(x+y) & 0xFFFFFFFF for x,y in zip(self.H, [a,b,c,d,e,f,g,h])]

    #定义更新N个分组缓存的方法
    def update(self,m):
        if not m:
            return

        #获取明文
        self.buffer = m

        #获取明文长度
        self.counter = len(m)

        #计算明文长度表示的后 64 位
        length = struct.pack('!Q', int(self.counter*8))

        #对前 N-1 个分组进行哈希过程
        while len(self.buffer) >= 64:
            self.operate(self.buffer[:64])
            self.buffer = self.buffer[64:]

        #填充未处理的第 N 个分组至 512 位或 1024 位，并进行哈希过程
        mdi = self.counter % 64

        #如果第 N 个分组长度小于 56，则填充至 512 位
        if mdi < 56:
            padlen = 55-mdi
            self.buffer += (b'\x80'+(b'\x00'*padlen) + length)
            self.operate(self.buffer)

        #否则填充至 1024 位
        else:
            padlen = 119-mdi
            self.buffer += (b'\x80'+(b'\x00'*padlen) + length)
            for i in range(2):
                self.operate(self.buffer[i*64:(i+1)*64])
```

```
    #输出明文摘要，字节串类型
    def digest(self):
        return struct.pack('!8L',*self.H)

    #输出明文摘要，十六进制字符串类型
    def hexdigest(self):
        return binascii.hexlify(self.digest()).decode()
```

建议：struct 和 binascii 模块的使用读者可参考相关资料。

调用 sha_256 计算哈希值，并与 Python 内置 hashlib 模块中的 sha256 算法进行对比。sha_256 对象被作者定义在源码文件 ecc.py 中。

```
>>> from simchain.ecc import sha_256
>>> sha_256(b'111').digest()            #使用自定义哈希算法计算哈希值
b'\xf6\xe0\xa1\xe2\xacA\x94Z\x9a\xa7\xff\x8a\x8a\xaa\x0c\xeb\xc1*;\xcc\x98\x1a\x92\x9a\xd5\xcf\x81\n\t\x0e\x11\xae'
>>> import hashlib
>>> hashlib.sha256(b'111').digest()     #使用 Python 自带的算法计算哈希值
b'\xf6\xe0\xa1\xe2\xacA\x94Z\x9a\xa7\xff\x8a\x8a\xaa\x0c\xeb\xc1*;\xcc\x98\x1a\x92\x9a\xd5\xcf\x81\n\t\x0e\x11\xae'
>>> sha_256(b'111').hexdigest()
'f6e0a1e2ac41945a9aa7ff8a8aaa0cebc12a3bcc981a929ad5cf810a090e11ae'
>>> hashlib.sha256(b'111').hexdigest()
'f6e0a1e2ac41945a9aa7ff8a8aaa0cebc12a3bcc981a929ad5cf810a090e11ae'
```

3. 哈希算法在区块链中的作用

哈希算法在区块链加密中起到了至关重要的作用。比如，对交易、区块数据进行哈希运算并将结果作为编号防止交易和区块数据被篡改；通过梅克尔树根哈希值归纳区块交易；通过哈希值将区块链接成有序的、防篡改的链条；对数字签名明文进行哈希运算；利用哈希算法构造工作量证明共识算法的“难题”等，以上内容的具体细节将会在后续章节中详细介绍。

3.2.2 私钥、公钥和地址

作为一名没有任何密码学基础的初学者，完全可以先避开非对称加密（Asymmetric Encryption）和公钥密码学（Public Key Cryptography）等概念。接下来的学习只需要读者有非常基础的数学知识。一起回忆在第 2 章中，传播在网络中的交易是如何被节点独立验证通过的，在 IDLE 中输入如下内容：

```
>>> from simchain import Network                    #从 Simchain 中导入 Network
>>> net = Network()                                 #创建一个网络，初始节点 12 个
>>> zhangsan = net.peers[0]                         #0 号节点命名为张三
>>> lisi = net.peers[6]                             #6 号节点命名为李四
```

每个节点都有一个 wallet（钱包）属性，存放着节点重要的信息，分别为私钥、公钥和地址，且通过索引一一对应，可以通过 wallet.keys[*i*]属性访问第 *i* 对密钥（公钥和私钥），wallet.addrs[*i*]属性访问与第 *i* 对密钥对应的地址，如下所示：

```
>>> zhangsan.wallet.nok #访问钥匙对的数量，目前数量为 1 对，nok = number of keys
1
>>> zhangsan.wallet.keys[0].sk.to_bytes()  #访问张三第一对密钥私钥的字节串编码
b"R\x06~\xeaf2\xc3\xc8t\xb8\xa5\x9d!'\xf3D8_\x1e\x04\xc0\xfb\xe1\xe3\x0e\
x90\xc0\xe5+S>"
>>> zhangsan.wallet.keys[0].pk.to_bytes()  #访问张三第一对钥匙公钥的字节串编码
b"\x8bq\xb3J\xbeS\x9e\xad\xee\xea\xceb\x16\rk?\x90\x1b\x03\xa2K\xf6\xb3
\xfa\xfd\xf6\xa4~\n1\xa4\x7f\x85GL-'\x92u\rM)\xe0e\x01~PK&G\xce\xe8Kw0sh\xe
7oY\xea\x91g\xb4"
>>> zhangsan.wallet.addrs[0]                 #访问张三第一对密钥对应的地址
'1AkBHz6DfMstFWqaF7s3xa9VUXnQpBtUqQ'
```

同样，访问李四的钥匙和地址，会发现和张三的完全不同，代码如下：

```
>>> lisi.wallet.keys[0].sk.to_bytes()
b'.6Z27,;o\xb7\x97\xd3\x1c?+\x94\x9bA#!=\xee\xbaF\x16\xc7\xec}\xa6\xa75
\xd2\x07'
>>> lisi.wallet.keys[0].pk.to_bytes()
b"\xddS\xa6}\x7f\xef\x80\x8b\x06\xb23\xeb}I\xe2\xbe\xd3GR\x87'DsX\xda\
xa3\xce7\\\xfc\x9a\x0c\x15\x08e\xb4\x06\x19#!V\xcc\xd3\x02/de\x7fS\xe4\xca`
\xbf-\xe6\xcd$X\xbe]]v\x1e"
>>> lisi.wallet.addrs[0]
'1LzciVftLW1BnDBBNbioGq6NxXweHr8UkY'
```

可以调用 Wallet 对象的 generate_keys()方法生成新的密钥对及与之对应的地址，代码如下：

```
>>> zhangsan.wallet.generate_keys()          #生成新的钥匙、地址对
>>> zhangsan.wallet.nok
2
>>> zhangsan.wallet.keys[1].sk.to_bytes()   #张三第二对密钥私钥的字节串编码
b'\xd5\xe7V`w\xe6\xe0\x98=\x7f\xbc\xdd_\xe7h,\x0f\x00z~\x07\\\xf9\xd9\
x1e\x1cf\xc1E\x19\x997'
>>> zhangsan.wallet.keys[1].pk.to_bytes()   #张三第二对密钥公钥的字节串编码
b'\xc5\xa3\x04\x8d\xd8\xb7\xa1\x9d\xd0\x85\xbe\xd4\xbf9\xaf\xac\xf2\x94
```

```
(\xfeY\xdf\xaa]\xfdD\r\x19\xec\xf2\xb1f\xcf\xcd\x84\xf7+\xad\xa0?b\xb4\x00\xd5\xed\x932-\xb8\x1d6\xbdA\n7\xff\x9a\x1f=1\xdch\xafA'
    >>>zhangsan.wallet.addrs[1]                     #张三第二对密钥对应的地址
    '13QbeqbFWXX5GxNQuZxd6heUp9H34LFDMW'
```

提示： wallet 中的私钥和公钥分别对应第 2 章中介绍的 SigningKey 和 VerifyingKey 对象，其 to_bytes()方法将密钥以字节串呈现。读者在运行上述代码时生成的钥匙、地址对和笔者运行生成的是不一样的，因为密钥是随机生成的。

此时，张三的钱包里有了两对密钥和两个地址，并且一一对应。理论上讲，可以生成任意多的密钥和地址对。

那么私钥、公钥和地址有什么作用？它们到底是怎样的数据类型？公钥为什么要比私钥长？为什么钥匙和地址需要一一配对？

带着这些问题我们继续学习下面的内容。首先我们让张三给李四转账 10 元，也就是 1000 分，代码如下：

```
    >>> zhangsan.create_transaction(lisi.wallet.addrs[0],1000) #指向李四的地址
    2018-06-05 14:20:39,386 - peer(83, 55)(pid=0) created a transaction
    True
    >>> zhangsan.broadcast_transaction()                           #张三广播交易
    2018-06-05 14:20:59,388 - peer(83, 55)(pid=0) sent a transaction to network
    2018-06-05 14:21:00,516 - peer(83, 55)(pid=0)'s transaction verified by 9 peers
```

可能有读者会疑问，为网络中的节点数量是 12 个，而且都是诚实节点，验证通过的节点数量应该为 11 个，为什么只有 9 个？这是 Simchain 对 P2P 网络延迟的一种简单模拟，表示在第一时间并不是所有交易都传播到了网络中的全部节点，而且具有随机性。

那么其他节点，比如李四是如何验证交易的有效性的呢？首先查看张三创建的交易，代码如下：

```
    >>> tx = zhangsan.txs[-1]                        #访问节点创建的最新交易
    >>> tx
    Tx(id:1a15c7645ddb67f4f129b43cc622c0dd8c7b7b82048c78ea3dcfcc511cceb4b3)
    >>> tx.tx_in                                     #访问交易输入列表，只有一个输入单元
    [Vin(
    to_spend:Pointer(tx_id:48edf9a0c1064b8f57c83e15027a397aa6a8a2819fdce635f12f1f7683fbef53,n:0),
    signature:b'\xd3\xaa\x9e&mPmr\x97*\xe0<\xb1G$S\xc4\xf1\xf3\xc8\x11\x07\xee\x7f\tR\xea\xac4&\xa7~\xb8\xce\xf9\xe1t\xabL5{\xe0-\x93\xe4{\x9a\xfa^<\x85G8\xef1\x10L\x9dQX2\x0c\xa1',
    pubkey:b"\x8bq\xb3J\xbeS\x9e\xad\xee\xea\xceb\x16\rk?\x90\x1b\x03\xa2K\
```

```
xf6\xb3\xfa\xfd\xf6\xa4~\n1\xa4\x7f\x85GL-'\x92u\rM)\xe0e\x01~PK&G\xce\xe8K
w0sh\xe7oY\xea\x91g\xb4"
    )]
```

与 Block 类型一样，节点类型 Peer 也有 txs 属性。前者存储区块中的交易，后者存储节点创建的所有交易。输入单元 Vin 中的 to_spend 是定位指针 Pointer 对象，指向要使用的 UTXO 所在的交易编号及在交易输出中的索引，如图 1.1 所示的账本第 3 页，交易编号 13，第 1 条输出。不过，Simchain 中的 Pointer 并没有定位区块高度，仅定位交易编号和输出索引，原因分析详见第 4 章的介绍。

在 IDLE 中继续输入如下内容：

```
>>> zhangsan.blockchain[0].txs[0].id      #张三创建交易使用的UTXO所在的交易编号
'48edf9a0c1064b8f57c83e15027a397aa6a8a2819fdce635f12f1f7683fbef53'
>>> vout = zhangsan.blockchain[0].txs[0].tx_out[0] #获取交易的第1个输出单元
>>> vout
Vout(to_addr:1AkBHz6DfMstFWqaF7s3xa9VUXnQpBtUqQ,value:100000)
>>> vout.to_addr in zhangsan.wallet.addrs        #该地址属于张三
True
>>> zhangsan.wallet.addrs                        #指向张三的第一个地址
['1AkBHz6DfMstFWqaF7s3xa9VUXnQpBtUqQ', '13QbeqbFWXX5GxNQuZxd6heUp9H34L']
```

将该种对应关系绘制示意图，如图 3.1 所示。

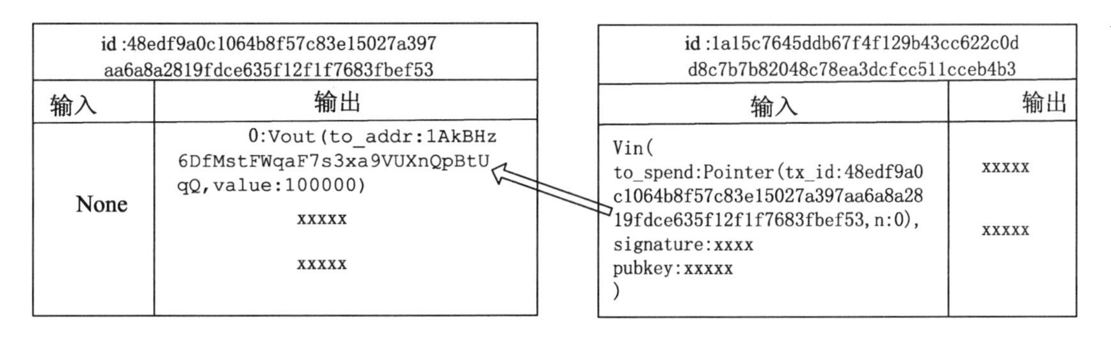

图 3.1　张三创建交易输入单元的指向

由此可见，张三创建的交易确实是使用了自己的 UTXO，输入单元 Vin 对象中的 signature 和 pubkey 分别为张三的数字签名和公钥，都是以字节串呈现，详见 3.2.4 节的介绍。如果数字签名和公钥都是属于张三，则该交易广播到网络中将会被其他节点验证通过并写进自己的交易池。在 IDLE 中继续输入如下内容：

```
>>> lisi.verify_transaction(tx)                  #李四验证交易通过
True
```

张三创建的交易是有效的交易，被李四验证通过。如果尝试修改交易的签名，会出现怎样的情形呢？代码如下：

```
>>> from simchain import Vin                         #从simchain中导入输入单元Vin
>>> vin = tx.tx_in[0]                                #获取交易的输入
>>> vin1 = Vin(vin.to_spend,b'1'*64,vin.pubkey) #创建新的输入，放入新的签名
>>> tx.tx_in[0] = vin1                               #替换输入单元
>>> lisi.verify_transaction(tx)                      #李四验证交易不通过
2018-07-11 11:56:26,527 - singature does not math for
Tx(id:8c2d40f2e3713dd783ff6f9883c5140c747bdb700495606accf88c309911e28b)
False
```

我们可以看出，当修改了输入单元中的数字签名后，首先交易的编号发生了变化，而且验证也不通过，程序提示签名验证不匹配。如果尝试修改公钥，结果会如何呢？接着上例输入如下：

```
>>> pk_str = lisi.pk
>>> vin2 = Vin(vin.to_spend,vin.signature, pk_str) #创建新的输入单元
>>> tx.tx_in[0] = vin2                                #替换输入单元
>>> lisi.verify_transaction(tx)                       #李四验证交易仍不通过
2018-07-11 12:06:05,156 - singature does not math for
Tx(id:4e86fb38c5488ed9f03a69a11029fc0b76587f0058573ec22bec048d6359930e)
False
```

不难发现，当修改了输入单元中的公钥后，交易的编号同样发生了变化，而且同样提示验证签名不匹配。这表明，在输入单元中的签名和公钥必须属于交易创建者本人。如果尝试使用张三的第二对密钥，又会发生什么呢？接着上例输入如下：

```
>>> sk = zhangsan.wallet.keys[1].sk
>>> pk = zhangsan.wallet.keys[1].pk
>>> message = b'I love block chain'              #选择一条签名明文
>>> signature = sk.sign(message)                 #用私钥进行签名
>>> pk.verify(signature,message)                 #用公钥签证签名
True
>>> pk1 = zhangsan.wallet.keys[0].pk             #用张三的第一对密钥公钥验证签名
>>> pk1.verify(signature,message)
False
```

从以上举例可以得知，私钥用于数字签名，公钥用于验证数字签名。而且私钥和公钥必须是一一对应的关系，私钥签的名必须用与之对应的公钥才能验证。

提示：私钥 SigningKey 和公钥 VerifyingKey 对象分别有签名方法 sign()和验证签名方法 verify()，详细介绍请参考第 2 章中的表 2.3 和 2.4。

再讨论另一种情形，假设张三使用自己的签名和公钥，但是消费他人的 UTXO 创建交易，如图 3.2 所示。是否能被验证通过呢？输入如下：

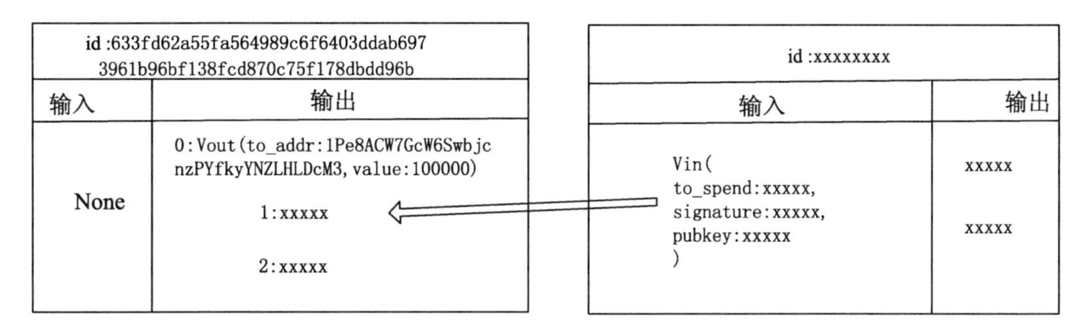

图 3.2　张三用自己的签名消费他人的 UTXO

```
>>> from simchain import Pointer
>>> pointer = Pointer(vin.to_spend.tx_id,1)          #创建一个新的定位指针
>>> new_out = zhangsan.blockchain[0].txs[0].tx_out[1] #新指针指向的输出单元
>>> new_out
Vout(to_addr:14YGxM1cR2ES8WnKemvNmEwd1q7jdF5SR1,value:100000)
>>> new_out.to_addr                                  #输出单元指向的地址
'14YGxM1cR2ES8WnKemvNmEwd1q7jdF5SR1'
>>> new_out.to_addr in zhangsan.wallet.addrs         #该地址不属于张三
False
>>> vin3 = Vin(pointer,vin.signature,vin.pubkey)     #创建一个新的输入单元
>>> tx.tx_in[0] = vin3                               #替换输入单元
>>> lisi.verify_transaction(tx)                      #李四验证交易不通过
2018-07-11 12:44:09,041 - singature does not math for
Tx(id:feb72cbc616688ca03912929afc1310154c97b1eba0b5ebca0c15d34beec3056)
False
```

以上例子中的交易输入只有一个输入单元，如果有多个输入单元，将会对每个输入单元进行逐一验证，只要有一个验证不通过，则拒绝该条交易，详细介绍见第 4 章。

通过以上“试验”可以发现，交易的输入单元 Vin 中，数字签名、公钥和地址要绝对匹配才是有效交易。换句话说，如果要创建被其他节点接收的有效交易，创建者必须使用自己的 UTXO，即 UTXO 指向的地址属于创建者，而且数字签名、公钥必须与该地址相匹配，而数字签名又是由钱包 wallet 属性中与公钥和地址一一对应的私钥“签署”，即私钥、公钥和地址之间是一一对应的关系，它们具体是如何对应起来的？私钥签名和公钥验证签名的原理又是怎样的呢？围绕这些问题，下面一起来探索椭圆曲线加密的相关知识。首先介绍实数域上的椭圆曲线。

3.2.3 实数域上的椭圆曲线

常见的椭圆曲线为如下所示的二元三阶方程

$$y^2=x^3+ax+b \tag{3.1}$$

如果令 $a=-1$，$b=0$ 和 $a=0$，$a=64$，分别可以绘制出两条椭圆曲线，如图 3.3 所示。

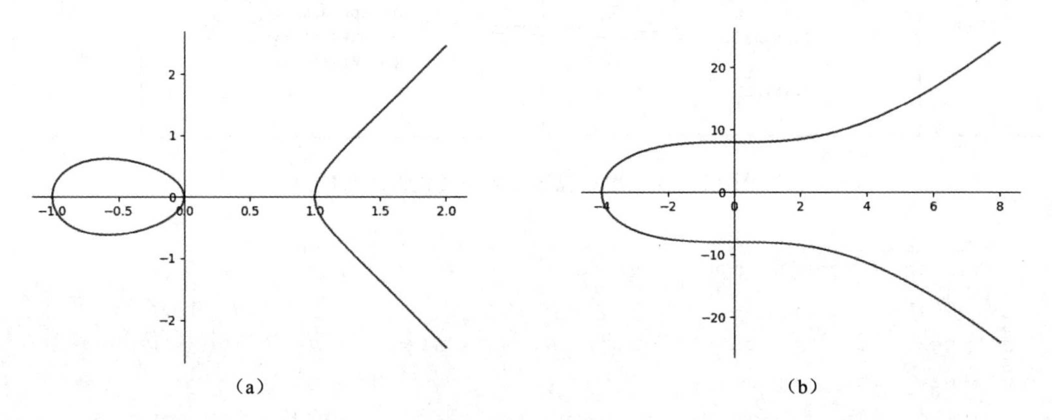

（a） （b）

图 3.3 椭圆曲线图

其中(a)$E_1{:}y^2=x^3-x$，(b) $E_2{:}y^2=x^3+64$

1. 椭圆曲线上的运算法则

1）加法法则：假设点 $P(x_1,y_1)$和 $Q(x_2,y_2)$是椭圆曲线 E 上的两个不同点，则点 P 与点 Q 之和点 R 按如下方法求出。首先作一条连接 P 和 Q 的直线，该直线与椭圆曲线相交于第三点，则该交点关于 x 轴的对称点就是点 R。以上描述如图 3.4 所示。

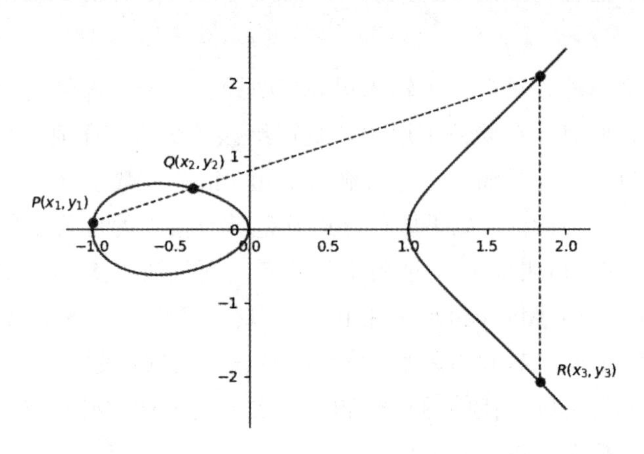

图 3.4 椭圆曲线上不同点相加 $P+Q=R$

按照如下方法求出点 P 的双倍点 R。首先从点 P 作椭圆曲线上的切线，该切线与椭圆曲线相交于第二个点，该点关于 x 轴的对称点就是点 R。以上描述的几何表示见图 3.5。

对于曲线上的乘法可由加法计算，如 $3P=P+P+P=2P+P$，几何示意图如图 3.6 所示。

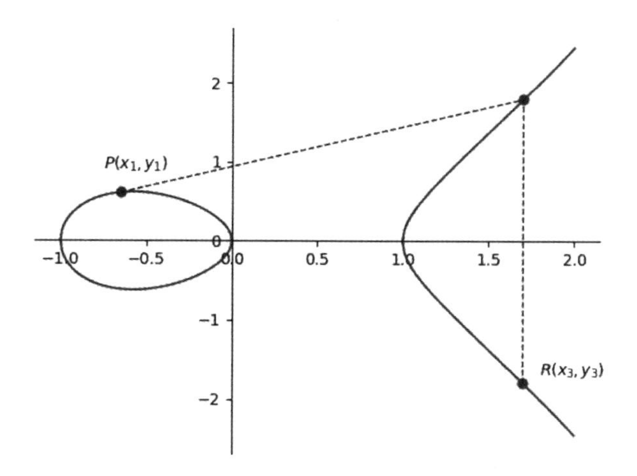

图 3.5　椭圆曲线上点 P 的双倍点

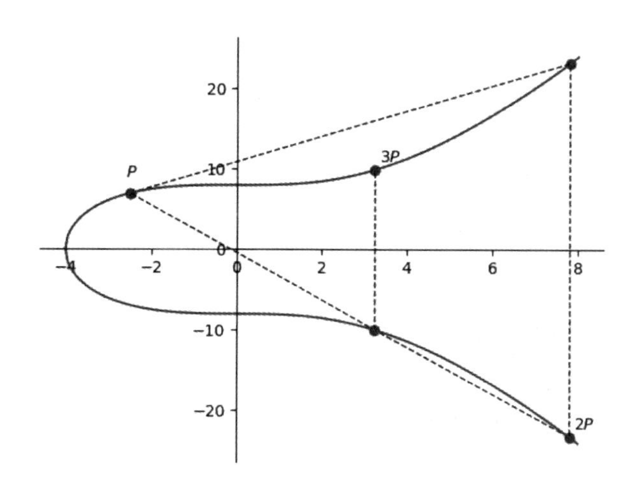

图 3.6　椭圆曲线上点 P 的三倍点

2. 其他规则

（1）无穷远点，如果点 $P(x,y)$与点 $Q(x, -y)$相加（x 轴对称点），起到了加法单位元的作用，相当于整数加法中的 0，也称为零元，则认为是无穷远点∞，如图 3.7 所示。

（2）任意点与无穷远点相加等于无穷远点，$P+\infty=\infty$。

（3）由于 $P(x, y)+Q(x, -y)=\infty$，所以定义$-P(x, y)=Q(x, -y)$。两个点减法 $P-R$，可以简

化为 $P+(-R)$。

（4）如果 $P+R+G=\infty$，称三点共线。

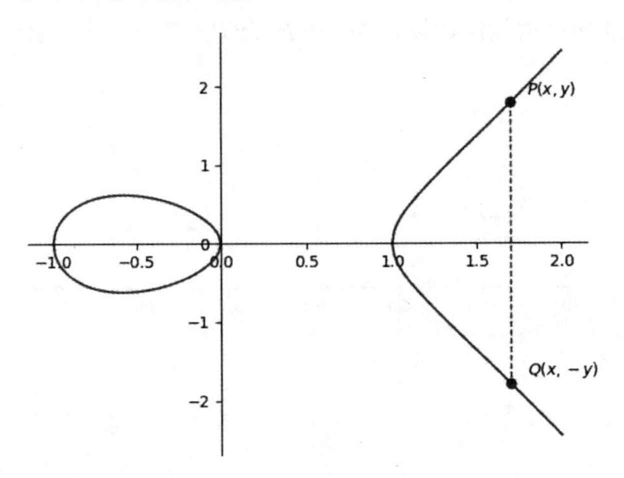

图 3.7　椭圆曲线上 x 轴对称点相加 $P(x,y)+Q(x,-y)=\infty$

根据加法法则，对于椭圆曲线（公式 3.1），已知 $P(x_1,y_1)$和 $Q(x_2,y_2)$，即能求出 $R(x_3,y_3)$，这里

$$x_3=l^2-x_1-x_2,\quad y_3=l(x_1-x_3)-y_1 \tag{3.2}$$

其中

$$\begin{cases} l=(y_2-y_1)/(x_2-x_1) & \text{如果} P\neq Q \\ l=(3x_1^2+a)/(2y_1) & \text{如果} P=Q \end{cases} \tag{3.3}$$

3.2.4　有限域上的椭圆曲线

由于椭圆曲线是连续的，它并不适合用来构造加密需要的难题，所以必须把椭圆曲线上的点变成离散点，即将椭圆曲线定义在有限域上。对于有限域 F_p，有如下定义：

（1）F_p 上有 p（p 为质数）个元素，分别为 0, 1, 2, …, $p-2$, $p-1$；

（2）F_p 上的加法是 $a+b\equiv c(mod\,p)$；

（3）F_p 上的乘法是 $a\times b\equiv c(mod\,p)$；

（4）F_p 上的除法是 $a\div b\equiv c(mod\,p)$，即 $a\times b^{-1}\equiv c(mod\,p)$；

（5）F_p 上的运算满足交换律、结合律、分配律；

（6）如果椭圆曲线上的一点 P，存在最小的正整数 n，使得数乘 $nP=\infty$，则称 n 为 P 的阶，若 n 不存在，则称点 P 是无限阶。

对于分数的求余，采用逆元将其转换为乘法：

$$a/b(mod\,p)=a\times b^{-1}(mod\,p) \tag{3.4}$$

其中 b^{-1} 是 b 的逆元，满足 $b\times b^{-1}\equiv 1(mod\,p)$。

【例 3.1】 F_{29}（素数域 F_{29}）上的元素是{1, 2, 3, ···, 28}，下面是该域上算术运算的示例。

（1）加法：17+20=8，因为 37mod29=8；

（2）减法：17−20=26，因为−3mod29=26；

（3）乘法：17×20=21，因为 340mod29=21；

（4）逆元：17^{-1}=12，因为 12×17mod29=1；

（5）除法：3/17=3×17^{-1}=3×12mod29=7。

对于 $b\times b^{-1}\equiv 1(mod\,p)$，Simchain 中采用欧几里德算法求逆元 b^{-1}，具体如下：

```
输入：模数 p，整数 b
输出：整数 b 的逆元 inv_b
1.if (b < 0 or p <= b) then b← b % p
2.c←b, d← p, inv_b ← 0
3.uc ←1, vc ←0, ud ←0, vd ←1, temp← 0
4.while c! = 0
   4.1 temp ← c
   4.2 q ← d // c, c = d % c , d ← temp
   4.3 uc ← ud - q*uc, vc ← vd - q*vc,ud ←uc, vd← vc
5.if (d == 1) then return error
6.if (ud > 0) then inv_b ← ud else inv_b ← ud + p
7.return inv_b
```

用 Python 实现该算法，定义函数名为 inv_mod，具体代码如下所示。可参考源码文件 ecc.py。

```
def inv_mod(b, p):
   if b < 0 or p <= b:
      b = b % p

   c, d = b, p
   uc, vc, ud, vd,temp = 1, 0, 0, 1,0
   while c != 0:
      temp = c
      q, c, d = d // c, d % c, temp
      uc, vc, ud, vd = ud - q * uc, vd - q * vc, uc, vc

   assert d == 1                    #如果 d == 1，则报错无解
   if ud > 0:
      return ud
```

```
    else:
        return ud + p
```

在IDLE中验证算法的准确性。

```
>>> from simchain.ecc import inv_mod
>>> inv_mod(2,23)
12
>>> 3*inv_mod(2,23)%23
13
```

于是，有限域 F_p 上的椭圆曲线 $E_p(a,b)$ 的方程为

$$y^2=x^3+ax+b(mod\ p) \qquad (3.5)$$
$$4a^3+27b^2\neq 0(mod\ p)$$

其中，$x,y\in[0,p-1]$。

曲线上的点还遵从以下法则：

（1）无穷远点∞为零元，$\infty+\infty=\infty$，$P+\infty=\infty$

（2）点 $P(x,y)$ 的负元是 $(x,-y(mod\ p))=(x,p-y),P+(-P)=\infty$

（3）点 $P(x_1,y_1)$ 和点 $Q(x_2,y_2)$，与点 $R(x_3,y_3)$ 的关系变为

$$x_3=l^2-x_1-x_2(mod\ p)，y_3=l(x_1-x_3)-y_1(mod\ p) \qquad (3.6)$$

其中，

$$\begin{cases} l=(y_2-y_1)\times(x_2-x_1)^{-1}(mod\ p) & 如果P\neq Q \\ l=(3x_1^2+a)\times(2y_1)^{-1}(mod\ p) & 如果P=Q \end{cases} \qquad (3.7)$$

【例3.2】 已知椭圆曲线 E_{29}：$y^2=x^3+4x+20(mod\ 29)$，求该曲线上的所有点。有限域上的椭圆曲线上的点可以通过遍历整个有限域的元素得到，算法如下：

```
输入：模数p,整数a,b
输出：点集set
1.flag ←0, set←∅
2.for x ← 0 to p-1 do
    2.1 for y ← 0 to p-1 do
            flag ←(y * y - (x * x * x +a * x + b)) % p
            if flag == 0 then add (x, y) to set
3.return set
```

用Python实现该算法，定义函数名为show_points，输入参数为 p,a,b，具体代码如下所示。可参考源码文件ecc.py中show_points()函数的定义。

```
def show_points(p,a,b):
    return [(x, y) for x in range(p) for y in range(p)
```

```
    if (y*y-(x*x*x+a*x+b))%p ==0]#如果 (y²-(x³+ax+b))%p==0
```

提示：以上二重循环使用了 Python 中的列表推导。

在 IDLE 中求解如下：

```
>>> from simchain.ecc import show_points
>>> show_points(p=29,a=4,b=20)
[(0, 7), (0, 22), (1, 5), (1, 24), (2, 6), (2, 23), (3, 1), (3, 28), (4, 10), (4, 19), (5, 7), (5, 22), (6, 12), (6, 17), (8, 10), (8, 19), (10, 4), (10, 25), (13, 6), (13, 23), (14, 6), (14, 23), (15, 2), (15, 27), (16, 2), (16, 27), (17, 10), (17, 19), (19, 13), (19, 16), (20, 3), (20, 26), (24, 7), (24, 22), (27, 2), (27, 27)]
```

椭园曲线上的所有点的分布如图 3.8 所示。

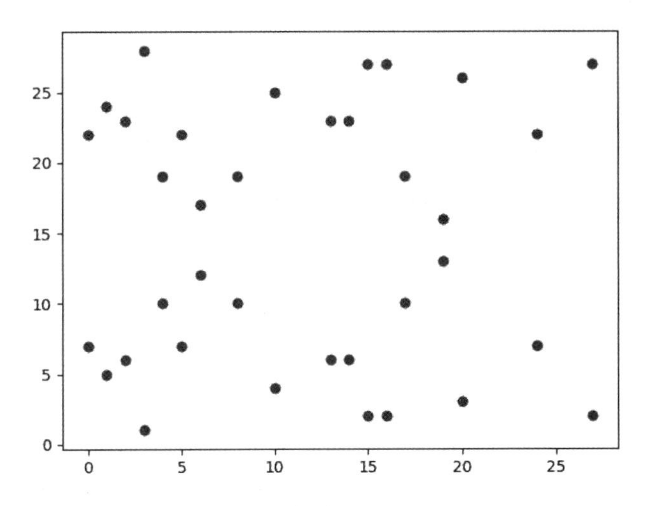

图 3.8　椭圆曲线 E_{29}：$y^2=x^3+4x+20(mod\ 29)$所有点分布

【例 3.3】　已知椭圆曲线 E_5：$y^2=x^3+2x+3(mod\ 5)$，试计算点(1,4)+(3,1)，以及(1,4)×2。

有限域上椭圆曲线的加法分为两种情形，即相同点与不同点。相同点的加法也可以看作倍点。首先实现倍点的计算，算法如下：

```
输入：点 P(x,y),模数 p,整数 a,b
输出：点 P 的倍点 R(x3,y3)
    1.l←((3 * x * x + a) * (2 * y)^-1) % p
    2.x3 ← (l * l-2 * x) % p
    3.y3 ← (l * (x - x3) - y) % p
    4.return (x3,y3)
```

注意：该程序需要调用之前定义的 inv_mod()函数计算逆元。

用 Python 实现该过程，定义函数名为 double，具体内容如下所示。可参考源码文件 ecc.py 中 double()函数的定义。

```
def double(x,y,p,a,b):
    l = ((3 * x * x + a) * inv_mod(2 * y,p)) % p
    x3 = (l * l -2 * x) % p
    y3 = (l *(x - x3) - y) % p
    return x3,y3
```

在 IDLE 中计算点(1,4)×2，如下所示。

```
>>> from simchain.ecc import double
>>> double(1,4,p=5,a=2,b=3)
(3, 1)
```

接下来实现有限域上椭圆曲线上点的加法，算法如下：

```
输入：点 P(x1,y1),点 Q(x2,y2),模数 p,整数 a,b
输出：点 R(x₃,y₃) = P + Q
    1.x₃,y₃←(0,0)
    2.if (x₁ == x₂ and y₁ == y₂)
       2.1 then (x₃,y₃) ← double(x₁,y₁,p,a,b)
    3.else
       3.1 then l ← ((y₂ - y₁) * (x₂ - x₁)⁻¹) % p
                x₃ ← (l * l - x₁ - x₂) % p
                y₃ ←(l * (x₁ - x₃) - y₁) % p
    4.return (x₃,y₃)
```

注意： 该程序需要调用之前定义的逆元函数 inv_mod()和倍点函数 double()。

用 Python 实现该过程，定义函数名为 add，具体内容如下所示。可参考源码文件 ecc.py 中 add()函数的定义。

```
def add(x1,y1,x2,y2,p,a,b):

    if x1 == x2 and y1 == y2:
        return double(x1,y1,p,a,b)

    l = ((y2 - y1) * inv_mod(x2 - x1,p)) % p
    x3 = (l * l - x1 - x2) % p
    y3 = (l * (x1 - x3) - y1) % p
    return x3,y3
```

计算点(1,4)+(3,1)结果如下：

```
>>> from simchain.ecc import add
>>> add(1,4,3,1,p=5,a=2,b=3)
(2, 0)
```

关于椭圆曲线上点的乘法计算，推荐一种复杂度较低的算法。对于 nP，常用的计算方法是计算 n 次相加。

$$nP = \underbrace{p + p + \cdots + p}_{n次} \tag{3.8}$$

讨论另外一种情形，比如 n=50，对应的二进制数是 110010，有

$$50P=2^5P+2^4P+2P \tag{3.9}$$

于是可以采用如下过程计算 50P，步骤如下：

（1）获取 P，累计结果为 0，因为对应的二进制位为 0。

（2）计算 2P=P+P，累计结果为 2P，因为对应的二进制位为 1。

（3）计算 4P=2P+2P，累计结果为 2P，因为对应的二进制位为 0。

（4）计算 8P=4P+4P，累计结果为 2P，因为对应的位二进制位为 0。

（5）计算 16P=8P+8P，累计结果为 18P=16P+2P，因为对应的位二进制位为 1。

（6）计算 32P=16P+16P，累计结果为 50P=32P+18P，因为对应的位二进制位为 1。

显然该算法的计算复杂度有了较大的降低。该算法的实现分两步完成。

第 1 步，反向获取 n 的二进制数每一位的集合，比如二进制数 110010，反向集合表示为{0,1,0,0,1,1}，该过程算法如下：

```
输入:倍数 n
输出：反向集合 bits
    1.bits ←∅, bit ←0
    2.while n != 0 do
        2.1 bit ←n & 1 #与 1 进行位运算
        2.2 add bit to bits
        2.4 n ←n >> 1 #n 左移一位
    3.return bits
```

用 Python 实现该过程，定义函数名为 get_bits，代码如下：

```
def get_bits(n):
    bits = []
    while n != 0:
        bits.append(n & 1)
        n >>= 1
    return bits
```

第 2 步，实现乘法。需要调用第 1 步中定义的 get_bits()函数，算法如下：

```
输入：倍数 n，点 P
输出：点 P 的 n 倍 product
    1.product ←P(0,0), acc_p ← P, bits ← get_bits(n), len ←len(bits)
    2.for i ← 0 to len-1  do
        2.1 if bits[i] == 1 then product ←product + acc_p
        2.2 acc_p ← acc_p + acc_p
    3.return product
```

🔔**建议**：关于椭圆曲线上点的快速乘法运算，读者可参考相关资料。

结合椭圆曲线上点的性质和以上给出的算法，笔者在源码文件 ecc.py 中定义了有限域上的椭圆曲线类型 CurveFp 和其上的点 Point 类型，可直接调用计算乘法。

```
>>> from simchain.ecc import Point,CurveFp
>>> p,a,b = 29,4,20                          #设置椭圆曲线参数
>>> curve = CurveFp(p,a,b)                   #定义一条椭圆曲线
>>> p0 = Point(curve,3,1)                    #选择椭圆曲线上的一个点
>>> p0*2                                     #计算 2 倍
(24,7)
>>> p0*20                                    #计算 20 倍
(15,27)
```

🔔**建议**：读者有兴趣可参考 CurveFp 和 Point 的定义过程。

将不同倍数的点绘制在图中，如图 3.9 所示。

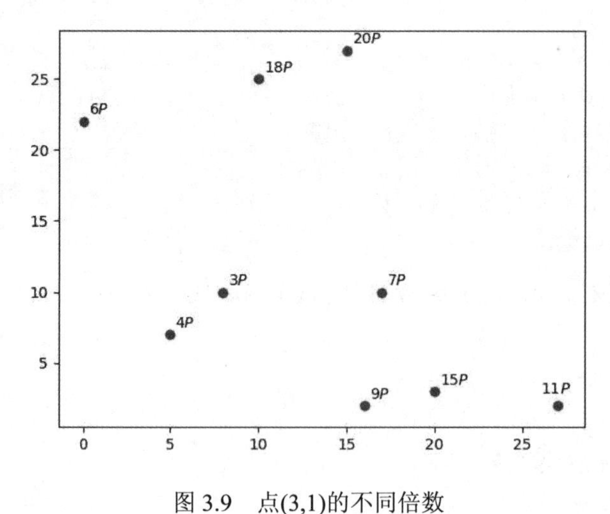

图 3.9　点(3,1)的不同倍数

【例 3.4】　已知有限域上的椭圆曲线 $E_{37}{:}y^2{=}x^3{-}x{+}3(mod\,37)$，求点 $P(2,3)$的阶。

根据有限域上椭圆曲线上点阶的定义，只需要找到最小的整数 n，使得$(n-1)P=-P$ 即

可。接着上例在 IDLE 中继续输入如下：

```
>>> p,a,b = 37,-1,3                                        #设置参数
>>> curve = CurveFp(p,a,b)                                 #定义椭圆曲线
>>> p0 = Point(curve,2,3)                                  #定义 P
>>> _p0 = Point(curve,2,34)                                #定义-P
>>> p1 = p0
>>> n = 2                                                  #从 2 倍开始计算
>>> while p1 != _p0:
        p1 = n*p0
        n += 1
>>> n
7
>>> p1
(2,34)
>>> p1 + p0
Infinity
```

由上可知求点 $P(2,3)$的阶为 8，因为 $8P=\infty$。

3.2.5　椭圆曲线加密

椭圆曲线加密（Elliptic Curve Cryptography，ECC）是目前使用广泛且安全的非对称加密技术之一，它基于椭圆曲线的数学理论。接下来，结合 secp256k1 曲线（比特币选用的椭圆加密曲线），介绍加密过程。

1. 生成密钥和地址

考虑一条椭圆曲线 $E_p{:}y^2=x^3+ax+b(mod\,p)$，其上有点 G，G 的阶为 n（$nG=\infty$）。任选整数 $1<k<n$，计算 $K=kG$，则整数 k 和点 K，被称为一对密钥，k 为私钥，K 为公钥，点 G 被称为基点。从椭圆曲线上点的运算法则来看，已知 G 和 K，逆向计算 k 是困难的，一般只能通过枚举整个解空间求解。于是，在实际使用中，将模数 p 和点 G 的阶 n 取相当大的值，通过枚举计算 n−1 个解点从 K 来逆向求解 k 是困难的，这就是椭圆曲线加密算法的数学依据。

以 secp256k1 椭圆曲线为例，结合源码文件 ecc.py 中的 CurveFp 和 Point 对象介绍私钥和公钥的生成。

secp256k1 椭圆曲线的参数如下：

```
p = 0xFFFFFFFFFFFFFFFFFFFFFFFFFFFFFFFFFFFFFFFFFFFFFFFFFFFFFFFEFFFFFC2F
  = 2^256 - 2^32-2^9-2^8-2^7- 2^6 - 2^4 - 1
```

```
a = 0,b = 7
G= (0x79BE667EF9DCBBAC55A06295CE870B07029BFCDB2DCE28D959F2815B16F81798,
0x483ada7726a3c4655da4fbfc0e1108a8fd17b448a68554199c47d08ffb10d4b8)
n = 0xFFFFFFFFFFFFFFFFFFFFFFFFFFFFFFFEBAAEDCE6AF48A03BBFD25E8CD0364141
```

直接调用 ecc.py 中的 secp256k1 对象可以查看以上参数。

```
>>> from simchain.ecc import secp256k1
>>> secp256k1.curvefp.a
0
>>> secp256k1.curvefp.b
7
>>> secp256k1.curvefp.p
115792089237316195423570985008687907853269984665640564039457584007908834671663
>>> secp256k1.generator                                    #基点G
(55066263022277343669578718895168534326250603453777594175500187360389116729240,32670510020758816978083085130507043184471273380659243275938904335757337482424)
>>> secp256k1.order                                        #基点G的阶
115792089237316195423570985008687907852837564279074904382605163141518161494337
```

随机选择一个小于 n 的整数作为私钥，并计算与之对应的公钥，代码如下：

```
>>> import random
>>> k = random.randint(1,secp256k1.order)                  #生成一个私钥
>>> k
101753753253446091625606837293955655894889720647118163106500554828032260689992
>>> K = secp256k1.generator*k                              #计算公钥
>>> K
(52681861267625253352850304331420485066378764814752194570402473066408411218122,49596287464072678792504096113413823649780796432233038198092017737773768190236)
```

从上可以直观地看出，密钥其实就是大整数或整数对。私钥是一个大整数，公钥是一个大整数对。给定具体的椭圆曲线和基点，已知私钥，其对应的公钥就能计算出来。

在 3.2.2 节中，Simchain 中的私钥和公钥是字节串。原因是，在显示密钥时，将整数编码成固定长度的字节串呈现，编码是可逆的，对字节串解码可得到整数或整数对。Simchain 中整数编码字节串函数是 number_to_bytes()，字节串解码整数的函数是 bytes_to_number()。

建议： 整数编码相关知识，读者可自行查阅资料。

调用源码文件 ecc.py 中的 SigningKey 和 VerifyingKey 对象可以创建私钥和公钥，其实质是对整数和整数对的封装。

接着上例，在 IDLE 中举例如下：

```
>>> from simchain import SigningKey,VerifyingKey,secp256k1
>>> k = random.randint(1,secp256k1.order)         #随机生成私钥整数
>>> sk = SigningKey.from_number(k)                #通过整数创建私钥对象
>>> sk.to_bytes()                                 #私钥编码成字节串显示
b'9\x89\xdb\xa2fw\xac\x06\x9a5\xf8\x8a\x02\xb6\xe8a\n\x88U86\x82\x8dC\x
f0\x91\x1cm\xb5\x99\xb2\xe3'
>>> pk = sk.get_verifying_key()                   #获取该私钥对应的公钥对象
>>> pk.to_bytes()                                 #将公钥编码成字节串显示
b"J\xb5\xa1\x85\xe9]\xd2=\xbc,\xdb'\xc1SH\xaa\xf9\xa3K\x93\x98\xf8\xdc\
x91\xe2\xcc4\xc2\\\x9co\x1d\xf1\xb8\xa5\x1d\xf5\xec\xd7p\x0c~\x1aH\xd6\xda\
xb1B%\x88|D\x86\x04\xd7\xc7\x8a\x9d\x94w\x7fo\xb6"
>>> k                                             #查看私钥的数值
26025406277873213947866084111313298722894209632461977558264240596184991
380195
>>> from simchain.ecc import bytes_to_number     #导入解码函数
>>> bytes_to_number(sk.to_bytes())                #将私钥从字节串转换成整数
26025406277873213947866084111313298722894209632461977558264240596184991
380195
>>>(bytes_to_number(pk.to_bytes()[0:32]),bytes_to_number(pk.to_bytes()[
32:]))                                            #将公钥从字符串转换成整数对
(3355191248381945873508105472702553642315246445945748696744304259169434
7082863,
135441571244005496320752585339926428605445450665051674447692252447337652837
66)
>>> secp256k1.generator*k                         #直接计算公钥
(3355191248381945873508105472702553642315246445945748696744304259169434
7082863,1354415712440054963207525853399264286054454506650516744476922524473
3765283766)
>>> ppk = VerifyingKey.from_bytes(pk.to_bytes()) #由字节串得到公钥对象
>>> ppk.to_bytes()
b"J\xb5\xa1\x85\xe9]\xd2=\xbc,\xdb'\xc1SH\xaa\xf9\xa3K\x93\x98\xf8\xdc\
x91\xe2\xcc4\xc2\\\x9co\x1d\xf1\xb8\xa5\x1d\xf5\xec\xd7p\x0c~\x1aH\xd6\xda\
xb1B%\x88|D\x86\x04\xd7\xc7\x8a\x9d\x94w\x7fo\xb6"
```

需要注意的是，以上生成密钥默认的椭圆曲线是 secp256k1，私钥编码对应的字节串长度是 32，公钥由于是两个整数组成的点，所以编码字节串长度是私钥编码字节串的两倍，即 64，这就是为什么在 3.2.2 节中介绍的公钥字节串比私钥字节串长的原因。

🔔**建议**：读者可以采用不同的椭圆曲线定义密钥对象。

由以上内容可知，私钥和公钥是一一配对的关系，那么地址是如何得到的呢？本书中的地址生成采用与比特币一样的算法，即对公钥字节串进行两次哈希运算，分别采用sha256和ripemd160哈希算法，得到一个160位的公钥哈希值，然后在其前加上一个字节的地址版本信息\x00，得到一个21字节的字节串。然后对该字节串采用base58编码成固定长度的字符串，即为地址。具体过程如图3.10所示。

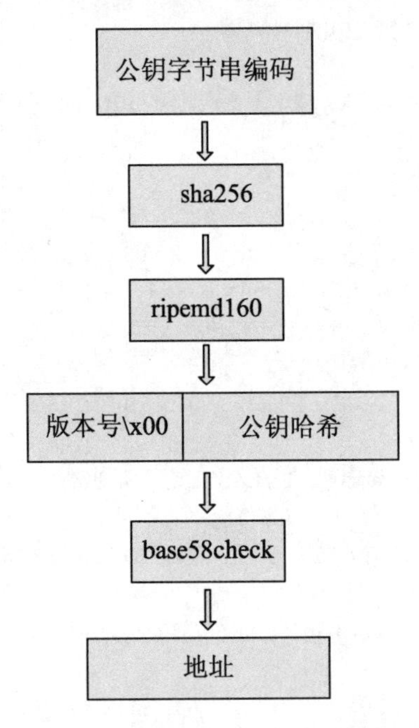

图3.10　从公钥字节串计算地址

🔔**建议**：base58编码相关知识，读者可自行查阅相关资料。

直接调用源码文件ecc.py中的convert_pubkey_to_addr()函数可以将公钥转换成地址。Python定义该函数程序如下：

```
#从内置哈希运算库中导入new和sha256对象
from hashlib import new,sha256

#从base58模块中调用编码函数
from base58 import b58_encode_check

#定义由公钥字节串生成地址的函数
def convert_pubkey_to_addr(pubkey_str):
```

```
    #对字节串进行 sha256 哈希运算，结果为 sha
    sha = sha256(pubkey_str).digest()

    #对 sha 进行 riped160 哈希运算，结果为 ripe
    ripe = new('ripemd160', sha).digest()

    #对 ripe 进行 base58 编码
    return b58encode_check(b'\x00' + ripe).decode()
```

接着上例，在 IDLE 中举例如下：

```
>>> from simchain.ecc import convert_pubkey_to_addr
>>> convert_pubkey_to_addr(ppk.to_bytes())
'19qQQRAAwVE6kQYsk8JgL2Cjsv7q457u7b'
```

2．私钥、公钥、地址之间的关系

到目前为止，已明确私钥、公钥和地址三者之间的关系，如图 3.11 所示。具体总结如下所述。

（1）三者是一一对应的关系，一个私钥对应一个公钥和地址。

（2）在已知椭圆曲线和基点的情况下，私钥可以计算公钥，但公钥不能反向计算私钥。

（3）公钥能计算地址，但地址不能反向计算公钥，更不能推算私钥。

简单地说，你的公钥和地址的安全性并不那么重要，即使弄丢了还能通过私钥找回来，但是如果私钥丢了，那意味着你的资产也丢了，因为与该私钥对应的 UTXO 也丢了。所以在此提醒大家，请保管好你的私钥。当然，如果你恰好使用了和别人一样的私钥，那么恭喜你！别人的 UTXO 你也能使用了。在数字货币中，允许生成无数对的密钥和地址，可以将小额的 UTXO 存放到不同的地址上，降低被盗后的损失。

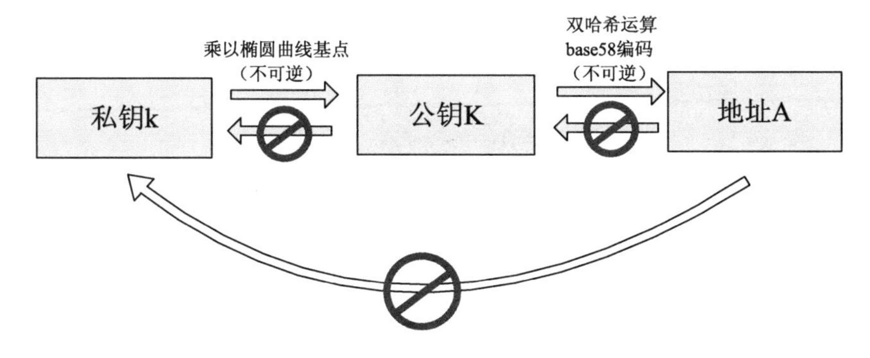

图 3.11　私钥、公钥和地址之间的关系

那么，明确了密钥和地址之间的关系，加密是如何实现的呢？下面将详细介绍。

3．数字签名与验证

1）数字签名

假设某数字货币采用椭圆曲线加密，已知选用的椭圆曲线为 $E_p(a,b)$，基点为 G。前文提到，有效交易的每个输入单元都必须是有效的，如果张三要创建一条有效交易，如何用单个 UTXO 创建每一个输入单元呢？大致分为以下 5 个步骤。

第 1 步，张三在区块链中找到指向自己地址 A 的 UTXO。

第 2 步，将交易的输入单元指向该 UTXO，即定位指针指向该条 UTXO 在区块链中的位置，同时将自己钱包中与地址 A 对应的公钥 K 放入其中。

第 3 步，张三选择一个随机数 rk，一条公开明文 m，并将公开明文 m 的哈希值转换成整数 h。

第 4 步，计算点 $rG=rk \cdot G$，并令 $r=rG.x$，然后计算 $s=(h+k \cdot r)/rk$，其中 k 为与公钥 K 对应的私钥。

第 5 步，张三将 r,s 放到输入单元中，则输入单元创建完成。

以上过程就是数字签名的过程，也称私钥加密，r,s 也被称为数字签名，实质是一对整数点，将其编码就能得到 3.2.2 节中介绍的 signature 字节串。

2）验证签名

李四是如何验证张三创建的输入单元的有效性呢？李四接收到输入单元后，会利用签名 r,s 和公钥 K 执行如下 4 步操作。

第 1 步，李四将输入单元中的公钥 K 转换成地址 A'，如果 $A'=A$，执行下一步。

第 2 步，李四将公开明文 m 用与张三一样的方式转换成整数 h。

第 3 步，李四计算点 $P=h \cdot G/s+r \cdot K/s$。

第 4 步，判断 $r=P.x$，为真则验证通过，否则验证不通过。

以上过程实现了数字签名的验证，原理如下：

$$
\begin{aligned}
P &= h\cdot\frac{G}{s}+r\cdot\frac{K}{s} \\
&= h\cdot\frac{G}{s}+r\cdot k\cdot\frac{G}{s} \\
&= (h+r\cdot k)\cdot\frac{G}{s} \\
&= (h+r\cdot k)\cdot\frac{G}{\frac{h+r\cdot k}{rk}} \\
&= rk\cdot G = rG
\end{aligned}
$$

张三放入输入单元中的数字签名 r, s，需要私钥 k、明文 m 和随机数 rk 才能得到。其中，明文 m 是公开的，随机数是任选的。采用 Python 实现私钥签名和公钥验证签名，过程如下：

```
#数字签名函数，输入为签名明文，基点 G，私钥 k
def sign(message,G,k):

    #获取基点 G 的阶
    n = G.order

    #计算明文哈希值
    mess_hash = sha256(message).digest()

    #将明文哈希值转换成数字
    h = bytes_to_number(mess_hash)
    r, s = 0, 0
    while r == 0 or s == 0:

        #生成随机数 rk
        rk = SystemRandom().randrange(1, n)
        rG = rk*G
        r = rG.x
        s = ((h + (r * k)%n)*inv_mod(rk, n)) % n
    return r,s

#验证签名函数，输入为签名，基点 G，公钥 K，以及明文
def verify(sig,G,K,message):

    #获取签名
    r,s = sig

    #获取基点的阶
    n = G.order
    mess_hash = sha256(message).digest()
    h = bytes_to_number(mess_hash)
    w = inv_mod(s,n)
    u1, u2 = (h * w) % n,(r * w) % n
    p = u1 * G + u2 * K
    return r == p.x % n
```

在 IDLE 中结合 secpk256k1 椭圆曲线举例如下：

```
>>> from simchain.ecc import secp256k1,sign,verify
>>> G = secp256k1.generator                    #获取基点 G
>>> message = b"I love blockchain"             #选择明文
```

```
>>> k = 12345                                    #选择私钥整数
>>> K = k*G                                      #计算对应的公钥整数对
>>> K
(1086070645965518795801906069102456878036072950641415519276057372873256
10911759,66613020388397289435221443597289384289254073454577964569544419065 4
6235843221)
>>> signature = sign(message,G,k)                #用私钥签名
>>> signature                                    #两个整数
(6477652858374824620121450932850016417740906609014254306509376542541559
1582609, 3273698602165094644891896249813449906302531360204100484033771211 50
75228994682)
>>> flag = verify(signature,G,K,message)         #用公钥验证签名
>>> flag                                         #验证签名成功
True
```

尝试用一个新的私钥进行签名，代码如下：

```
>>> k1 = 123456                                  #新的私钥
>>> signature1 =sign(message,G,k1)               #新的签名
>>> flag = verify(signature1,G,K,message)        #老公钥验证
>>> flag                                         #验证签名不通过
False
```

以上创建交易的输入单元过程中，仅公开了签名和公钥，私钥是不公开的。

注意： Simchain 中的验证过程还涉及一个整数对解码的过程，因为输入单元中的数字签名和公钥都是以字节串呈现，首先要将其解码成整数对才能进行如上例的操作。

网络中的节点在验证交易有效性时，会依次验证交易输入中每个输入单元的有效性。输入单元中使用的 UTXO 指向的地址与签名和公钥必须完全匹配。签名匹配指的是签名使用的私钥必须与公钥和地址匹配，否则交易验证将会失败。比特币数据是公开的，区块链数据中有无数的 UTXO，却无法被随意使用。因为这些 UTXO 都被地址锁定了，必须要有与之对应的私钥才能解锁，但私钥是保密的。这样就实现了数字货币的加密，所以也被称为加密货币或加密数字货币。

以上介绍的仅是椭圆加密曲线中的数字签名。除此以外，针对一些特定的安全需求，也产生了一些特殊的数字签名技术，如盲签名、群签名、环签名和多重签名等。

提示： 公开密钥的密码学被称为公钥密码学，也称为非对称加密。公钥密码学包括公钥加密和数字签名（私钥加密），本书仅用到后者，前者读者可自行查阅相关资料。

4．用户的身份

通过以上知识的学习不难发现，在采用椭圆曲线加密的数字货币中，用户是可以隐藏

真实身份的，只需要保管好私钥即可，而公钥和地址都是可以通过私钥计算得出，而私钥只是一个随机选择的大整数，与用户的姓名、电话、身份证号码、门牌号、户口、QQ 号、支付宝和微信号是可以完全无关联的。中本聪手中握着若干个大整数，就控制着 100 万个比特币，按照笔者在写作本章时的比特币价格，相当于 77 亿美元。尽管如此，这个天才富豪的真实身份仍然不为人所知。所以加密货币中的加密，包括身份加密是完全合理的。从而富豪李四的问题也迎刃而解，李四可以将自己的资产存放在不同的地址上，这样就难以被人发现。

从椭圆曲线加密的原理可以得出，其实质是构造了一个正向容易而逆向困难或者不可能的数学难题，与哈希算法有类似的规律。

3.2.6　钱包

在第 1 章中提到，以 UTXO 模型建立的区块链，没有账户也没有余额，只有分布在不同区块、不同交易中的 UTXO。钱包不存放 UTXO，而是用于存放用户私钥，因为掌握了私钥就控制了 UTXO，所有 UTXO 的总和就是账户的余额。常见的钱包类型有不确定性钱包（Nondeterministic Wallet）和确定性钱包（Deterministic Wallet）。本节中的确定性钱包特指分层确定性钱包（Hierarchical Deterministic Wallet）。

1．不确定性钱包

Simchain 采用的是不确定性钱包。即当用户需要使用新地址时，钱包将随机生成私钥并计算地址，私钥生成的方式无规律可循，如图 3.12 所示。这也意味着在管理钱包时，需要备份所有使用过的私钥，这无疑增加了密钥管理难度。这种钱包还有一个昵称 Just a Bunch of Keys（一堆私钥，简称 JBOK）。源码文件 wallet.py 模块中定义了 Wallet 对象，就是不确定性钱包。

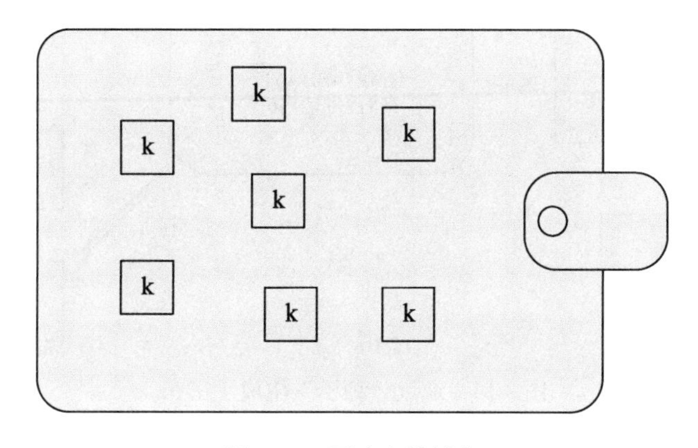

图 3.12　不确定性钱包

在 IDLE 中举例如下。

```
>>> from simchain import Wallet        #导入钱包
>>> w = Wallet()                       #创建一个钱包
>>> for _ in range(10):                #随机生成 10 对密钥
      w.generate_keys()
>>> w.nok
10
>>> w.keys[-1].sk.to_bytes()           #访问最后一对密钥中私钥的字节串编码
b"\xb9{\x9a*\xa8j\xdb\xe9\x9e+-'\x98\x12X\xf4\\\x08V\x99\x84\xe7\x98\xe
4\xc0Q\xb7AM\xaf\xcc\xa0"
>>> w.keys[8].sk.to_bytes()            #访问倒数第二对密钥中私钥的字节串编码
b'.\x8f\xbc\xae\r.\x95\x91\xb5\xca\xd3\xd5x\xb0\x01U\x1c\xc4\xbd\x05\xa
a{\x96\x19S3@l\x01m,\xbc'
```

2. 分层确定性钱包

1）种子

分层确定性钱包，也被称为“种子”钱包。如图 3.13 所示，“种子”是通过密码学上安全的伪随机数生成器生成的 128、256 或 512 位的随机数。然后通过 HMAC-SHA512 运算得到一个 512 位的输出，输出的左边 256 位为主私钥，右边 256 位作为主链码，主公钥和地址通过主私钥生成。为了帮助记忆，一般将种子转换成一串可逆的助记词。

提示：HMAC-SHA512 运算以一个密钥和一个消息作为输入，采用 SHA512 哈希算法生成 512 位的输出。

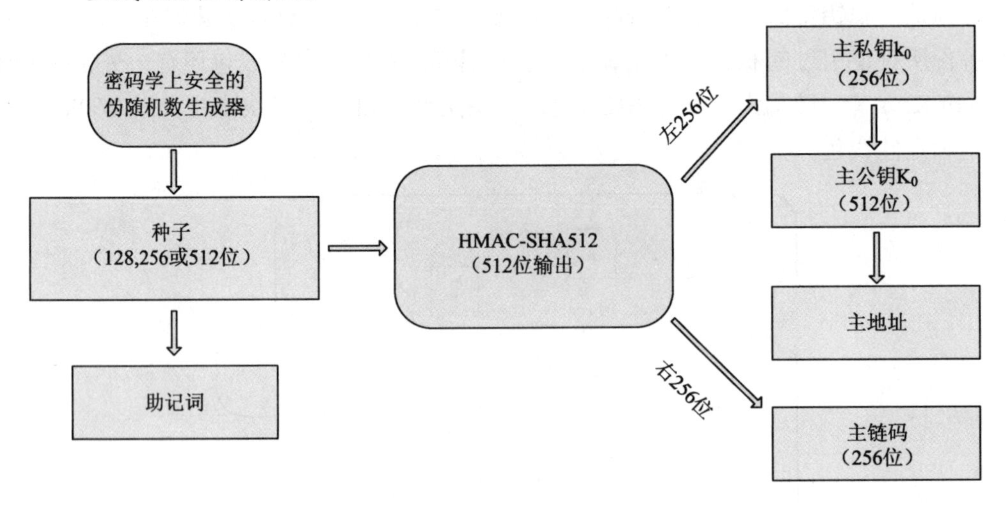

图 3.13　通过“种子”生成主密钥

在 IDLE 中举例如下：

```
    >>> import os                                 #导入 os 模块
    >>> import hashlib                            #导入哈希运算模块
    >>> import hmac                               #导入 HMAC 运算模块
    >>> from simchain import SigningKey           #导入私钥对象
    >>> master_seed = os.urandom(32)              #生成一个随机种子，256 位
    >>> master_seed
    b'\xa0\\%\xc4\xcd\xb7\xf6\xbfR(\xa7\xe7v\x15]\t\xea\xebB\xdf\x04\xd6\x1
3\x8ca\x15s,\x7fvXr'
    >>> deriv = hmac.new(key = b'Simchain seed',msg = master_seed,digestmod =
hashlib.sha512).digest()                          #使用 HMAC-SHA512 运算得到 512 位输出
    >>> master_privkey_str = deriv[:32]           #取输出的左 256 位生成主私钥
    >>> master_privkey = SigningKey.from_bytes(master_privkey_str)
    >>> master_privkey.to_bytes()
    b'\x83\x97\x13\xa1\xd09\xb4\xa163\\\x1b\x7f\xd0\xe2\x1c=>\x9d\xd31g,\x8
c\xe1\tt\x98\xbaH\x91\xd0'
    >>> master_pubkey = master_privkey.get_verifying_key() #由主私钥生成主公钥
    >>> master_pubkey.to_bytes()
    b"o\xb4\x08\xc1Gz\\\xc5\xfe\x14\x9a\x057W\x8a\xc2\xa8P\xe6\xc9j\xd5\xb2
\xf7-\xc7`\xc7\xeb6\x04\x83'-\xd4\x87\x088\\\xe0\x11t\xc7\x8dU\x8bg\xf1\xf2
\x04\x10\x14-\x97'B/\xadH,\xf9<\xffS"
    >>> from simchain.ecc import convert_pubkey_to_addr
    >>> convert_pubkey_to_addr(master_pubkey.to_bytes())    #由主公钥生成主地址
    '1HFV5CrZqWhqfYt8wdNvdyavAMMLTe3TGn'
```

提示：比特币中对公钥进行了压缩，只有 264 位。

2）衍生密钥

主密钥生成后，根据主密钥可以衍生子密钥，子密钥又可以衍生自己的子密钥（主密钥的孙密钥），子子孙孙无穷尽，这样就能衍生出无穷多的密钥，如图 3.14 所示。

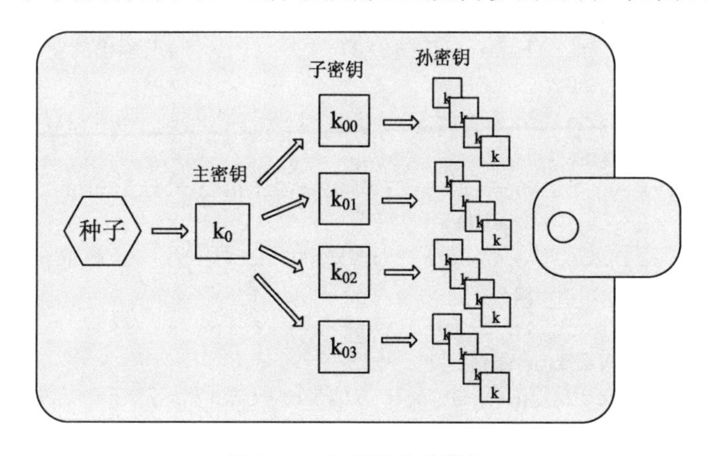

图 3.14　分层确定性钱包

接下来介绍通过父私钥衍生子密钥的过程。类似主密钥的生成，以父私钥、父链码，以及子密钥索引号作为 HMAC-SHA512 运算的输入，将得到的 512 位输出的左边 256 位作为子私钥，右边 256 位作为子链码，子公钥和子地址通过子私钥生成。父私钥衍生子密钥过程如图 3.15 所示。

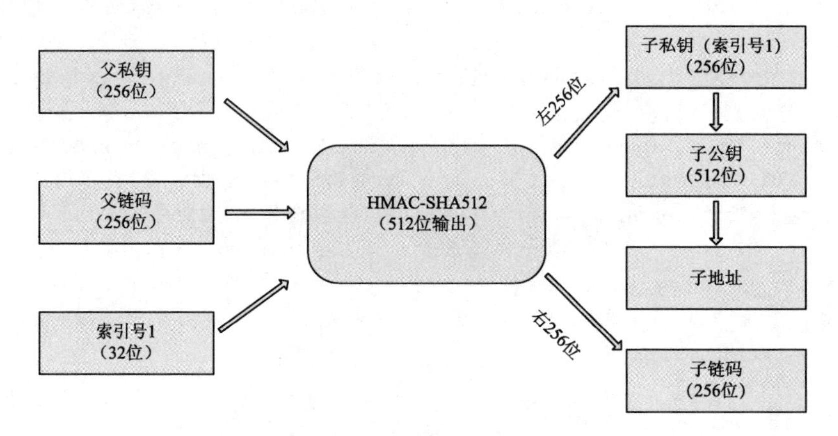

图 3.15　父私钥衍生子密钥

在 IDLE 中举例如下，从主私钥衍生子密钥，接着上例输入：

```
>>> master_chain = deriv[32:]                         #获取主链码
>>> from simchain.ecc import number_to_bytes          #导入密钥编码函数
>>> idx = 1                                           #衍生主私钥的索引为 1 的子密钥
>>> idx_str = number_to_bytes(idx,4)                  #将整数转换为字节串
>>> idx_str
b'\x00\x00\x00\x01'
>>> message = master_privkey_str + idx_str            #将主私钥与索引组合
>>> deriv_child =  #将主链码作为钥匙，主私钥和索引组合作为消息进行 HMAC-SHA512 运算
hmac.new(key=master_chain,msg=message,digestmod=hashlib.sha512).digest()
>>> child_privkey_str = deriv_child[:32]              #取输出的左 256 位作为子私钥
>>> child_privkey_str
b']f\xba\xaf\x14\xce{F\xa6=\xcdY\x10\x11\x14\xce_\xe4\xf5C\x13{\xb7\xd3
~\xd2\xdc\t\xa6\xfc\xba\xd2'
>>> child_privkey = SigningKey.from_bytes(child_privkey_str)   #生成子私钥
>>> child_privkey.to_bytes()
b']f\xba\xaf\x14\xce{F\xa6=\xcdY\x10\x11\x14\xce_\xe4\xf5C\x13{\xb7\xd3
~\xd2\xdc\t\xa6\xfc\xba\xd2'
>>> child_pubkey = child_privkey.get_verifying_key()           #生成子公钥
>>> child_pubkey.to_bytes()
b'\x84.\xaa\x9e\xc0\\\xd6\x0b\xcc\x02\x8ev\x87\xec\xe9\x9b\xe3C\xce\x00
\x1e\xbe\x07\x159\xbdy\x9ee,\xc7\xd9W.\x05\n\xb6,\xb0\x89\xd5\xc3\xf8.g\xec
5B#~\xd5$\x03\xd7\xf7\xa2\x84 A\xde\xe2\xc4b\xdf'
```

```
>>> convert_pubkey_to_addr(child_pubkey.to_bytes())                 #生成子地址
'1NXJbSzp4euQP5WdC2qo9i4hn6xvd1EXmQ'
```

通过修改索引值（0~2^{32}−1），主私钥最多可以生成 2^{32} 对子密钥。而子密钥又可以通过同样的方式生成同样多的属于自己的子密钥（主密钥的孙密钥）。不难发现，只要掌握了主私钥，所有的子密钥和孙密钥都能被推导出来，而主私钥通过“种子”得到，即掌握了“种子”就掌握了钱包里的所有密钥。掌握了“种子”，密钥就是确定的，而且密钥是分层次的，分层确定性钱包由此得名。

参照上例的操作过程，作者在源码文件 hdwallet.py 中定义了 Keys 对象，可以生成分层确定性密钥，其数据结构如表 3.1 所示。

表 3.1　分层确定性钱包密钥Keys对象数据结构

class Keys		
属性（property）	sk	SigningKey类型，私钥
	pk	VerifyingKey类型，公钥
	chain	bytes类型，256位，链码
	fp(fingerprint)	bytes类型，公钥哈希的前四位
	pfp(parent fp)	bytes类型，父公钥哈希的前四位
	depth	int类型，密钥深度，主私钥深度为0，子密钥为1，孙密钥为2，以此类推
	child_index	int类型，密钥的索引
方法（method）	child(i)	生成当前密钥的子密钥，输入i为子密钥的索引

在 IDLE 中举例如下：

```
>>> from simchain.hdwallet import Keys              #从 hdwallet 中导入 Keys
>>> import os
>>> seed = os.urandom(32)                           #生成随机种子
>>> master_keys = Keys.from_master_seed(seed)       #通过种子生成主密钥
>>> master_keys.sk.to_bytes()                       #访问主密钥私钥的字节串编码
b'\xb7T\xea`\x83\x08\xf7\xd3zI\x147\xdf\xe7Y\x88\xd6\xdb\x8bp\x92\xe6\x
1c\xe9\x9d\x974o\x82\xa8\xa8a'
>>> master_keys.pk.to_bytes()                       #访问主密钥公钥的字节串编码
b'\x0fC\xa4\xc6;\xecl\x01\xa2P\x9f/F\x1bc&\xc2(]y\xe6b\'\xbelM\x06\xa0\
xce\xc6.S\'^"\xdf\xcf\x9c\xf2\x15\x86@=?b\xe9G\xd4\x8b)\xcd\x0bw\x97\xc7\xb
8\xcaN\r\x16\xdbj\nJ'
>>> master_keys.depth                               #主密钥的深度为 0
0
>>> master_keys.child_index                         #返回为 None，没有父亲
>>> child0 = master_keys.child(0)          #主密钥衍生成 2 个字密钥，索引为 0 和 1
>>> child1 = master_keys.child(1)
```

```
>>> child0.depth == child1.depth == 1        #子密钥的深度都为 1
True
>>> child0.child_index
0
>>> child1.child_index
1
>>> child0.sk.to_bytes()
b'\x9b\xf7\xa3>\xe5\xeb\x8bw\xb6\xe2\xf9\x15D\x90\x1c\x9f\xab\x87\x8d\x
e9iA\xda\x04\xf2\\\xbb\x15F$\x95N'
>>> child0.pk.to_bytes()
b'\xa3\x18\xd5c\xed\x97N\x11\xc0\xff\rN\xc5\xd5\xeb\x9b<BM\xb0\x9d!/og\
xf3\xf7\xe2\xd3~P\xbf-\xdaI\xd1\xab\xdc\xd9&\xda\xe7\xcbT\xab\xc8\xbf/\x18\
x81\xc6\xf7*T=RX\n\xb9\x8e\x8fz\x9d\x96'
>>> child0.chain                                #子密钥链码
b'\xcb\xe6dI8\x0f+\x13\xdb\xdd\x95\x1bn[\xf2\x13\xc4\x92
W\xd1=\x11\xa8.Z\x9b\xbfF\xb8n\x99'
>>> grandson2 = child0.child(2)                 #生成孙密钥，索引分别为 2 和 4
>>> grandson4 = child1.child(4)
>>> grandson2.depth == grandson4.depth == 2   #孙密钥深度为 2
True
>>> grandson2.child_index
2
>>> grandson4.child_index
4
```

继续以上操作可以生成无穷尽的密钥。根据 HD 钱包的特性，给出一种密钥描述路径，如表 3.2 所示。

表 3.2　HD钱包路径描述

HD钱包密钥路径	描　　述
m/0	从主密钥m衍生的索引为0的子密钥，深度为1
m/0/0	从m/0子密钥衍生的索引为0的孙密钥，深度为2
m/1/0	从m/1子密钥衍生的索引为0的孙密钥，深度为2
m/23/4/1	从主密钥m衍生的索引为23的子密钥(m/23)衍生的索引为4的孙密钥(m/23/4)衍生的索引为1的孙密钥（m/23/4/1)，其深度为3

3）助记词

从如上内容可知，HD 钱包只需要保存好主密钥，所有的子孙密钥都能推导出来，而主密钥又由“种子”生成，于是，HD 钱包的管理只需要用户保管好“种子”。为了方便记忆，将“种子”转换为可逆的助记词。源码文件 mnemonics.py 模块中定义了 Mnemonics 类型能生成助记词，仅供读者参考。在 IDLE 中举例如下：

```
    >>> import os
    >>> from simchain.mnemonics import Mnemonics      #导入助记词对象
    >>> seed = os.urandom(32)                         #生成种子
    >>> seed
    b'\x8f;\x97\x1a\xd1\x1e\xc4\x19\xc5w\x92\x82,a\x83/\x10,\xb1\x19b\x1cn\
xb2\xc0\x10\xc7\xfb\x8cnqx'
    >>> m = Mnemonics(seed)                           #生成助记词对象
    >>> m.chinese                                     #中文助记词
    ['筏', '羞', '论', '撞', '冻', '逼', '卧', '造', '姑', '师', '脸', '碰', '蓄
', '喷', '琅', '欺', '芬', '殃', '胧', '左', '庭', '炎', '鸣', '留']
    >>> m.english                                     #英文助记词
    ['peaceful', 'gotten', 'evil', 'everything', 'each', 'hunt', 'ball', 'fish',
'real', 'jump', 'harmony', 'seem', 'skip', 'rule', 'travel', 'tuck', 'sway',
'monkey', 'curtain', 'limit', 'protect', 'already', 'twist', 'double']
    >>> seed1 = Mnemonics.decode_from_chinese(m.chinese)  #由中文助记词得到种子
    >>> seed1
    b'\x8f;\x97\x1a\xd1\x1e\xc4\x19\xc5w\x92\x82,a\x83/\x10,\xb1\x19b\x1cn\
xb2\xc0\x10\xc7\xfb\x8cnqx'
    >>> seed2 = Mnemonics.decode_from_english(m.english)  #由英文助记词得到种子
    >>> seed2
    b'\x8f;\x97\x1a\xd1\x1e\xc4\x19\xc5w\x92\x82,a\x83/\x10,\xb1\x19b\x1cn\
xb2\xc0\x10\xc7\xfb\x8cnqx'
```

以上就是 Simchain 中椭圆曲线加密的全部内容。那么，椭圆曲线加密可能被破解吗？下一节我们作详细介绍。

3.3　可能的破解算法

关于椭圆曲线加密的破解，即从公钥、签名和地址等反推私钥的过程，从地址来破解会更困难，这里不讨论。本节介绍枚举法、BSGS 算法、Pollard's rho 算法和随机数攻击四种破解私钥的算法供读者参考。

3.3.1　枚举法

顾名思义，已知椭圆 $E_p(a,b)$、基点 G 和公钥 K，枚举所有可能的私钥 $1<k<n$，n 是基点 G 的阶，然后计算 kG，如果 $kG=K$，则破解成功。由于我们常选取的私钥 k 是非常大的整数，枚举破解是困难的，因为没人会使用 1234567890 这样的小整数作为私钥。算法如下：

```
输入：基点 G,公钥 K,基点 G 的阶 n
输出：私钥 k
    1.kG←0
    2.for k← 1 to n do
        2.1 kG← k * G
        2.2 if kG == K then break
    3.return k
```

如图 3.16 所示，笔者统计了计算的 k={100, 1000, 10000, 10000}的耗时，该计算在 Intel I5-7300HQ 笔记本电脑上进行。读者可以参考源码文件 ecc.py 中的 crack_by_brute_force()函数进行计算。

```
def crack_by_brute_force(G,K):
    for k in range(G.order):
        if k*G == K:
            return k
```

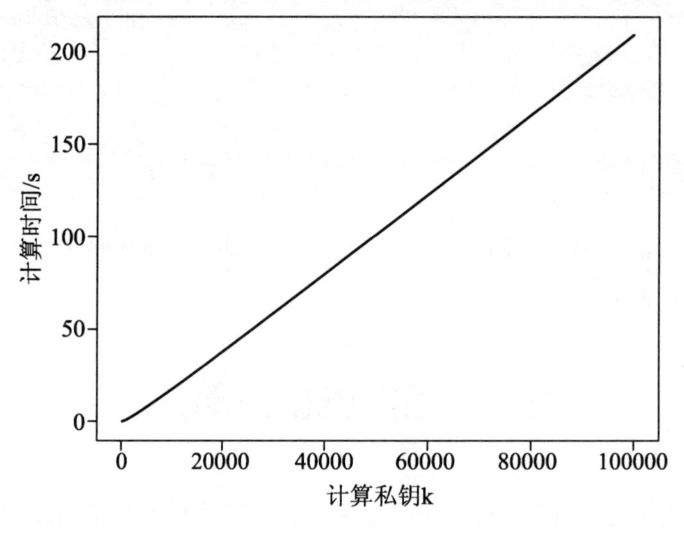

图 3.16　私钥计算耗时

3.3.2　BSGS 算法

BSGS（Baby step giant step，小步大步算法)。已知椭圆 $E_p(a,b)$、基点 G、G 的阶 n，以及公钥 K，具体步骤如下:

第 1 步，将整数域 n 缩小到 m 上，其中 $m=ceil(\sqrt{n})$，$ceil$ 表示向上取整。

第 2 步，令 i=1, 2, ⋯, m−1，计算 $iG=i \cdot G$ 并将(i, iG)一一对应存在表中。

第 3 步，令 $j=1, 2, \cdots, m-1$,计算 $R=K-j \cdot m \cdot G$。

第 4 步，判断 R 是否存在表中，$R==iG$，如果相等，则私钥 $k=i+j \cdot m$。

原理如下：

首先改写私钥 k 的表达式为：

$$k=i \cdot m+j\ (1 \leqslant i \leqslant m, 1 \leqslant j \leqslant m)$$

然后计算公钥 K：

$$K=(i \cdot m+j)G=i \cdot m \cdot G+j \cdot G$$

化简得：

$$j \cdot G=K-i \cdot m \cdot G$$

将 $j \cdot G$ 保存到表中，然后计算 $K-i \cdot m \cdot G$，并和表中的 $j \cdot G$ 进行对比。该算法的伪代码如下所示。程序实现可以参考源码文件 ecc.py 中的 crack_by_bsgs()函数。

```
输入：基点 G,公钥 K,基点 G 的阶 n
输出：私钥 k
    1.m← 0, k ←0, R ← P(0,0), table ←∅
    2.m← ceil(sqrt(n))
    3.for i← 1 to m do
        3.1 iG← i * G
        3.2 add (i,iG) to table
    4.for j← 1 to m do
        4.1 R ← K - j * m * G
        4.2 if R in table then k ← table[R][i] + j * m #表中 R 对应的 i
    5.return k
```

需要注意的是，table 表中的数据是可以预先计算好然后保存，不需要重复计算。由于笔者没有足够的算力，所以对该算法并没有进行实测，若读者有兴趣可以用小模数曲线进行尝试。结合 CurveFp 和 Point 对象，Python 实现该算法如下：

```
from math import sqrt,ceil
def crack_by_bsgs(G, K):

    #ceil 为向上取整
    m = int(ceil(sqrt(G.order)))
    table = {}

    #生成表
    for i in range(m):
        iG = i*G
        table[str(iG)] = i

    for j in range(m):
```

```
        jmG = j*m*G
        R = K - jmG
        if str(R) in table.keys():
            i = table[str(R)]
            return (i + j*m) % n
```

3.3.3 Pollard's rho 算法

目前，对椭圆曲线加密最有效的攻击是 Pollard's rho 算法。该算法的原理是随机版本的“小步大步”法，原理这里不予以介绍，读者有兴趣可自行翻阅资料。下面给出一种算法仅供读者参考。

```
输入：基点 G,公钥 K,基点 G 的阶 n,计算位数 bits
输出：私钥 k
    1.m←pow(2,bits), flag ← 1, list ←∅
    2.for i ← 0 to m-1 do
        2.1 Ai← randint(0,n), Bi← randint(0,n)
        2.2 add (Ai * G + Bi *K, Ai, Bi) to list
    3.At ← randint(0,n), Bt ← randint(0,n), Ah ← At, Bh ← Bt
    4.T ← At * G + Bt *K, H ← Ah * G + Bh *K
    5.while true  do
        5.1 h1 ← len(bin(T.x)), h2 ← len(bin(H.x)) # bin(T.x)求点 T 的 x 坐标
的二进制表示，len 表示求长度
        5.2 k1 ← abs(h1-bits), k2 ← abs(h2-bits)
        5.3 j ← int(bin(T.x)[k1:h1]) # bin(T.x)[k1:h1] 表示从第 k1 位到第 h1 位
        5.4 T ← T + list[j][0], At ←(At + list[j][1]) % n, Bt ← (Bt +
list[j][2]) % n
        5.5 j ← int(bin(H.x)[k2:h2]) # bin(H.x)[k2:h2] 表示从第 k2 位到第 h2 位
        5.6 H ←H + list[j][0], Ah ← (Ah + list[j][1]) % n, Bh ← (Bh +
list[j][2]) % n
        5.7 if T == H then break
    6.if Bt == Bh then k ←-1 else then k ← (At - Ah) * ((Bh - Bt)%n)^-1
    7.return k
```

结合 CurveFp 类和 Point 类，该算法用 Python 实现如下：

```
from random import SystemRandom
def crack_by_pollard_rho(G,K,bits):
    R, n = [], G.order
    for i in range(2**bits):
        a, b = SystemRandom().randrange(0,n), SystemRandom().randrange(0,n)
        R.append(a * G + b *K, a, b)
```

```
At, Bt = SystemRandom().randrange(0,n), SystemRandom().randrange(0,n)
    Ah, Bh = At, Bt
    T = At * G + Bt * K
    H = Ah * G + Bh * K
    while True:
        j = int(bin(T.x)[len(bin(T.x)) - bits : len(bin(T.x))], 2)
        T, At, Bt = T + R[j][0], (At + R[j][1]) % n, (Bt + R[j][2]) % n

        j = int(bin(H.x)[len(bin(H.x)) - bits : len(bin(H.x))], 2)
        H, Ah, Bh = H + R[j][0], (Ah + R[j][1]) % n, (Bh + R[j][2]) % n

        if(T == H):
            break

    if Bh == Bt:
        end_time = clock()
        k = -1
        print ("failed")
        print (str(end_time - start_time) + " secs")
    else:
        end_time = clock()
        k = (At - Ah) * inv_mod((Bh - Bt) % n, n) % n
        print ("Priv key: k = " + str((At - Ah) * inv_mod((Bh - Bt) % n, n) % n))
        print ("Time: " + str(round(end_time - start_time, 3)) + " secs")
    return k
```

3.3.4　随机数攻击

前三种算法攻击都属于暴力破解，而该种攻击却是通过发现程序的漏洞发起。当然，也可能是开发者用于作弊的方式。已知椭圆 $E_p(a,b)$、基点 G，以及 G 的阶 n，假设知道某个用户用同一个私钥 k 对两笔交易进行了签名，于是找到这两笔交易中的数字签名(r_1,s_1)、(r_2,s_2),签名明文 m_1、m_2，以及公钥 K，尝试反推出其私钥 k。步骤如下：

第 1 步，将明文 m_1、m_2 的哈希值转换为整数 h_1、h_2。

第 2 步，判断 r_1==r_2，为真，则进行下一步。

第 3 步，计算 4 个候选随机数：$rk=((h_1-h_2)\bullet(\mp s_1 \pm s_2)^{-1})$。

第 4 步，计算 k_i=$(s_1 \cdot rk_i - h_1) \cdot r_1^{-1}$，其中 i={1,2,3,4}，如果有 $k_i \cdot G$==K，则反算出私钥 k=k_i。

原理如下：

对于同一个私钥"签署"的两个数字签名，s_1、s_2分别表示为：

$$s_1=(h_1+r_1 \cdot k)/rk_1$$

$$s_2=(h_2+r_2 \cdot k)/rk_2$$

由于 $r_i=(rk_i \cdot G).x$，如果 $r_1=r_2$,则必有 $rk_1=rk_2$。于是将上面两个式子做减法，有：

$$s_1-s_2=(h_1+r_1 \cdot k)/rk_1-(h_2+r_1 \cdot k)/rk_1$$

则 rk_1 表示为：

$$rk_1=(h_1-h_2) \cdot (s_1-s_2)^{-1}$$

将 rk_1 带入第一个式子，可以推导出私钥为：

$$k=(s_1 \cdot rk_1-h_1) \cdot r_1^{-1}$$

注意：该算法要求用户在两次签名时需要选用相同的随机数。

结合 CurveFp 和 Point 对象，用 Python 实现该算法如下：

```
def crack_by_signature_form_same_rk(G,K,message1, sig1, message2, sig2):
    r1, s1 = sig1
    r2, s2 = sig2
    n = G.order

    #如果签名中的 r1 和 r2 不相等，则不可用
    assert r1 == r2
    mess1_hash = sha256(message1).digest()
    h1 = bytes_to_number(mess1_hash)
    mess2_hash = sha256(message2).digest()
    h2 = bytes_to_number(mess2_hash)

    #4 个候选随机数
    rk_candidates = [
        (h1 - h2) * inv_mod((s1 - s2) % n, n) % n,
        (h1 - h2) * inv_mod((s1 + s2) % n, n) % n,
        (h1 - h2) * inv_mod((-s1 - s2) % n, n) % n,
        (h1 - h2) * inv_mod((-s1 + s2) % n, n) % n,
        ]

    #用 4 个候选随机数反推私钥
    for rk in k_candidates:
        k = inv_mod(r1, n) * ((s1 * rk) % n - h1) % n
        if k * G == K:
            return k
            print ("Priv key: d = " + str(k))
        else:
            print("not found")
```

定义新的签名函数 sign_same_rk()，如下：

```
def sign_same_rk(message,G,k,rk):
    n = G.order
    mess_hash = sha256(message).digest()
    h = bytes_to_number(mess_hash)
    r, s, = 0, 0
    while r == 0 or s == 0:
        rG = rk*G
        r = rG.x
        s = ((h + (r*k)%n)*inv_mod(rk, n)) % n
    return r,s
```

在 IDLE 中验证该算法的可行性，代码如下：

```
>>> from simchain.ecc import sign_same_rk,crack_by_signature_form_same_rk
>>> from simchain import secp256k1
>>> G = secp256k1.generator
>>> k = 11111                                    #生成私钥
>>> K = k*G                                      #计算公钥
>>> K
(612908099593922068499753915714312760012846898928453253118414973370401З
6831043,9159724608258145970129959188991469809302870938948486024432131358301
7756775570)
>>> message1 = b'1111'                           #第 1 条签名明文
>>> message2 = b'2222'                           #第 2 条签名明文
>>> rk = 22235                                   #固定随机数 rk
>>> sig1 = sign_same_rk(message1,G,k,rk)         #采用新的签名函数对第 1 条明文签名
>>> sig2 = sign_same_rk(message2,G,k,rk)         #采用新的签名函数对第 2 条明文签名
>>> crack_by_signature_form_same_rk(G,K,message1,sig1,message2,sig2)
11111                                            #从签名反推出私钥
```

建议： 关于规律生成随机数 *rk*，读者有兴趣可以自己尝试破解。

Simchain 中签名算法很难找到相同的 r_1 和 r_2，因为采用的是大随机数 rk_1 和 rk_2，相等的几率也是小概率事件。

同样提醒大家，该破解算法一定要读懂加密货币的加密算法，如果开发者“留后门”，在加密算法上做手脚，比如在选择随机数 *rk* 时固定或规律生成，就能轻易破解私钥。

3.3.5　如何保护私钥安全

以上是作者目前所了解的一些破解私钥的算法。可行的算法肯定不仅限于此，但思路

大致如此。当然，即使有了破解算法，就目前的算力而言，破解也是困难而不经济的。除此之外，依据加密原理，可以采取相应的措施最大限度地降低私钥被破解的几率。

（1）使用安全的随机数生成器生成私钥。

（2）将大额 UTXO 分解到多个地址，即使被破解，也可以将损失降低到最小。

（3）及时更换自己的地址，每次接收转账都使用最新的地址，包括创建交易后产生的找零。UTXO 指向地址对应的公钥只有在使用该 UTXO 创建交易后才会暴露，通过地址破解私钥会更加困难。

（4）如果有人大额转账给你，防止被勒索，可以及时生成新的密钥和地址，将其转账到该地址上，这样就可以声称自己没有资产。

（5）要求公开源码，慎用非官方钱包。

（6）读懂源码，自己写钱包。

3.4　格密码初探

因为量子计算机的存在，很多人对目前区块链中广泛使用的加密算法的安全性感到担忧。本节将简要介绍目前比较热门的一种抗量子计算密码——基于格的密码。内容包括格的基础知识、格问题，以及 GGH 数字签名和 Lyubashevshy 数字签名。

3.4.1　抗量子计算密码

Daniel J. Bernstein 等在 *Post Quantum Cryptography* 一书（中文版《抗量子计算密码》）中提到，量子计算机是可以攻破 RSA、DSA 和 ECDSA（比特币和 Simchain 采用）等密码的，但也有很多加密技术是能够抵抗量子计算机攻击的，例如：

- 基于 hash 算法的密码；
- 基于纠错码的密码；
- 基于格的密码；
- 多变量二次方程组密码；
- 秘密钥密码；

基于格的密码（Lattice Based Cryptography，简称格密码）给抗量子计算带来了巨大的希望，其具有最差条件下的强安全证明，格密码也是目前密码学界的研究热点。本节将结合 Numpy 对格密码的相关知识进行简单的介绍。

3.4.2　格基础知识

【定义 1】　已知 $\boldsymbol{B}=\left\{\boldsymbol{b}_i \in \mathbb{R}^n : 1 \leqslant i \leqslant n\right\}$ 是 n 个线性无关的向量，则基于 $\boldsymbol{B}$ 的 n 维格 $\boldsymbol{\mathcal{L}}$ 表示为

$$\boldsymbol{\mathcal{L}}(\boldsymbol{B})=\left\{\sum\nolimits_{i=1}^{n} a_i \boldsymbol{b}_i : a_i \in \mathbb{Z}\right\} \tag{3.10}$$

其中，$\mathbb{R}^n$ 表示 n 维实数域（n 维向量中的每个元素都是实数），$\boldsymbol{b}_i$ 的长度为 n，$\mathbb{Z}$ 表示整数域。$\boldsymbol{B}$ 被称为格 $\boldsymbol{\mathcal{L}}$ 的一组基。如果基向量数量与格的维度相等，也被称为满秩格，本节中大部分内容都是讨论满秩格。

从视觉上看，格是 n 维空间中有着周期性结构的点集。如图 3.17 所示为基于 $\boldsymbol{B}$={(1,0)(0,1)}和{(1,2)(2,1)}的格的示意图。

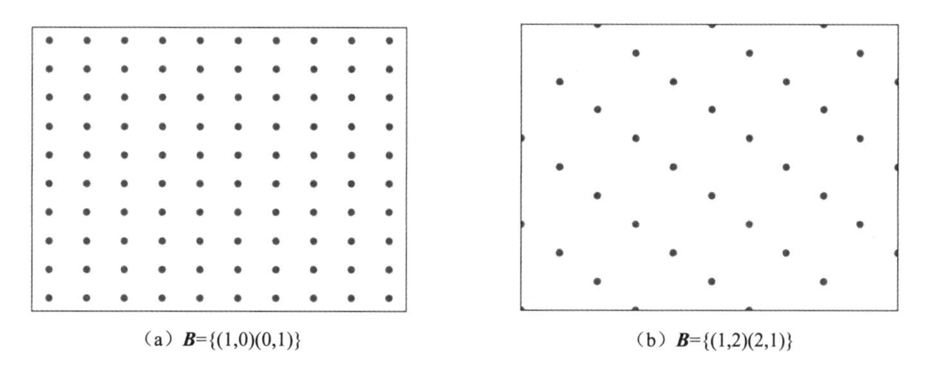

（a）$\boldsymbol{B}$={(1,0)(0,1)}　　（b）$\boldsymbol{B}$={(1,2)(2,1)}

图 3.17　格示意图

格具有如下两个性质：

- 加法子群，$0 \in \boldsymbol{\mathcal{L}} \subset \mathbb{R}^n$ 且对于任意 $\boldsymbol{x}, \boldsymbol{y} \in \boldsymbol{\mathcal{L}} \subset \mathbb{R}^n$，有 $-\boldsymbol{x}, \boldsymbol{x}+\boldsymbol{y} \in \boldsymbol{\mathcal{L}} \subset \mathbb{R}^n$；
- 离散性，对于任意 $\boldsymbol{x} \in \boldsymbol{\mathcal{L}}$，存在 $\epsilon > 0$，满足 $\boldsymbol{\mathcal{L}} \cap \{\boldsymbol{y} \in \mathbb{R}^n : \|\boldsymbol{x}-\boldsymbol{y}\| < \epsilon = \{\boldsymbol{x}\}$。

如果用矩阵 $\boldsymbol{B}$ 表示格 $\boldsymbol{\mathcal{L}}$ 的基，且基向量为列向量，表示为 $\boldsymbol{B}=[\boldsymbol{b}_1, \boldsymbol{b}_2, \cdots, \boldsymbol{b}_n]$，设 $\boldsymbol{a}=[a_1, a_2, \cdots, a_n]$ 也为列向量，则基于 $\boldsymbol{B}$ 的格 $\boldsymbol{\mathcal{L}}$ 可以表示为：

$$\boldsymbol{\mathcal{L}}(\boldsymbol{B})=\{\boldsymbol{Ba} : \boldsymbol{a} \in \mathbb{Z}^n\} \tag{3.11}$$

【例 3.5】　考虑一个三维的格 $\boldsymbol{\mathcal{L}} \subset \mathbb{R}^3$，以下三个向量构成其一组基：

$$\boldsymbol{b}_1=(2,1,3)^T$$

$$\boldsymbol{b}_2=(1,2,0)^T$$

$$\boldsymbol{b}_3=(2,-3,\ -5)^T$$

试判断向量 $\boldsymbol{v}_1$=(4,2,6)和 $\boldsymbol{v}_1$=(−20,24,10)是否在格 $\boldsymbol{\mathcal{L}}$ 中。

要判断向量 $\boldsymbol{b}$ 是否在格中，只需要通过求解 $\boldsymbol{Ba}=\boldsymbol{b}$，如果 $\boldsymbol{a}$ 的所有元素都为整数，则

表示 $\boldsymbol{b}$ 在格中。在 IDLE 中求解如下：

```
>>> import numpy as np                                        #导入 Numpy
>>> basis = np.array([[2,1,3],[1,2,0],[2,-3,-5]])            #创建矩阵
>>> basis = basis.T                                           #转置，列向量构造基
>>> basis
array([[ 2,  1,  2],
       [ 1,  2, -3],
       [ 3,  0, -5]])
>>> v1 = [4,2,6]                                             #创建向量 v1
>>> a1 = np.linalg.solve(basis,v1)                           #求解 Ba1=v1
>>> a1                                                       #元素均为整数，v1 在格中
array([2., 0., 0.])
>>> v2 = [-10,24,10]                                         #创建向量 v2
>>> a2 = np.linalg.solve(basis,v2)                           #求解 Ba2=v2
>>> a2
array([-4.16666667,  7.33333333, -4.5       ])   #元素不为整数，v2 不在格中
```

读者也可以调用 Simchaim.lbc 中的 Lattice 对象进行判断。在 IDLE 中举例如下：

```
>>> import simchain.lbc as lbc                               #从 Simchain 中导入 lbc 模块
>>> l = lbc.Lattice(basis)                                   #通过基创建格
>>> l.contains(v1)                                           #调用 contains 方法判断
True
>>> l.contains(v2)
False
>>> l.non_lattice_point()                                    #随机创建一个非格中的向量
array([ 1.95, 27.08, 46.14])
>>> l.lattice_point()                                        #随机创建一个格中的向量
array([-29,   8,   6])
```

命题 1 如果 $\boldsymbol{B}$ 和 $\boldsymbol{C}$ 是 n 维格$\boldsymbol{\mathcal{L}}$的两组基，则存在幺模矩阵 $\boldsymbol{A}$，满足 $\boldsymbol{C}$=$\boldsymbol{AB}$，幺模矩阵满足 $\boldsymbol{A}\in\mathbb{Z}^n$，且 det $\boldsymbol{A}$=±1。

证明： $\boldsymbol{B}=\left\{\boldsymbol{b}_i\in\mathbb{R}^n:1\leqslant i\leqslant n\right\},\boldsymbol{C}=\left\{\boldsymbol{c}_i\in\mathbb{R}^n:1\leqslant i\leqslant n\right\}$,由于 $\boldsymbol{B}$ 和 $\boldsymbol{C}$ 都是 n 维格$\boldsymbol{\mathcal{L}}$的基，则可以将 $\boldsymbol{c}_i$ 用 $\boldsymbol{b}_i$ 表示为

$$\boldsymbol{c}_i=\sum\nolimits_{j=1}^{n}a_{ij}\boldsymbol{b}_j,a_{ij}\in\mathbb{Z},1\leqslant i,j\leqslant n \tag{3.12}$$

用矩阵表示为 $\boldsymbol{C}$=$\boldsymbol{AB}$，其中 $\boldsymbol{A}=[a_{ij}]_{n\times n}$。同理，将 $\boldsymbol{b}_i$ 用 $\boldsymbol{c}_i$ 表示为

$$\boldsymbol{b}_i=\sum\nolimits_{j=1}^{n}a_{ij}'\boldsymbol{c}_j,a_{ij}'\in\mathbb{Z},1\leqslant i,j\leqslant n \tag{3.13}$$

用矩阵表示为 $\boldsymbol{B}$=$\boldsymbol{A'C}$，其中 $\boldsymbol{A}'=[a_{ij}']_{n\times n}$。显然 $\boldsymbol{A}'=\boldsymbol{A}^{-1}$，于是(det $\boldsymbol{A}$) (det $\boldsymbol{A}^{-1}$)=det ($\boldsymbol{AA}^{-1}$)=det $\boldsymbol{I}$=1。但由于 $\boldsymbol{A}$ 和 $\boldsymbol{A}^{-1}$ 的元素都为整数，所以 det $\boldsymbol{A}$=±1。命题得证。

【定义 2】　已知 $\boldsymbol{B}=\left\{\boldsymbol{b}_i \in \mathbb{R}^n : 1 \leqslant i \leqslant n\right\}$ 是 n 维格$\mathcal{L}$的一组基。则格$\mathcal{L}$关于 $\boldsymbol{B}$ 的元域（Fundamental Domain）$\mathcal{F}$表示为

$$\mathcal{F}(\boldsymbol{B})=\left\{\sum_{i=1}^{n} a_i \boldsymbol{b}_i : a_i \in [0,1)\right\} \tag{3.14}$$

如图 3.18 所示为二维格元域示意图。

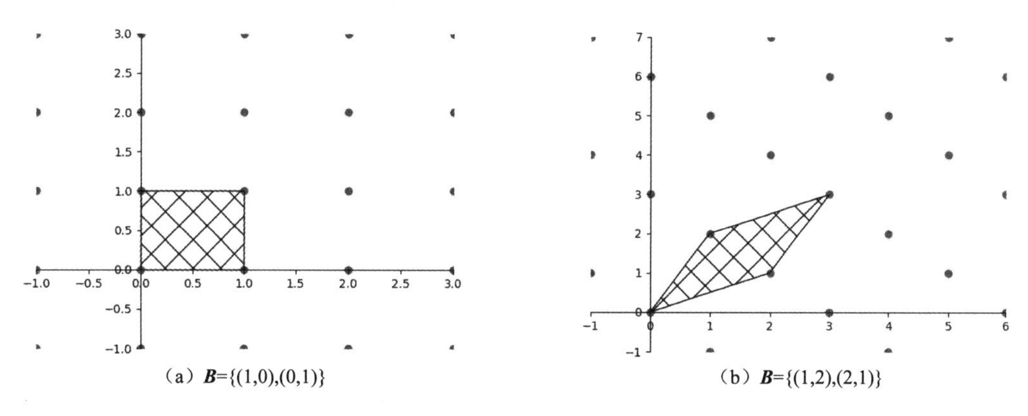

（a）$\boldsymbol{B}$={(1,0),(0,1)}　　（b）$\boldsymbol{B}$={(1,2),(2,1)}

图 3.18　格元域示意图

【例 3.6】　随机创建一个幺模矩阵。

幺模矩阵的特点是所有元素都为整数，且行列式为±1，采用如下方法随机创建。随机幺模矩阵 $\boldsymbol{A}=\boldsymbol{T}_1\boldsymbol{T}_2$，$\boldsymbol{T}_i=\boldsymbol{L}_i\boldsymbol{U}_i$，其中 $\boldsymbol{L}_i$ 和 $\boldsymbol{U}_i$ 分别为下、上三角矩阵，且对角线元素为±1。在 IDLE 中举例如下。

```
>>> import numpy as np
>>> A = np.random.randint(-10,10,(4,4))        #随机创建一个元素在[-10,10)范围
                                                 内 4 阶方阵
>>> A
array([[-8,  4,  0,  1],
       [-5,  1, -6,  1],
       [-3, -1,  8,  8],
       [-3, -7, -3,  2]])
>>> B = np.random.randint(-10,10,(4,4))
>>> triu1 = np.triu(A,1)                        #获取方阵的上三角，不包括对角线
>>> triu2 = np.triu(B,1)
>>> triu1
array([[ 0,  4,  0,  1],
       [ 0,  0, -6,  1],
       [ 0,  0,  0,  8],
       [ 0,  0,  0,  0]])
```

```
>>> tril1 = np.tril(A,-1)                    #获取方阵的下三角，不包括对角线
>>> tril2 = np.tril(B,-1)
>>> tril1
array([[ 0,  0,  0,  0],
       [-5,  0,  0,  0],
       [-3, -1,  0,  0],
       [-3, -7, -3,  0]])
>>> I1 = np.random.randint(-1,2,4)           #随机创建两个元素为-1,0,1 的向量
>>> I2 = np.random.randint(-1,2,4)
>>> I1
array([1, 0, 1, 0])
>>> I2
array([ 1,  1, -1,  0])
>>> I1 = np.where(I1 != 0,I1,1)              #将向量中为 0 的元素用 1 代替
>>> I2 = np.where(I2 != 0,I2,-1)             #将向量中为 0 的元素用-1 代替
>>> I1,I2
(array([1, 1, 1, 1]), array([ 1,  1, -1, -1]))
>>> triu1 = triu1 + np.diag(I1)              #创建对角线元素为-1 或 1 的上三角矩阵
>>> tril1 = tril1 + np.diag(I2)              #创建对角线元素为-1 或 1 的下三角矩阵
>>> triu2 = triu2 + np.diag(I2)
>>> tril2 = tril2 + np.diag(I1)
>>> triu1
array([[ 1,  4,  0,  1],
       [ 0,  1, -6,  1],
       [ 0,  0,  1,  8],
       [ 0,  0,  0,  1]])
>>> tril1
array([[ 1,  0,  0,  0],
       [-5,  1,  0,  0],
       [-3, -1, -1,  0],
       [-3, -7, -3, -1]])
>>> M = np.dot(tril1,triu1)                  #矩阵相乘
>>> N = np.dot(tril2,triu2)
>>> U = np.dot(M,N)                          #创建随机幺模矩阵
>>> np.linalg.det(U)                         #求矩阵的行列式
0.9999999999995373
```

命题 2　已知 $\boldsymbol{B}=\left\{\boldsymbol{b}_i \in \mathbb{R}^n : 1 \leqslant i \leqslant n\right\}$ 是 n 维格 $\boldsymbol{\mathcal{L}}$ 的一组基，$\boldsymbol{\mathcal{F}}$ 是 n 维格 $\boldsymbol{\mathcal{L}}$ 的一个元域，则对于任意向量 $\boldsymbol{w} \in \mathbb{R}^n$，存在唯一的向量 $\boldsymbol{u} \in \boldsymbol{\mathcal{F}}$ 和 $\boldsymbol{v} \in \boldsymbol{\mathcal{L}}$，满足 $\boldsymbol{w}=\boldsymbol{u}+\boldsymbol{v}$。

证明：n 维实数向量 $\boldsymbol{w}$ 可以用 $\boldsymbol{B}$ 表示为

$$\boldsymbol{w}=\sum\nolimits_{i=1}^{n} a_i \boldsymbol{b}_i,\ a_i \in \mathbb{R},\ 1 \leqslant i \leqslant n \tag{3.15}$$

而 $\boldsymbol{a}_i$ 可由整数部分和小数部分表示，于是有

$$\boldsymbol{w}=\sum_{i=1}^{n}\lfloor a_i\rfloor\boldsymbol{b}_i+\sum_{i=1}^{n}(a_i-\lfloor a_i\rfloor)\boldsymbol{b}_i \tag{3.16}$$

令 $\boldsymbol{u}=\sum_{i=1}^{n}(a_i-\lfloor a_i\rfloor)\boldsymbol{b}_i$，$v=\sum_{i=1}^{n}\lfloor a_i\rfloor\boldsymbol{b}_i$。显然 $\boldsymbol{v}\in\mathcal{L}$，而且 $0\leqslant(a_i-\lfloor a_i\rfloor)<1$，则 $\boldsymbol{u}\in\mathcal{F}$，命题得证。$\lfloor\ \rfloor$表示向下取整。

【例 3.7】　随机生成一个元域向量。

接着例 3.5 在 IDLE 中继续输入：

```
>>> v = np.random.uniform(0,1,3)          #随机创建一个元素为[0,1)的向量
>>> v
array([0.89650454, 0.13511333, 0.93496017])
>>> b = np.dot(l.basis,v)                 #创建元域中的向量
>>> b
array([ 3.79804275, -1.63814933, -1.98528727])
>>> l.fundamental_point()                 #通过格对象创建
array([3.79723499, 1.35587975, 0.2742867 ])
```

【定义 3】　已知$\mathcal{F}$是 n 维格$\mathcal{L}$的一个元域，则$\mathcal{L}$的行列式 $\det\mathcal{L}$为元域$\mathcal{F}$的 n 维体积。

命题 3　已知 $\boldsymbol{B}=\left\{\boldsymbol{b}_i\in\mathbb{R}^n:1\leqslant i\leqslant n\right\}$是 n 维格$\mathcal{L}$的一组基，则有 $\det\mathcal{L}=|\det \boldsymbol{B}|$。

推论：已知 $\boldsymbol{B}=\left\{\boldsymbol{b}_i\in\mathbb{R}^n:1\leqslant i\leqslant n\right\}$是 n 维格$\mathcal{L}$的一组基，格$\mathcal{L}$的任何元域$\mathcal{F}$的体积相等。

证明：因为 $\det\mathcal{L}$是一个不变量，其值与格的基无关。设 $\boldsymbol{B}$ 和 $\boldsymbol{C}$ 是 n 维格$\mathcal{L}$的两个基，于是有

$$\det\mathcal{L}=|\det \boldsymbol{B}|=|(\det \boldsymbol{A})(\det \boldsymbol{C})|=|(\pm 1)\ (\det \boldsymbol{C})|=|\det \boldsymbol{C}| \tag{3.17}$$

命题得证。

如果把基向量想象成固定长度的向量，它们组成平行多面体$\mathcal{F}$的各个边。在向量长度都不变的情况下，基向量两两正交时，元域$\mathcal{F}$的体积最大。

【命题 4】　已知 $\boldsymbol{B}=\left\{\boldsymbol{b}_i\in\mathbb{R}^n:1\leqslant i\leqslant n\right\}$是 n 维格$\mathcal{L}$的一组基，则有 Hadamard 不等式

$$\det\mathcal{L}\leqslant\prod_{i=1}^{n}\|\boldsymbol{b}_i\| \tag{3.18}$$

定义 Hadamard 比为

$$\mathcal{H}(\boldsymbol{B})=\left(\frac{\det\mathcal{L}}{\prod_{i=1}^{n}\|\boldsymbol{b}_i\|}\right)^{1/n} \tag{3.19}$$

对于格$\mathcal{L}$的任意一组基，都有 $0<\mathcal{H}(\boldsymbol{B})\leqslant 1$，该比值反映了基的两两正交性，如果比值越接近 1，则表示基越接近于两两正交。通常，将 Hadamard 比接近 1 的基称为“好”基，Hadamard 比接近 0 的基称为“坏”基。

【例 3.8】 考虑一个四维的格$\mathcal{L}\subset\mathbb{R}^4$，其一组基由四个向量构成

$$\boldsymbol{b}_1=(-8, 4, 0, 1)^T$$
$$\boldsymbol{b}_2=(-5, 1, -6, 1)^T$$
$$\boldsymbol{b}_3=(-3, -1, 8, 8)^T$$
$$\boldsymbol{b}_4=(-3, -7, -3, 2)^T$$

计算该组基的 Hadamard 比。并随机生成一对“好”基和“坏”基。

下面在 IDLE 中求解如下：

```
>>> import numpy as np
>>> basis = np.array([[-8,4,0,1],[-5,1,-6,1],[-3,-1,8,8],[-3,-7,-3,2]])
>>> basis = basis.T
>>> basis
array([[-8, -5, -3, -3],
       [ 4,  1, -1, -7],
       [ 0, -6,  8, -3],
       [ 1,  1,  8,  2]])
>>> det = abs(np.linalg.det(basis))                    #计算基的行列式
>>> mult = np.prod(np.linalg.norm(basis,axis = 0)) #计算基的二范数乘积
>>> ratio = (det/mult)**(1./4)                         #计算 Hadamard 比
>>> ratio
0.7869588900998594
```

该组基的 Hadamard 比并不接近 1，可以说不是一组“好”基，但也称不上是“坏”基。

一般地，“好”基的 Hadamard 比应满足 $0.9<\mathcal{H}(\boldsymbol{B}_{good})\leqslant 1.0$，“坏”基 Hadamard 比应满足 $0<\mathcal{H}(\boldsymbol{B}_{bad})\leqslant 0.1$。

本节给出两种生成“好”基和“坏”基的方法。

生成“好”基。第 1 种方法是通过不断地尝试，比如给定维度和基中元素的取值范围，随机生成方阵 $\boldsymbol{B}_{good}$，如果满足 $0.9<\mathcal{H}(\boldsymbol{B}_{good})\leqslant 1.0$，则认为是“好”基。

在 IDLE 中举例如下：

```
>>> import numpy as np
>>> import simchain.lbc as lbc
>>> n,ur = 4,0.9                                  #定义维度和 Hadamard 比阀值
>>> lb,ub = -10,10                                #定义基向量元素的取值范围
>>> good = np.random.randint(lb,ub,(n,n))   #初始化“好”基
>>> while lbc.hadamard(good) < ur               #满足“好”基条件退出循环
        good = np.random.randint(lb,ub,(n,n))
>>> good
array([[ 0,  0,  7, -2],
```

```
       [ 0, -2,  0, -7],
       [-2, -7, -3, -1],
       [-3,  7,  1, -4]])
>>> lbc.hadamard(good)                          #“好”基的 Hadamard 比
0.9287268380110986
```

第 2 种方法是通过 $\boldsymbol{B}_{good}=\boldsymbol{A}+k\boldsymbol{I}$ 生成。$\boldsymbol{A}$ 是随机方阵，$\boldsymbol{I}$ 为单位矩阵，k 是一个整数，k 越大，则 $\mathcal{H}(\boldsymbol{B}_{good})$ 越接近 1。在 IDLE 中举例如下：

```
>>> good = np.random.randint(lb,ub,(n,n))
>>> I = np.identity(n,dtype = 'int')            #生成单元矩阵
>>> k = 100
>>> good = good + k *I
>>> lbc.hadamard(good)
0.9970284041302466
```

生成“坏”基。“坏”基是通过“好”基生成，也有两种生成方法。第 1 种是通过随机创建幺模矩阵，然后用幺模矩阵乘以“好”基得到。在 IDLE 中举例如下：

```
>>> u = lbc.rand_unimodular_matrix(n)           #随机生成幺模矩阵
>>> bad = np.dot(u,good)                        #初始化“坏”基
>>> while lbc.hadamard(bad) > 0.1:              #满足“坏”基条件退出循环
        u = lbc.rand_unimodular_matrix(n)
        bad = np.dot(u,good)
>>> bad
array([[  245,   820,   732,   674],
       [ 2031,  6641,  6472,  5719],
       [ 2559,  7231, 10866,  8366],
       [ 2698,  7366, 11640,  9500]])
>>> lbc.hadamard(bad)                           #“坏”基的 Hadamard 比
0.009628903985785977
```

第 2 种生成方法过程为：首先采用生成“好”基的第二种方法生成一个“好”基。然后对其执行以下操作。随机将“好”基中的一个向量乘以一个随机整数，然后随机加到另一个基向量上，完成对该基向量的“修改”。经过若干步操作，确保“好”基的绝大部分向量都被“修改”过，直到新生成基的 Hadamard 比满足“坏”基的条件。在 IDLE 中输入如下内容：

```
>>> bad = good.T.copy()                         #初始化“坏”基
>>> while lbc.hadamard(bad.T) > 0.1:            #满足“坏”基条件退出循环
       r = np.random.randint(1,10,(n,1))        #随机生成整数
       bad += np.random.permutation(bad) * r #随机选择需要修改的向量
```

```
>>> bad = bad.T                                   #转置
>>> bad
array([[24170, 25021, 23413, 18836],
       [22223, 25133, 24934, 28998],
       [22152, 19818, 21499, 27467],
       [19729, 27233, 24113, 21241]])
>>> lbc.hadamard(bad)
0.07256975519546974
```

3.4.3 格问题

【定义 4】 格$\boldsymbol{\mathcal{L}}\subset\mathbb{R}^n$的最短距离是指格中最短的非零向量。

$$\lambda_1(\boldsymbol{\mathcal{L}})=\min_{v\in L\setminus\{0\}}\|\boldsymbol{v}\| \tag{3.20}$$

大部分格问题都涉及格中的两个向量或者格中的向量与非格中的向量的距离问题。如果没有特殊说明，本节中提及的距离均是指欧氏距离。

最短向量问题（Shortest Vector Problem，SVP），已知 n 维格$\boldsymbol{\mathcal{L}}$，找到$\boldsymbol{\mathcal{L}}$中的最短非零向量。即找到向量 $\boldsymbol{v}\in\boldsymbol{\mathcal{L}}$，满足

$$\|\boldsymbol{v}\|=\lambda_1(\boldsymbol{\mathcal{L}}) \tag{3.21}$$

注意，格中的最短向量可能并不唯一，比如在基于 $\boldsymbol{B}$={（1,0），（0,1）}的格中，（±1,0）和（0, ±1）都是最短非零向量，数量为 4。

近似最短向量问题（Approximate Shortest Vector Problem，SVP_γ），已知 n 维格$\boldsymbol{\mathcal{L}}$和 γ，找到$\boldsymbol{\mathcal{L}}$中的非零向量 $\boldsymbol{v}\in\boldsymbol{\mathcal{L}}$，满足

$$\|\boldsymbol{v}\|\leqslant\gamma(n)\lambda_1(\boldsymbol{\mathcal{L}}) \tag{3.22}$$

其中 γ 是格维度 n 的函数。

最近向量问题（Closest Vector Problem，CVP），已知 n 维格$\boldsymbol{\mathcal{L}}$和一个非$\boldsymbol{\mathcal{L}}$中的向量 $\boldsymbol{w}\in\boldsymbol{R}^n\setminus\boldsymbol{\mathcal{L}}$，找到$\boldsymbol{\mathcal{L}}$中的向量 $\boldsymbol{v}\in\boldsymbol{\mathcal{L}}$，满足$\|\|v-w\|$最小。

近似最近向量问题（Approximate Closest Vector Problem，CVP_γ），已知 n 维格$\boldsymbol{\mathcal{L}}$和一个非$\boldsymbol{\mathcal{L}}$中的向量 $\boldsymbol{w}\in\boldsymbol{R}^n\setminus\boldsymbol{\mathcal{L}}$，找到$\boldsymbol{\mathcal{L}}$中的向量 $\boldsymbol{v}\in\boldsymbol{\mathcal{L}}$，满足

$$\|\boldsymbol{v}-\boldsymbol{w}\|\leqslant\gamma(n)\min_{u\in L}\|\boldsymbol{u}-\boldsymbol{w}\| \tag{3.23}$$

其中 γ 是格维度 n 的函数。

最小整数解问题（Shortest Integer Solution Problem，SIS），给定矩阵 $\boldsymbol{A}\in\mathbb{Z}_q^{n\times m}$，找到向量 $\boldsymbol{x}$，满足 $\boldsymbol{Ax}=0\ mod\ q$ 且 $0<\|\boldsymbol{x}\|\leqslant\beta$。

其中，$\mathbb{Z}_q^{n\times m}$ 表示 n 行 m 列的整数矩阵，且元素范围为$\left|-\frac{q-1}{2},\frac{q-1}{2}\right|$，$q$ 为质数。如果

不考虑向量模$\|\boldsymbol{x}\|$的限制条件，通过高斯消去法可以很容易求解出 x。同时要求 $\beta<q$，否则 $(q,0,0,\cdots)\in \boldsymbol{Z}^m$ 可能是一个普通解。根据鸽巢原理，可以得出存在一个解满足 $\beta \geqslant \sqrt{\lceil n\log q\rceil}$ 且 $m \geqslant \lceil n\log q\rceil$。

SVP 和 CVP 问题在特定条件下都是难于计算的。CVP 问题是 NP-hard 问题，常规 SVP 问题在随机约减的情况下也是 NP-hard 问题，比如，将距离定义为无穷范数而不是欧式距离，则 SVP 升级为 NP-hard 问题。基于不同的难题，就有不同的格密码体制。例如接下来介绍的两种签名算法分别是基于 CVP 和 SIS。

【例 3.9】　随机生成矩阵 $\boldsymbol{A}\in \mathbb{Z}_q^{n\times m}$。

在 IDLE 中求解如下：

```
>>> import numpy as np
>>> n,m,q,d = 4,5,7,10  #定义参数，n、m 为矩阵维度，q 是模数，d 是矩阵元素范围
>>> mq = int((q-1)/2)   #求 mq
>>> mq
3
>>> A = np.random.randint(-d,d+1,(n,m)) #随机生成元素为[-d,d]之间的整数矩阵
>>> A
array([[  1,  10,   2,  -8,  -3],
       [ -5,  10,   7,  -2,  -4],
       [  3,   4,  -8,  -3, -10],
       [ -7,   9, -10,  -6,  -8]])
>>> A = np.where(A % q <= mq,A,A % q - q)  #矩阵中 mod q 大于 mq 的元素 mod q - q
>>> A
array([[ 1, 10,  2, -1, -3],
       [-5, 10,  7, -2, -4],
       [ 3, -3, -1, -3, -3],
       [-7,  9, -3, -6, -1]])

>>> A = np.where(A % q > mq,A,A % q)      #矩阵中 mod q 小于等于 mq 的元素 mod q
>>> A
array([[ 1,  3,  2, -1, -3],
       [ 2,  3,  0, -2,  3],
       [ 3, -3, -1, -3, -3],
       [ 0,  2, -3,  1, -1]])
>>> from simchain.lbc import convert_to_Zq #也可以调用 Simchain 中的函数求解
>>> B = np.random.randint(-d,d+1,(n,m))
>>> convert_to_Zq(B,q)
array([[-2,  0, -1,  1, -1],
       [ 1, -1,  0, -2,  0],
       [-2, -2,  1,  2,  0],
       [-2,  3,  3,  3, -3]])
```

3.4.4 最短向量问题

【定义 5】 设 $\boldsymbol{S}$ 是 $\mathbb{R}^n$ 的一个子集。

- 如果 $\boldsymbol{S}$ 中向量的长度是有界的，则称 $\boldsymbol{S}$ 是有界的。例如，如果存在一个半径 r，使得 $\boldsymbol{S}$ 被包含在球 $\boldsymbol{B}_r(\boldsymbol{0})$（以 0 为中心）中，则称 $\boldsymbol{S}$ 是有界的。
- 如果对于 $\boldsymbol{S}$ 中的任意向量 $\boldsymbol{x}$，相反的向量 $-\boldsymbol{x}$ 也在 $\boldsymbol{S}$ 中，则称 $\boldsymbol{S}$ 是对称的。
- 如果 $\boldsymbol{S}$ 中任意两个向量 $\boldsymbol{x}, \boldsymbol{y}$，连接 $\boldsymbol{x}, \boldsymbol{y}$ 的整条线段也在 $\boldsymbol{S}$ 中，则称 $\boldsymbol{S}$ 是凸面的。
- 如果存在向量 $\boldsymbol{a} \in \mathbb{R}^n$，使得任意球 $\boldsymbol{B}_r(\boldsymbol{a})$ 都包含 $\boldsymbol{S}$ 中的点，那么 $\boldsymbol{a}$ 也在 $\boldsymbol{S}$ 中，且认为 $\boldsymbol{S}$ 是封闭的。

【定义 6】 对于 $s>0$，Gamma 函数是指

$$\Gamma(s) = \int_0^s t^s e^{-t} \frac{dt}{t} \tag{3.24}$$

Gamma 函数的基本性质如下：

- 对于所有 s，$\Gamma(s)$ 是收敛的；
- 由于 $\Gamma(1)=1$，$\Gamma(s+1)=s\Gamma(s)$。因此，对于所有整数 $n\geqslant 1$，有 $\Gamma(n-1)=(n-1)!$；
- $\Gamma(1/2)=\pi$；
- 在 s 足够大时，近似有 $\Gamma(s+1)^{1/s} \approx \frac{s}{e}$，该式也称为 Stirling 公式。

【定理 1】 Blichfeldt 定理：已知 n 维格 $\mathcal{L} \subset \mathbb{R}^n$，$S$ 是 $\mathbb{R}^n$ 上的有界子集，且满足 $\boldsymbol{S}$ 的 n 维体积大于 det $\mathcal{L}$。则存在两个向量 $\boldsymbol{x}, \boldsymbol{y} \in S$，满足 $\boldsymbol{x} \neq \boldsymbol{y}$ 且 $\boldsymbol{x}-\boldsymbol{y} \in \mathcal{L}$。该定理可以理解为鸽巢原理的扩展。

【定理 2】 Minkowski 定理：已知 n 维格 $\mathcal{L} \subset \mathbb{R}^n$，$\boldsymbol{S}$ 是 $\mathbb{R}^n$ 上有界、对称和凸面的集合，且满足 S 的 n 维体积大于 2^n det $\mathcal{L}$，则 $\boldsymbol{S}$ 中至少存在一个非零向量 $\boldsymbol{x}$ 满足 $\boldsymbol{x} \in \mathcal{L}$。

证明： 假设 vol $\boldsymbol{S}>$ det $\mathcal{L}$。定义 $\frac{1}{2}\boldsymbol{S}$ 为 $\left\{\frac{1}{2}a : a \in \boldsymbol{S}\right\}$，显然 $\text{vol}\left(\frac{1}{2}\boldsymbol{S}\right) = \frac{1}{2^n}\text{vol}\,\boldsymbol{S} \geqslant \det \mathcal{L}$。

根据 Blichfeldt 原理，假设 $\boldsymbol{x}, \boldsymbol{y} \in \frac{1}{2}\boldsymbol{S}$，满足 $\boldsymbol{x} \neq \boldsymbol{y}$ 且 $\boldsymbol{x}-\boldsymbol{y} \in \mathcal{L}$。而 $2\boldsymbol{x}, 2\boldsymbol{y} \in \boldsymbol{S}$，由于 $\boldsymbol{S}$ 是对称的，则 $-2\boldsymbol{y} \in \boldsymbol{S}$。又因为 $\boldsymbol{S}$ 是凸面的，$\boldsymbol{S}$ 中任意两点组成的线段中点也在 $\boldsymbol{S}$ 中。

$$\frac{2\boldsymbol{x}+(-2\boldsymbol{y})}{2} = \boldsymbol{x}-\boldsymbol{y} \in \boldsymbol{S} \tag{3.25}$$

假设 vol $\boldsymbol{S}$=det $\mathcal{L}$。将集合 $\boldsymbol{S}$ 乘以因子 $1+\frac{1}{k}$，$k \geqslant 1$，则新集合的 n 维体积将大于 2^n det $\mathcal{L}$，根据上种讨论情况的结论，找到一个非零向量 $\boldsymbol{v}_k$ 满足

$$\boldsymbol{v_k} \in \left(1+\frac{1}{k}\right)\boldsymbol{S} \cap \boldsymbol{\mathcal{L}} \tag{3.26}$$

当 k=1 时，满足式 3.26 的 v_1 可能有很多；但随着 k 的增大，$\left(1+\frac{1}{k}\right)\boldsymbol{S}$ 在减小，$\boldsymbol{v_k}$ 的可选范围也在减小；当 k 大到一定程度后，满足条件的 $\boldsymbol{v_k}$ 可能只有唯一的选择了。因此，$\boldsymbol{v_k}$ 是在如下交集中找到的非零格向量：

$$\cap_{k=1}^{\infty}\left(1+\frac{1}{k}\right)\boldsymbol{S} \tag{3.27}$$

因为 $\boldsymbol{S}$ 是有界的，上述交集等同于 $\boldsymbol{S}$，命题得证。Minkowski 定理可以找到格中最短向量的上界。

命题 5　已知 n 维格 $\boldsymbol{\mathcal{L}} \subset \mathbb{R}^n$，则满足 $\lambda_1(\boldsymbol{\mathcal{L}}) \leqslant \sqrt{n}\det \boldsymbol{\mathcal{L}}^{\frac{1}{n}}$。

证明：设 $\boldsymbol{S}$ 是以 $\boldsymbol{0}$ 为中心，边长为 $2a$ 超立方体，表示为 $\boldsymbol{S}=\{(x_1,x_1,\cdots,x_n)\in\mathbb{R}^n: -a\leqslant x_i\leqslant a, 1\leqslant i\leqslant n\}$，显然 $\boldsymbol{S}$ 是有界、对称的凸面集合，则 vol $\boldsymbol{S}$=$(2a)^n$。令 $a=\det\boldsymbol{\mathcal{L}}^{\frac{1}{n}}$，则有 vol $\boldsymbol{S}$=2^n det $\boldsymbol{\mathcal{L}}$。根据 Minkowski 定理，存在非零格向量 $\boldsymbol{x}$ 满足 $\boldsymbol{x}\in\boldsymbol{S}\cap\boldsymbol{\mathcal{L}}$。根据 $\boldsymbol{S}$ 的定义，则有 $|x_i|\leqslant a$，于是 $\|\boldsymbol{x}\|=\sqrt{\sum_{i=1}^{n}x_i^2}\leqslant\sqrt{\sum_{i=1}^{n}a^2}=\sqrt{n}a=\sqrt{n}\det\boldsymbol{\mathcal{L}}^{\frac{1}{n}}$，则 $\lambda_1(\boldsymbol{\mathcal{L}})\leqslant\sqrt{n}\det\boldsymbol{\mathcal{L}}^{\frac{1}{n}}$，命题得证。

命题 6　已知 n 维格 $\boldsymbol{\mathcal{L}} \subset \mathbb{R}^n$，则满足 $\lambda_1(\boldsymbol{\mathcal{L}}) \leqslant \sqrt{\frac{2n}{\pi e}}\det \boldsymbol{\mathcal{L}}^{\frac{1}{n}}$。

证明：设 $\boldsymbol{S}$ 是半径为 r 的超级球体，且 $\boldsymbol{S}\subset\mathbb{R}^n$，则有 vol $\boldsymbol{S}=\frac{\pi^{\frac{n}{2}}r^n}{\Gamma\left(1+\frac{n}{2}\right)}$。根据 Stirling 公式，当 n 足够大时，有 vol $\boldsymbol{S}\approx\left(\frac{2\pi e}{n}\right)^{\frac{n}{2}}r^n$，令 $r=\sqrt{\frac{2n}{\pi e}}\det\boldsymbol{\mathcal{L}}^{\frac{1}{n}}$，则有 vol $\boldsymbol{S}=\left(\frac{2\pi e}{n}\right)^{\frac{n}{2}}\left(\sqrt{\frac{2n}{\pi e}}\det\boldsymbol{\mathcal{L}}^{\frac{1}{n}}\right)^n=2^n$ det $\boldsymbol{\mathcal{L}}$。根据 Minkowski 定理存在非零格向量 $\boldsymbol{x}$ 满足 $\boldsymbol{x}\in\boldsymbol{S}$，且 $\|\boldsymbol{x}\|<\approx\sqrt{\frac{2n}{\pi e}}\det\boldsymbol{\mathcal{L}}^{\frac{1}{n}}$。命题得证。

当维度 n 很大时，格中最短向量的精确上限还是未知的，可以通过一个概率参数来对它的大小进行估计。

【定理 3】 高斯启发式：已知 n 维格$\boldsymbol{\mathcal{L}}\subset\mathbb{R}^n$，$\boldsymbol{S}$ 是以 $\boldsymbol{0}$ 为中心，半径为 r 的超级球体。如果球半径 r 足够大，那么格中位于球内的点的数量近似等于 $\boldsymbol{S}$ 的体积除以格的元域$\boldsymbol{\mathcal{F}}$的体积。则球与格相交点数估算式表示为

$$\#\boldsymbol{S}\cap\boldsymbol{\mathcal{L}}\approx\frac{\mathrm{vol}\,\boldsymbol{S}}{\mathrm{vol}\boldsymbol{\mathcal{F}}} \tag{3.28}$$

由于 vol $\boldsymbol{\mathcal{F}}$=det $\boldsymbol{\mathcal{L}}$，根据 Stirling 公式，则有

$$\#\boldsymbol{S}\cap\boldsymbol{\mathcal{L}}\approx\frac{\left(\frac{2\pi e}{n}\right)^{n/2}r^n}{\det\boldsymbol{\mathcal{L}}} \tag{3.29}$$

当超级球体中只有一个点在格中时，认为该点就是最短向量，及$\#\boldsymbol{S}\cap\boldsymbol{\mathcal{L}}=1$。则可以求解得到超级球体半径为

$$r=\sqrt{\frac{n}{2\pi e}}\det\boldsymbol{\mathcal{L}}^{\frac{1}{n}} \tag{3.30}$$

半径 r 是格$\boldsymbol{\mathcal{L}}$中最短向量的期望值，也被称为最短长度高斯期望，用 $\sigma(\boldsymbol{\mathcal{L}})$表示。即

$$\sigma(\boldsymbol{\mathcal{L}})=\sqrt{\frac{n}{2\pi e}}\det\boldsymbol{\mathcal{L}}^{\frac{1}{n}} \tag{3.31}$$

式（3.31）也被称为高斯启发式。对于随机给定的格$\boldsymbol{\mathcal{L}}\subset\mathbb{R}^n$，当 n 足够大时，有

$$\lambda_1(\boldsymbol{\mathcal{L}})\approx\sigma(\boldsymbol{\mathcal{L}}) \tag{3.32}$$

3.4.5 最近向量问题

考虑 n 维格$\boldsymbol{\mathcal{L}}\subset\mathbb{R}^n$，有一组基 $\boldsymbol{B}=\left\{\boldsymbol{b}_i\in\mathbb{R}^n:1\leqslant i\leqslant n\right\}$，满足基向量两两正交，即

$$\boldsymbol{b}_i\cdot\boldsymbol{b}_j=0,i\neq j \tag{3.33}$$

可以非常容易求解该格的 SVP 和 CVP 问题。以 SVP 为例，格中任意向量的长度的表示为

$$\left\|\sum\nolimits_{i=1}^{n}a_i\boldsymbol{b}_i\right\|^2=\sum\nolimits_{i=1}^{n}a_i^2\left\|\boldsymbol{b}_i\right\|^2,a_i\in\mathbb{Z} \tag{3.34}$$

由于 a_i 可以取任意整数，则可以断定，最短非零向量一定存在于集合$\{\pm\boldsymbol{b}_i\}$中。

对于 CVP 问题，也有类似的情形。非格向量 $\boldsymbol{w}=\sum\nolimits_{i=1}^{n}w_i\boldsymbol{b}_i,w_i\in\mathbb{R}$，格向量 $\boldsymbol{v}=\sum\nolimits_{i=1}^{n}v_i\boldsymbol{b}_i,v_i\in\mathbb{Z}$ 的最近距离表示为

$$\|\boldsymbol{v}-\boldsymbol{w}\|^2=\sum_{i=1}^{n}(v_i-w_i)^2\|\boldsymbol{b}_i\|^2 \quad (3.35)$$

由于 $v_i \in \mathbb{Z}$，则当 v_i 为最接近 w_i 的整数时，$\|\boldsymbol{v}-\boldsymbol{w}\|^2$ 最小。

以上讨论是针对格的基向量是两两正交的情况。那么是否能套用到任意的格上呢？实际上，只要格的基向量接近两两正交，也就是"好"基，那么将有很大的可能求解 CVP。反之，如果格的基向量是一个"坏"基，该方法将不可行。

【定理 4】　Babai 最近向量算法：已知 n 维格 $\boldsymbol{\mathcal{L}} \subset \mathbb{R}^n$，$\boldsymbol{B}=\{\boldsymbol{b}_i \in \mathbb{R}^n : 1 \leqslant i \leqslant n\}$ 是 $\boldsymbol{\mathcal{L}}$ 的一组基，$\boldsymbol{w} \in \mathbb{R}^n$ 是非格向量。如果 $\boldsymbol{B}$ 中向量两两正交或接近两两正交，则可以采用 Babai 算法求解 CVP。

输入：一组"好"基 $\boldsymbol{B}=\{\boldsymbol{b}_i \in \mathbb{R}^n : 1 \leqslant i \leqslant n\}$，非格向量 $\boldsymbol{w} \in \mathbb{R}^n$

输出：向量 $\boldsymbol{v} \in \boldsymbol{\mathcal{L}}$，满足 $\|\boldsymbol{v}-\boldsymbol{w}\|$ 最小

1. 用基向量表示向量 $\boldsymbol{w}$，$\boldsymbol{w} \leftarrow \sum_{i=1}^{n} w_i \boldsymbol{b}_i$
2. $\boldsymbol{v}=\sum_{i=1}^{n} \lfloor w_i \rceil \boldsymbol{b}_i$，$\lfloor \boldsymbol{w}_i \rceil$ 表示四舍五入
3. 返回 $\boldsymbol{v}$

【例 3.10】　用"好"基{(1,0),(0.2,0.9)}计算向量(2.3,3.06)的最近向量。

在 IDLE 中求解如下：

```
>>> import simchain.lbc as lbc
>>> import numpy as np
>>> basis = np.array([[1,0],[0.2,0.9]])        #创建基
>>> basis = basis.T                            #列向量构造基
>>> l = lbc.Lattice(basis)                     #创建格
>>> lbc.hadamard(basis)                        #计算格的 Hadamard 比，是"好"基
0.988021791350754
>>> w = [2.3,3.06]                             #创建非格点 w
>>> l.contains(w)
False
>>> x = np.linalg.solve(basis,w)               #用格的基表示 w，得到系数 x
>>> x
array([1.62, 3.4 ])
>>> x = np.around(x).astype('int')             #将 x 四舍五入
>>> x
array([2, 3])
>>> v = np.dot(l.basis,x)                      #计算最近向量 v
>>> v
array([2.6, 2.7])
```

将 ***w***、***v*** 绘制在图中可以看出，显然 ***v*** 是正确解，如图 3.19 所示。

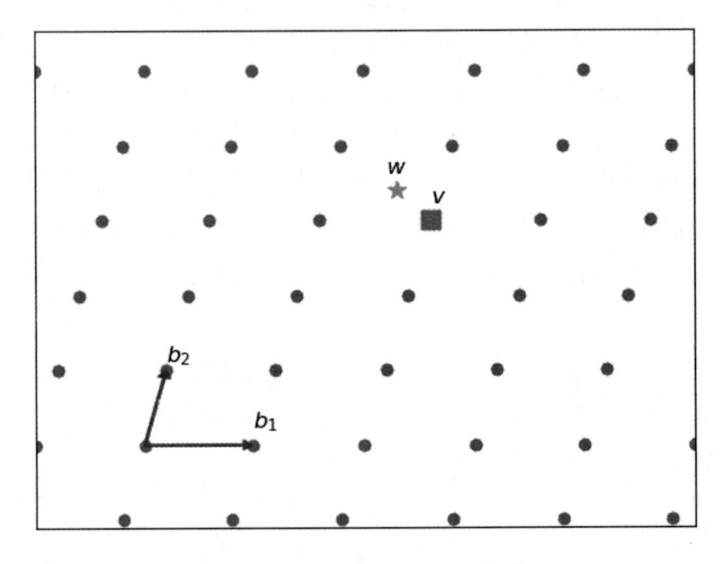

图 3.19 “好”基求解 CVP 问题

【例 3.11】 用“坏”基{(17.8,12.6),(28.4,19.8)}计算向量(2.3,3.06)的最近向量。

接着上例在 IDLE 中求解如下：

```
>>> basis = np.array([[17.8,12.6],[28.4,19.8]])
>>> basis = basis.T
>>> l = lbc.Lattice(basis)
>>> lbc.hadamard(basis)
0.08457029589089926
>>> l.contains(w)
False
>>> x = np.linalg.solve(basis,w)
>>> x = np.around(x).astype('int')
>>> v = np.dot(l.basis,x)
>>> x
array([8, -5, 3])
>>> v
array([0.4, 1.8])
```

将 ***w***、***v*** 绘制在图中可以看出，显然 ***v*** 是错误解，如图 3.20 所示。

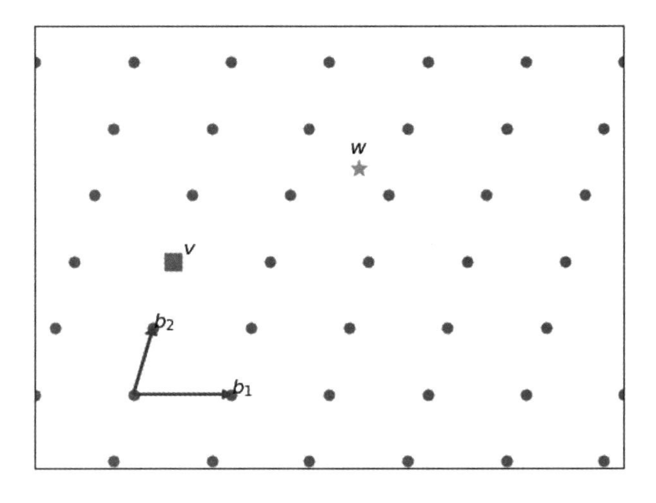

图 3.20 “坏”基求解 CVP 问题

3.4.6 GGH 数字签名

Goldreich，Golfwasser 和 Halevi 在 1997 年提出了一种基于 CVP 问题的数字签名方法，简称 GGH 数字签名。在 GGH 密码中，私钥是 n 维格$\mathcal{L}\subset\mathbb{R}^n$的一个“好”基，公钥是同格的“坏”基，密钥生成算法如下：

```
输入：维度 n
输出：私钥 sk，公钥 pk
    1.生成 1 个好基 V，V←ℤ^{n×n}，ℋ(V)≈1
    2.生成 1 个坏基 W，ℋ(W)≪1
    3.私钥 sk←V
    4.公钥 pk←W
    5.返回(sk,pk)
```

下面进行数字签名。选择一个非格向量 $\boldsymbol{m}\in\mathbb{R}^n$ 作为签名明文，用“好”基求解向量 $\boldsymbol{m}$ 的 CVP 问题，返回的向量即为签名。数字签名如下：

```
输入：私钥 sk，明文 m
输出：签名 s
    1.用 Babai 算法求解 s←solveCVP(V,m)
    2.返回 s
```

下面进行验证签名。前文验证过，用“好”基能够求解 CVP 问题，用“坏”基是不可行的。验证签名的过程就是判断签名明文 $\boldsymbol{m}$ 是否与签名 $\boldsymbol{s}$ 足够近。可以通过验证签名 $\boldsymbol{s}$

与明文 $\boldsymbol{m}$ 的距离是否小于 $\sqrt{n}\sigma(\mathcal{L})$进行判断，其中，$\sigma(\mathcal{L})=\sqrt{\frac{n}{2\pi e}}\det\mathcal{L}^{\frac{1}{n}}$，用“坏”基计算格的行列式。算法如下：

```
输入：签名 s，明文 m
输出：接受或拒绝
    1.如果‖s-m‖≤√nσ (L) 则接受
    2.否则，拒绝
```

【例 3.12】 用三维格对 GGH 数字签名进行举例。

考虑一个三维的格$\mathcal{L}\subset\mathbb{R}^3$，其一组“好”基为

$$\boldsymbol{V}=\begin{bmatrix}100 & 0 & 0\\ 0 & 90 & 15\\ 0 & 20 & 95\end{bmatrix}$$

生成“坏”基的幺模矩阵为

$$\boldsymbol{U}=\begin{bmatrix}50 & 11 & 2\\ -5 & -20 & -7\\ 2 & 3 & 1\end{bmatrix}$$

签名明文为

$$\boldsymbol{m}=[368 \quad 465 \quad 593]$$

在 IDLE 中输入如下内容生成密钥。

```
>>> import numpy as np
>>> import simchain.lbc as lbc
>>> good = np.array([[100,0,0],[0,90,15],[0,20,95]])          #私钥
>>> good
array([[100,  10,   0],
       [  0,  90,  15],
       [  0,  20,  95]])
>>> u = np.array([[50,11,2],[-5,-20,-7],[2,3,1]])             #幺模矩阵
>>> u
array([[ 50,  11,   2],
       [ -5, -20,  -7],
       [  2,   3,   1]])
>>> bad = np.dot(u,good)                                        #公钥
>>> bad
array([[ 5000,  1530,   355],
       [ -500, -1990,  -965],
       [  200,   310,   140]])
>>> lbc.hadamard(good)                                          #公钥的 Hadamard 比
```

```
0.9743416900870668
>>> lbc.hadamard(bad)                                  #私钥的 Hadamard 比
0.03968595046258780б
>>> np.linalg.det(u)                                   #幺模矩阵行列式
1.000000000000136
```

以下过程为数字签名。

```
>>> m = [368,465,593]                                  #明文向量
>>> x = np.linalg.solve(good,m)
>>> x = np.around(x).astype('int')
>>> x
array([3, 4, 5])
>>> s = np.dot(good,x)                                 #签名向量
>>> s
array([340, 435, 555])
```

以下过程为验证签名。

```
>>> s_m = np.linalg.norm(s-m)                          #签名与明文的距离
>>> s_m
55.92852581643825
>>> bad_det = abs(np.linalg.det(bad))                  #公钥的行列式绝对值
>>> sigma_L = np.sqrt(3/(2*np.pi*np.e))*bad_det**(1./3)    #σ(ℒ)
>>> sigma_L
39.30744074553697
>>> n_sigma_L = np.sqrt(3)*sigma_L                     #√nσ (ℒ)
68.0824844867731
>>> s_m <= n_sigma_L                                   #验证签名成功
True
```

3.4.7 Lyubashevshy 数字签名

Lyubashevshy 在 2012 年提出了一种基于 SIS 的数字签名方案，该种方案基于拒绝采样生成满足离散正态分布的签名。

【定义 7】 以 $\boldsymbol{c}$ 为期望、σ 为标准差 $\mathbb{R}^n$ 上的连续正态分布定义为

$$\rho_{c,\sigma}^{n}(\boldsymbol{x})=\left(\frac{1}{\sqrt{2\pi\sigma^2}}\right)^n\exp\left(-\frac{\pi\|\boldsymbol{x}-\boldsymbol{c}\|^2}{2\sigma^2}\right) \tag{3.36}$$

当 $\boldsymbol{c}=\boldsymbol{0}$ 时，记作 $\rho_{\sigma}^{n}(\boldsymbol{x})$。

【定义 8】 以 $\boldsymbol{c}\in\mathbb{Z}^n$ 为期望、σ 为标准差 $\mathbb{Z}^n$ 上的离散正态分布定义为

$$D_{c,\sigma}^{n}(\boldsymbol{x})=\rho_{c,\sigma}^{n}(\boldsymbol{x})/\rho_{c,\sigma}^{n}(\mathbb{Z}^n) \tag{3.37}$$

其中，$\rho_{c,\sigma}^{n}(\mathbb{Z}^{n})=\sum_{Z\in\mathbb{Z}^{n}}\rho_{\sigma}^{n}(z)$。

Lyubashevshy 数字签名采用如下算法生成密钥。

```
输入：整数 d,n,m,k，模数 q
输出：私钥 sk，公钥 pk
    1.私钥 sk←(S←{-d,…,0,…d}^{m×k})
    2.公钥 pk←(A←Z_q^{n×m}, T=AS mod q)
    3.返回(sk,pk)
```

数字签名过程如下：

```
输入：签名明文me，常数M，私钥S，公钥A
输出：签名(z,c)
    1.随机生成向量y← D_σ^m
    2.计算哈希值c←H(Ay mod q, me)
    3.计算签名z←Sc+y
    4.生成随机数r←[0,1]
    5.如果r< D_σ^m(z) / (M D_{Sc,σ}^m(z))，返回(z,c)
    6.否则，重复1~5
```

其中，$H()$为密码学哈希函数，M为常数。

验证签名过程如下：

```
输入：签名(z,c)，明文 me
输出：接受或拒绝
    1.如果‖z‖≤2σ√m 且 c=H(Az-Tc mod q,me)，接受
    2.否则，拒绝
```

【例 3.13】 举例 Lyubashevshy 数字签名的过程。

在 IDLE 中输入如下内容生成密钥。

```
>>> import numpy as np
>>> from simchain.lbc import convert_to_Zq
>>> d,n,m,k,q,sigma = 30,5,6,7,21,10                     #定义参数
>>> S = np.random.randint(-d,d+1,(m,k))                  #随机生成私钥矩阵 S
>>> S
array([[-19, -15,   9,  11, -25, -12,   3],
       [ 28,   3, -15,   5,  -4,  -3,   1],
       [ 13,  -6, -15,  -5,  21, -16, -20],
       [-19,   6,  -1, -12, -23,   9,  18],
```

```
       [  9,  -3,   9,  -2,   0,   3,  -8],
       [ 18,   5, -29,  21,   3, -20, -30]])
>>> S = convert_to_Zq(S,q)                        #将元素转换到[-(q-1)/2,(q-1)/2]
>>> S
array([[  2,   6,   9, -10,  -4,   9,   3],
       [  7,   3,   6,   5,  -4,  -3,   1],
       [ -8,  -6,   6,  -5,   0,   5,   1],
       [  2,   6,  -1,   9,  -2,   9,  -3],
       [  9,  -3,   9,  -2,   0,   3,  -8],
       [ -3,   5,  -8,   0,   3,   1,  -9]])
>>> A = np.random.randint(-d,d+1,(n,m))           #生成公钥矩阵A
>>> A
array([[  3, -26,   5,   0,  25,  25],
       [  8,  -4,  23, -12,  11, -23],
       [-14,  -9, -16,   2,  16, -21],
       [ 30,  -8,  -5, -26, -14, -21],
       [-25,   7, -14,  12, -25,  26]])
>>> A = convert_to_Zq(A,q)                        #将元素转换到[-(q-1)/2,(q-1)/2]
>>> A
array([[  3,  -5,   5,   0,   4,   4],
       [  8,  -4,   2,   9, -10,  -2],
       [  7,  -9,   5,   2,  -5,   0],
       [  9,  -8,  -5,  -5,   7,   0],
       [ -4,   7,   7,  -9,  -4,   5]])
>>> T = np.dot(A,S)                               #生成公钥矩阵T
>>> T
array([[ -45,  -19,   31,  -88,   20,   83,  -59],
       [ -94,   98,  -23,   -9,  -40,  143,   93],
       [-130,   12,   -8, -112,    4,  118,   51],
       [  55,    9,   71, -164,    6,   56,  -27],
       [ -84,  -62,  -19,  -33,   21, -110,   16]])
>>> T = convert_to_Zq(T,q)                        #将元素转换到[-(q-1)/2,(q-1)/2]
>>> T
array([[ -3,   2,  10,  -4,  -1,  -1,   4],
       [-10,  -7,  -2,  -9,   2,  -4,   9],
       [ -4,  -9,  -8,  -7,   4,  -8,   9],
       [ -8,   9,   8,   4,   6,  -7,  -6],
       [  0,   1,   2,   9,   0,  -5,  -5]])
```

以下过程为数字签名。

```
>>> from math import exp,sqrt
>>> from simchain.lbc import hash_to_baseb                #导入哈希函数
>>> M = 1                                                 #选择常数M
>>> message = b'111'                                      #选择签名明文
>>> while True:                                           #开始签名
        y = np.random.normal(0,sigma,m).astype('int')     #创建随机向量y
        Ay = np.dot(A,y)                                  #计算Ay
        Ay = convert_to_Zq(Ay,q)                          #计算Ay mod q
        c = hash_to_baseb(Ay,message,k,3)          #计算Ay和签名明文的哈希值
        Sc = np.dot(S,c)                                  #计算Sc
        z = Sc + y                                        #计算向量z

        pxe = -z.dot(z) + y.dot(y)                        #计算 D_σ^m(z)/(M D_{Sc,σ}^m(z))

        val = exp(pxe / (2*sigma**2)) / M

        if np.random.rand() < min(val,1):          #如果随机数r< D_σ^m(z)/(M D_{Sc,σ}^m(z))

            break                                         #退出循环
>>> z
array([-13,   8, -26,  11,  10,   5])
>>> c
array([2, 0, 0, 2, 1, 0, 0])
```

以下过程为验证签名。

```
>>> np.linalg.norm(z) <= 2*sigma*sqrt(m)                  #验证‖z‖≤2σ√m
True
>>> AzTc = np.dot(A,z) - np.dot(T,c)                      #计算Az-Tc
>>> AzTc = convert_to_Zq(AzTc,q)                          #计算Az-Tc mod q
>>> hc = hash_to_baseb(AzTc,message,k,3)           #计算Az-Tc与明文的哈希值
>>> np.allclose(c,hc)                                     #验证哈希值是否相等
True
```

其中，哈希函数 hash_to_baseb()的实现如下：

```
from numpy import array_str,array
from hashlib import sha512

#输入为矩阵、明文、输出向量的长度
#以及向量元素的范围[0,b)
def hash_to_baseb(matrix, message,k,b=3):

    #组合矩阵字节串和明文，并对其进行sha512运算，返回十六进制哈希值
    hexval = sha512(array_str(matrix).encode() + message).hexdigest()
```

```
    #将十六进制字符串编码成向量，向量的元素范围为[0,b)，返回向量的前 k 个元素
    return array(list(map(int, list(b2b(hexval, 16, b)[:k]))))

base_symbols='0123456789abcdefghijklmnopqrstuvwxyz'

    #将整数编码到字符为[0,b)上的字符串
def v2r(n, b):
    digits = ''
    while n > 0:
        digits = base_symbols[n % b] + digits
        n  = n // b
    return digits

    #将十六进制字符串编码到字符为[0,b)上的字符串
def b2b(digits,b):
    return v2r(int(digits,16), b)
```

哈希函数的使用，在 IDLE 中举例如下：

```
>>> import numpy as np
>>> from simchain.lbc import b2b                            #导入 b2b 编码函数
>>> import hashlib
>>> matrix = np.random.randint(-5,5,(3,4))                  #创建随机矩阵
>>> message = b'I love blockchain'                          #选择明文
>>> string = np.array_str(matrix).encode() + message        #组合矩阵和明文
>>> string
b'[[ 4 -2 -5  2]\n [ 3 -4  0  0]\n [-5  0  3  2]]I love blockchain'
>>> hexval = hashlib.sha512(string).hexdigest()#对组合进行 sha512 哈希运算
>>> hexval                                                  #返回十六进制字符串
'8f218716e6bf5f889952a24da3b2f09a15c7057d0b987e91415d3a0cf6c7bce1a186d2
8ee4a242295670df3b7d920a38112ccb0833973c3291ea896c280a077a'
>>> s = b2b(hexval,3)                     #将返回的字符串编码到字符为[0,3)的字符串
>>> s
'1202010010210002212212100120122220100210112100011002220111002212020201
0121200210211220220110121202001221120022212111112022021022022011002101120 21
2210201000020100112220201002120001100122102100012121200110002020220022120 21
1022021201020000121210021002110202102102102002010222021000101002112122200 00
00220010120102011202221200 02'
>>> val = map(int,list(s))                #字符串 s 转换为整数列表
>>> list(val)
[1, 2, 0, 2, 0, 1, 0, 0, 1, 0, 2, 1, 0, 0, 0, 2, 2, 1, 2, 2, 1, 2, 1, 0,
0, 1, 2, 0, 1, 2, 2, 2, 2, 0, 1, 0, 0, 2, 1, 0, 1, 1, 2, 1, 0, 0, 0, 1, 1, 0,
0, 2, 2, 2, 0, 1, 1, 1, 0, 0, 2, 2, 1, 2, 0, 2, 0, 2, 0, 1, 0, 1, 2, 1, 2, 0,
```

```
0, 2, 1, 0, 2, 1, 1, 2, 2, 0, 2, 2, 0, 1, 1, 0, 1, 2, 1, 2, 0, 2, 0, 0, 1, 2,
2, 1, 1, 2, 0, 0, 2, 2, 2, 1, 2, 1, 1, 1, 1, 1, 2, 0, 2, 2, 0, 2, 1, 0, 2, 2,
0, 2, 2, 0, 1, 1, 0, 0, 2, 1, 0, 1, 1, 2, 0, 2, 1, 2, 2, 1, 0, 2, 0, 1, 0, 0,
0, 0, 2, 0, 1, 0, 0, 1, 1, 2, 2, 2, 0, 2, 0, 1, 0, 0, 2, 1, 2, 0, 0, 0, 1, 1,
0, 0, 1, 2, 2, 1, 0, 2, 1, 0, 0, 0, 1, 2, 1, 2, 1, 2, 0, 0, 1, 1, 0, 0, 0, 2,
0, 2, 0, 2, 2, 0, 0, 2, 2, 1, 2, 0, 2, 1, 1, 0, 2, 2, 0, 2, 1, 2, 0, 1, 0, 2,
0, 0, 0, 0, 1, 2, 1, 2, 1, 0, 0, 2, 1, 0, 0, 2, 1, 1, 0, 2, 0, 2, 1, 0, 2, 1,
0, 2, 1, 0, 2, 0, 0, 2, 0, 1, 0, 2, 2, 2, 0, 2, 1, 0, 0, 0, 1, 0, 1, 0, 0, 2,
1, 1, 2, 1, 2, 2, 2, 0, 0, 0, 0, 0, 0, 2, 2, 0, 0, 1, 0, 1, 2, 0, 1, 0, 2, 0,
1, 1, 2, 0, 2, 2, 2, 1, 2, 0, 0, 0, 2]
   >>> vec = np.array(list(val)[:10])  #取列表的前 k=10 个元素，并转换为 ndarray
   >>> vec
   array([1, 2, 0, 2, 0, 1, 0, 0, 1, 0])
```

以上是基于格的两种数字签名方法，分别基于 CVP 问题和 SIS 问题。由于格问题的多样性，并不是只包含这些签名算法。更多签名算法可以查阅相关资料或与作者交流。

第4章 交易

每个星期五上午，桃源村的会议大厅里坐满了来做买卖的村民。村民们都带着自己的账本和草稿本。交易由买方以标准交易格式写在纸条上，然后交由卖方。卖方对照自己的账本验证交易的有效性，如果交易有效，则将该条交易复写到自己的草稿本上，并将纸条传递给下一个村民验证。最终，有效交易将会传递到会议大厅中的每一个村民，并被写在他们的草稿本上。

4.1 创建交易

区块链的本质是一个存储记录的数据库。本书中的记录特指交易记录。交易到底是怎样的数据结构呢？如何被创建呢？本节将围绕这些问题展开，主要介绍交易的格式、交易的数据结构、UTXO 和 UTXO_SET 的数据结构，以及一般交易和创币交易的创建过程。

4.1.1 交易的格式

在第 1 章的故事中，给出了桃源村手写交易的固定格式，所有的交易按照同一个模板创建。具体来讲，采用复式记账法，以输入和输出的形式记录交易信息，如图 4.1 所示。

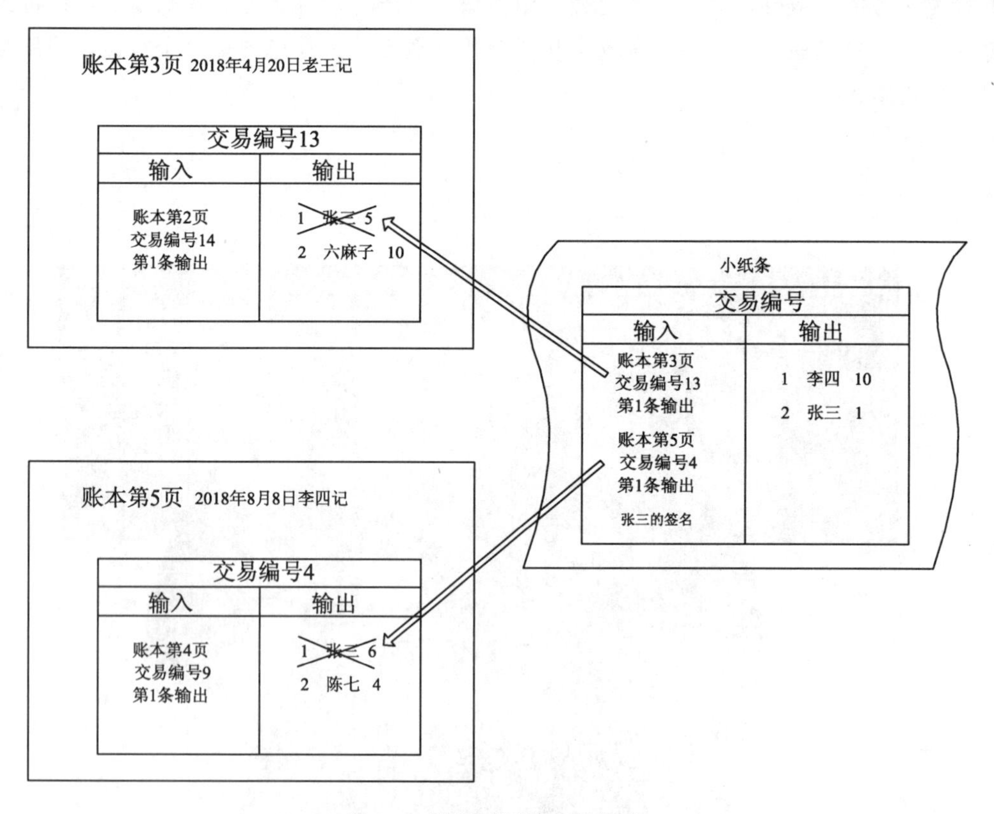

图 4.1 桃源村标准交易格式

从编程的层面来讲，交易的实质是数据结构。如果将区块链当作一个存储数据结构的数据库，那么其中主要的数据就是交易。

对于一般交易，其输入实质是属于交易创建者的若干未消费交易输出（UTXO）组成的集合，也称为交易输入列表。由于 UTXO 的不可分割性，除了一个指向交易接收者的输出单元，大多数时候还包括一个指向交易创建者的输出单元作为找零，最终作为交易创建者全新的 UTXO 被写进区块链。比如，张三需要支付李四 10 元钱，张三在账本里找到属于自己的两个 UTXO，分别为 5 元钱和 6 元钱，两个 UTXO 创建两个输入单元，则该笔交易的输入（列表）由两个输入单元构成。而交易的输出（列表）也由两个输出单元构成，分别为指向李四的 10 元钱和指向张三的 1 元钱（不考虑交易费），当该笔交易被写进区块链后，这两个输出单元最终将作为李四和张三全新的 UTXO。

除此以外，交易还有一个编号。在第 3 章中，介绍了交易的编号是对交易数据进行哈希运算得到。这样做有两个目的，一是防止交易数据被篡改；二是避免交易编号的重复，如果交易编号相同，则意味着交易数据有极大的可能完全相同。

枯燥的文字描述很难清楚解释，也不容易被理解。交易具体的数据结构应该是怎样的呢？交易的编号又是如何产生的呢？下面将结合示例详细介绍。

4.1.2　交易的数据结构

特别声明，本书中所有的自定义数据结构都是 Simchain 采用的数据结构。区块链中的数据结构形式不应该是唯一的，这取决于开发者的需求。Simchain 中的数据结构采用的是与比特币相似的 UTXO 模型，并适当地进行了简化，但不影响读者学习。

Simchain 中交易的数据结构主要包括指向 UTXO 在区块链中的位置的定位指针 Pointer、交易的输入单元 Vin、输入单元 Vout，以及交易 Tx。

1．定位指针Pointer

根据标准交易格式，输入单元指向交易创建者的 UTXO，该 UTXO 对应于区块链中某笔交易的第某个输出单元。由于每笔交易都有唯一的编号，于是定义 Simchian 中最简单的自定义数据结构，指向 UTXO 在区块链中的定位指针 Pointer，如表 4.1 所示。

表 4.1　定位指针Pointer数据结构

class Pointer		
属性（property）	tx_id	字符串str类型，交易的编号
	n	整数int类型，交易的第n个输出单元

定位指针 Pointer 仅有两个属性，交易的编号及输出单元在交易输出列表中的索引。可能读者会有疑问，为什么不将交易所在区块高度也作为 Pointer 的属性呢？作者的考虑是这样的，当创建交易时，有可能会使用交易池（Memory Pool）中未被确认的有效交易

作为父交易。例如，假设张三是比特币用户，仅有一个金额为 1 比特币的 UTXO，张三买一瓶汽水需支付 0.1 比特币，于是创建了交易 A 并广播到比特币网络中。比特币网络达成共识的时间为 10 分钟左右，即张三创建的有效交易需要 10 分钟后才会被写进区块链而得到确认。张三很饿，还想买一个煎饼果子填肚子，那是不是意味着张三只能等到交易确认后才能再创建交易呢？如果比特币客户端仅允许张三从区块链中查找 UTXO，那么答案是肯定的，他必须等待。事实上，比特币客户端是允许用户从自己未确认的有效交易中提取 UTXO 作为新交易的输入单元。由于 A 交易并没有被写进区块链，新创建的 B 交易（买煎饼果子）并不确定 A 交易将会被写进哪个区块，如果将区块高度 height 作为 Pointer 的一个属性，那么 B 交易中 Pointer 的 height 属性在 A 交易被写进区块链前是未知的，只有等待 A 交易写进区块链后再进行修改。之前提到，交易的编号是由交易中的数据进行哈希运算得到，交易输入单元中定位指针的数据修改必然会改变交易的编号。

因此，区块链中的数据类型定义的基本规则为，被写进区块链的数据，尽可能做到不可修改。Simchain 中所有的自定义数据类型均继承于元组 tuple，元组 tuple 就像一个常量，被定义后就不能修改。Simchain 中的数据结构被定义在源码文件 datatype.py 模块中。

注意： 在比特币小额支付中，有一条支付通道能实现实时交易，叫做闪电网络。

在 Python 中定义 Pointer 数据类型，代码如下：

```
#继承 tuple
class Pointer(tuple):
#初始输入参数为交易编号,UTXO 为在交易输出中的索引
    def __new__(cls,tx_id,n):

        #初始化参数为 tx_id,n
        return super(Pointer,cls).__new__(cls,(tx_id,n))

#交易编号
@property
    def tx_id(self):
        return self[0]

#输出单元索引
@property
    def n(self):
        return self[1]
```

在 IDLE 中举例如下：

```
>>> from simchain import Network,Pointer
>>> p = Pointer(1,2)                          #创建一个定位指针
```

```
>>> p
Pointer(tx_id:1,n:2)
>>> net = Network()                              #创建一个 P2P 网络
>>> zhangsan = net.peers[0]                      #将 0 号节点命名为张三
>>> len(zhangsan.get_utxo())                     #张三只有一个 UTXO
1
>>> utxo = zhangsan.get_utxo()[0]                #获取张三的 UTXO
>>> utxo.pointer                                 #获取张三 UTXO 的定位指针
Pointer(tx_id:68ea3934fff8d61354aa49f612a52019cf221cf537d055914d6cc6552
6ed4bbb,n:0)
>>> utxo.vout.value                              #获取张三 UTXO 的金额
100000
>>> txs = zhangsan.blockchain[0].txs             #获取创世区块中的交易
>>> txs                             #只有一条交易，张三 UTXO 的定位指针指向这条交易
[Tx(id:68ea3934fff8d61354aa49f612a52019cf221cf537d055914d6cc65526ed4bbb)]
>>> txs[0].tx_out[0]                             #获取交易的第一个输出单元
Vout(to_addr:184H3FHaZaJwpJFZNDTFCv57XU7kFMVvCs,value:100000)
>>> zhangsan.addr                                #指向张三的地址
'184H3FHaZaJwpJFZNDTFCv57XU7kFMVvCs'
```

2. 输入单元Vin

前文已提及，交易输入和输出的数量是不固定的，是输入单元和输出单元的集合。于是以输入单元和输出单元分别定义数据结构。输入单元定义为 Vin（Value Input），也可以称为单条输入。

输入单元 Vin 同样继承于 tuple，数据结构如表 4.2 所示。输入单元 Vin 有 4 个属性，分别为指向交易创建者 UTXO 的定位指针 to_spend、交易创建者的数字签名 signature、公钥 pubkey，以及签名脚本 sig_script。脚本相关知识详见 4.5 节。

表 4.2　输入单元Vin数据结构

class Vin		
属性（property）	to_spend	Pointer类型，指向交易创建者的UTXO
	signature	字节bytes类型，交易创建者的数字签名，字节串编码
	pubkey	字节bytes类型，交易创建者的公钥，字节串编码
	sig_script	字符串str类型，签名脚本，也称解锁脚本

结合第 3 章中椭圆曲线加密知识，有效交易的每个 Vin 必须使用交易创建者本人的 UTXO。如何证明 UTXO 属于本人？那就必须保证交易的每个输入单元使用的 UTXO 指向的地址与其中的数字签名和公钥一一匹配。如图 4.2 所示，Vout 是一个输出单元，如果未被消费过，则是一个 UTXO。如果输出单元中的 to_addr 属性值与 Vin 中的 pubkey 属性

通过双哈希运算得到（第 3 章中介绍的公钥生成地址）的地址相等，且 pubkey 能验证数字签名 signature，则表明地址、签名和公钥一一匹配，该 Vin 为有效输入单元。

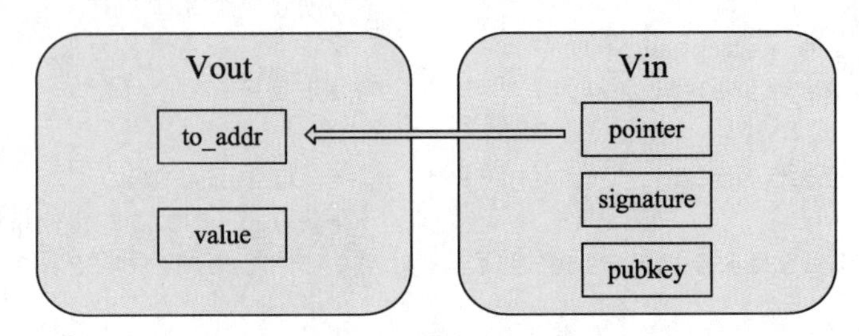

图 4.2　有效交易的 Vin

在 Python 中定义输入单元 Vin 的代码如下：

```
#继承 tuple
class Vin(tuple):

    #初始输入参数，定位指针、公钥和签名
    def __new__(cls,to_spend,signature,pubkey):
        return super(cls,Vin).__new__(cls,(to_spend,signature,pubkey))

    #输入单元使用的 UTXO 在区块链中的定位
    @property
    def to_spend(self):
        return self[0]

    #数字签名
    @property
    def signature(self):
        return self[1]

    #公钥
    @property
    def pubkey(self):
        return self[2]

    #签名脚本
    @property
    def sig_script(self):
        return self[1]+self[2]
```

接着上例在 IDLE 中继续输入如下内容：

```
>>> from simchain import Vin
>>> vin = Vin(1,2,3)                    #创建一个输入单元
>>> vin
Vin(to_spend:1,signature:2,pubkey:3)
>>> lisi = net.peers[4]                 #将 4 号节点命名为李四
>>> zhangsan.create_transaction(lisi.wallet.addrs[-1],100)
                                        #张三给李四转账 100
>>> tx = zhangsan.txs[0]                #获取张三创建的当前交易
>>> tx.tx_in[0]                         #获取交易的第一个输出单元 Vin
Vin(to_spend:Pointer(tx_id:473fd029001ba6449989890fa0381eb5e3d39ae32c5a
9681c7e6009bb17488ed,n:0),
signature:b"\x0er\xf3t\x03\xfe\x82\xee\xc6'\xf8\x17\x0bIw\xc7\x1f\x9d\x
02\xae\x19\xd4EM9ie\x86\t\xd1\xf84\xda\xd4\n&\x12R\x9b\x15\x15@\x8f\xb7T\x8
e\x19zkq\xb3U\x0f6&\xfb\xcc\x83\xfc>+\xf5N",
pubkey:b'J\xb7\'\xe61P\xda\xf6\x03\xe8hT<1\xae"\x94\xd2\x99\x1a\x93\x14
y@\xd8\x04\xdaWLI\xd0\x14\xcdqF\x12\x01\x14\xfb\x97H5\xd0\xebLp\x84d\xc2\xe
3\x18c(\xeby\x0c\x8a\xc9~p\xae?9')
```

3. 输出单元Vout

交易的输出一般也由若干输出单元组成，定义输出单元为 Vout（Value Output）。如表 4.3 所示，输出单元有 3 个属性，分别是交易接收者的地址 to_addr、交易金额 value 和公钥脚本 pubkey_script。

表 4.3 输出单元Vout数据结构

class Vout		
属性（property）	to_addr	字符串str类型，交易输出指向的地址
	value	整数int类型，交易的数量
	pubkey_script	字符串str类型，公钥脚本，也称锁定脚本

在 Python 中定义输出单元 Vout 的代码如下：

```
#继承 tuple
class Vout(tuple):
    def __new__(cls,to_addr,value):
        return super(Vout,cls).__new__(cls,(to_addr,value))

    #交易接收者的地址
    @property
    def to_addr(self):
        return self[0]

    #转账金额
```

```
    @property
    def value(self):
        return self[1]

    #公钥脚本
    @property
    def pubkey_script(self):
        script = "OP_DUP OP_ADDR {0} OP_EQ OP_CHECKSIG".format(self[0])
        return script
```

接着上例，在 IDLE 中举例如下：

```
>>> from simchain import Vout
>>> vout = Vout(11,100)
>>> vout
Vout(to_addr:11,value:100)
>>> tx.tx_out[0]          #交易输出的第 1 个输出单元
Vout(to_addr:1M6vJ4R6kPG6ag73pqpmPT7ex7bpTfHTX7,value:100)
>>> tx.tx_out[1]          #第 2 个输出单元，指向张三自己地址的 UTXO，10 分的交易费
Vout(to_addr:1D7zYqs7guh5s9G5GxYASUeGeUdPrnxSVh,value:99890)
```

4. 交易Tx

交易由输入和输出组成，将其定义为 Tx（Transaction 的简写），见表 4.4。

如表 4.4 所示，交易 Tx 的输入 tx_in 和输出 tx_out 分别是输入单元 Vin 和输出单元 Vout 的集合，集合的数据类型是列表 list、元组 tuple 或者其他类型，由开发者决定。属性 fee 为该笔交易的交易费，由交易创建者设定；属性 is_coinbase 判断交易是否为创币交易，创币交易只有一个 Vin 和 Vout，且 Vin 的定位指针为空；属性 id 为交易的编号，对交易数据进行哈希运算得到。除此以外，还有一个创建创币交易的类方法。

表 4.4 交易Tx数据结构

class Tx		
属性（property）	tx_in	列表list或元组tuple类型，交易的输入，Vin数据类型的集合
	tx_out	列表list或元组tuple类型，交易的输出，Vout数据类型的集合
	fee	整数int类型，交易费，分为单位
	is_coinbase	bool类型，判断该交易是否为创币交易
	id	字符串str类型，交易的编号
	nlocktime	datatime类型，目前并没有派上用场
方法（method）	create_coinbase()	类方法，返回一个创币交易，输入为地址和数量

🔔**注意**：Simchain 中采用哈希算法是指 SHA256 双哈希算法。

在 Python 中定义交易 Tx 代码如下：

```
#继承 tuple
class Tx(tuple):

    #输入初始参数 tx_in,tx_out,fee,nlocktime,其中 fee 和 nlocktime 有默认值
    def __new__(cls,tx_in,tx_out,fee=0,nlocktime=0):
        return super(Tx,cls).__new__(cls,(tx_in,
                                          tx_out,
                                          fee,
                                          nlocktime))

    #交易输入
    @property
    def tx_in(self):
        return self[0]

    #交易输出
    @property
    def tx_out(self):
        return self[1]

    #交易费
    @property
    def fee(self):
        return self[2]

    #交易锁定时间
    @property
    def nlocktime(self):
        return self[3]

    #是否为创币交易
    @property
    def is_coinbase(self) -> bool:
        return len(self[0]) == 1 and self[0][0].to_spend is None

    #定义类方法，返回一个创币交易，创币交易只有一个 Vin 和一个 Vout
    #Vin 的定位指针为空，签名是一个 32 字节的系统随机数，Vout 指向获胜节点的地址
    @classmethod
    def create_coinbase(cls, pay_to_addr, value):
        return cls(
            tx_in = [Vin(to_spend=None,
```

```
                    signature= str(os.urandom(32)),
                    pubkey=None)],
            tx_out = [Vout(to_addr=pay_to_addr,
                     value=value)]
            )

    #交易编号，调用 ecc.py 模块中的 sha256d 双哈希函数对交易数据进行哈希运算
    @property
    def id(self):
        return sha256d(self.to_string())

    def to_string(self):
        return "{0}{1}{2}".format(self[0],
                                  self[1],
                                  self[3])
```

创币交易是没有输入的，为什么在定义时还要给定一个输入单元且让其签名为 32 字节的系统随机数？如果将创币交易的输入设置为空，设想这样一种情况，同一个共识节点有两次获胜使用了相同的地址（相同的 to_addr）作为创币交易的指向地址，如果这两次奖励的交易费恰好也相等（相同的 value），那么这两笔交易的数据将完全一致，则其编号就会一致，如图 4.3 所示。于是，在创币交易的输入单元中加入一个随机数，是为了防止这种偶然事件的发生。

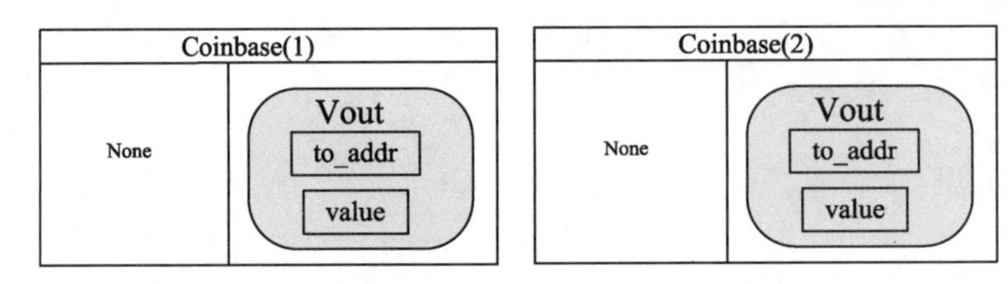

图 4.3　相同的创币交易

在 IDLE 中举例如下：

```
>>> from simchain import Pointer,Vin,Vout,Tx
>>> pointer = Pointer(2,3)                    #创建一个 Pointer
>>> vin = Vin(pointer,2,3)                    #创建一个 Vin
>>> vout = Vout(2,4)                          #创建一个 vout
>>> tx = Tx([vin],[vout])                     #创建交易
>>> tx
Tx(id:98c8777118829f8555882b60c0a4ca5ec67316ba68f6ccdcc54b20344c1bc2e7)
```

如果修改 Tx 对象中的任意数据，比如修改定位指针 Pointer，则交易的编号会发生变化。所以，tx_in 和 tx_out 最好采用元组 tuple 数据类型。Simchain 中采用列表是为了方便

教学举例。代码如下：

```
>>> pointer1 = Pointer(3,4)
>>> vin1 = Vin(Pointer,2,3)
>>> tx.tx_in[0] = vin1
>>> tx
Tx(id:f5548352a7c7763a7745f0d1c914630cd8e3747283f8cde53b071aeb61ca3e98)
```

直接调用类方法 create_coinase()创建一个创币交易，代码如下：

```
>>> base = Tx.create_coinbase(1,20)          #输入获胜矿工地址和总金额
>>> base
Tx(id:ebd163f765b921e67055b12d8d8e8839ba1e268199d8aa1254b014ef449c9444)
```

4.1.3 UTXO 与 UTXO 集

交易的输入和输出通过 UTXO 将交易链接起来形成交易链，如图 4.4 所示。交易链记录了价值的转移，也就是资金的流动，而 UTXO 在区块链中的位置并没有规律可循，它们可能分布在不同的区块中。比如，张三有两个 UTXO，分别位于高度为 200 和 2000 的区块，张三要使用这两个 UTXO 创建一笔交易，支付给李四，是否应该遍历整个区块链数据找到这两个 UTXO 呢？即使找到后，由于区块链数据的不可篡改性，还需要判断这两个 UTXO 是否被消费过，即是否被区块链中的某条交易的输入单元使用过，答案是否定的。

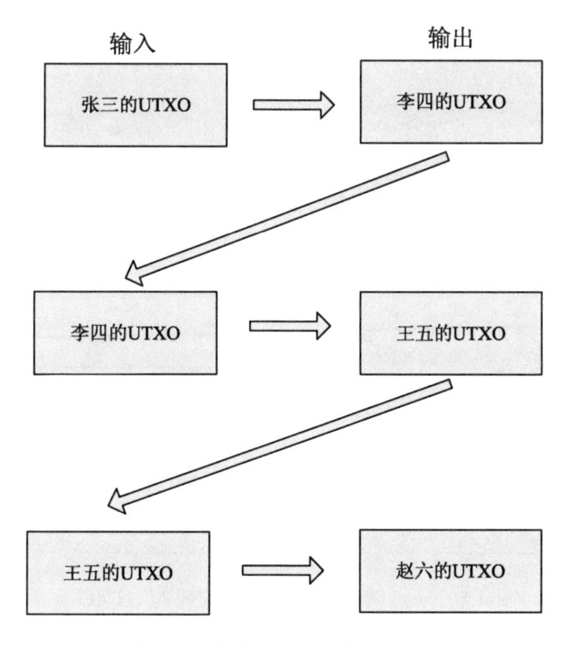

图 4.4　通过 UTXO 形成交易链

事实上，张三可以单独建立一个微型交易数据库，仅存储和自己有关的交易，比如自己创建的交易和其他节点支付给自己的交易。这样在创建交易时，张三只需要在微型交易数据库中查找属于自己的 UTXO，而不需要在整个区块链中查找，问题得到了简化。

但李四验证张三所创建的交易的有效性是否一样简单呢？如果李四和张三一样，也有独立的微型交易数据库，记录与自己有关的交易，但只能减少创建交易所需的工作量。李四并没有记录其他节点的交易数据，要验证张三所使用的 UTXO 是否有效，李四必须遍历整个区块链数据证明其确实存在，而且还需要验证未被消费过。同样，张三作为完整节点，在验证其他交易的有效性时，也需要完成和李四同样的工作。毫无疑问，这样的工作量是巨大的。

于是，可以采用这样的解决方案，每个节点将自己区块链中所有的 UTXO 独立存储在一个数据集中，也被称为 UXTO 集，用 UTXO_SET 表示，将微型交易数据库中指向自己地址的输出单元封装成 UTXO，存储到另外一个 UTXO 集中，用 OWN_UTXO_SET 表示。显然，OWN_UTXO_SET 存储的是属于节点自己的 UTXO，其数据量相比 UTXO_SET 是相当小的。如果每个节点的区块链数据是完全一致的，那么 UTXO_SET 也应该是相同的，而 OWN_UTXO_SET 却是不相同的。

当节点需要创建交易时，既可以从 OWN_UTXO_SET，也可以从 UTXO_SET 中查找自己的 UTXO，显然从 OWN_UTXO_SET 会更便捷、高效。但当节点需要验证某笔交易使用的 UTXO 是否有效时，却只能从 UTXO_SET 中查找，如图 4.5 所示。

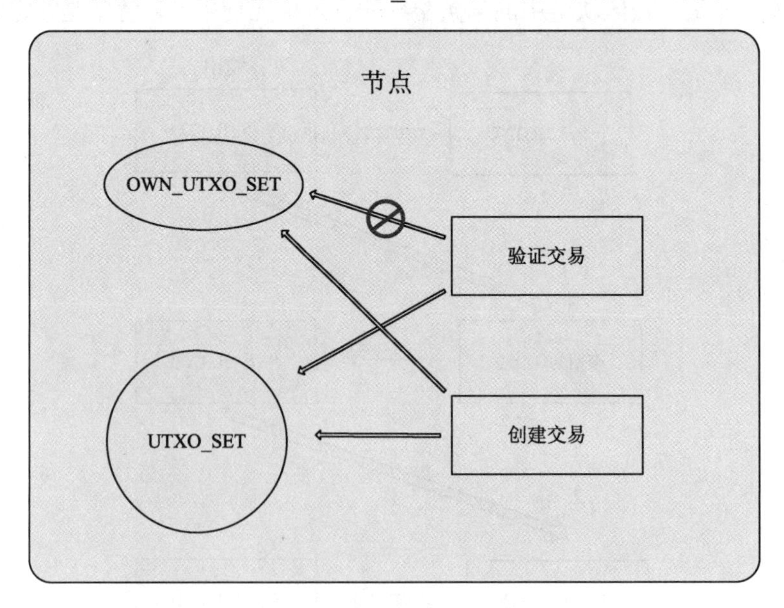

图 4.5　节点创建和验证交易依赖的 UTXO 集

UTXO_SET 的工作原理是，当交易被写进区块链确认后，其输入单元使用过的 UTXO

将会从 UTXO_SET 中移除，而交易输出单元将会被封装成新的 UTXO 加入 UTXO_SET 中，如图 4.6 所示。所以 UTXO_SET 相比区块链数据的不断膨胀，是动态变化的，在不断增加和减少，避免了用户直接在区块链数据中查找 UTXO，减少了工作量。OWN_UTXO_SET 的工作原理类似，只是对和自己有关的 UTXO 进行操作，此处不再赘述。

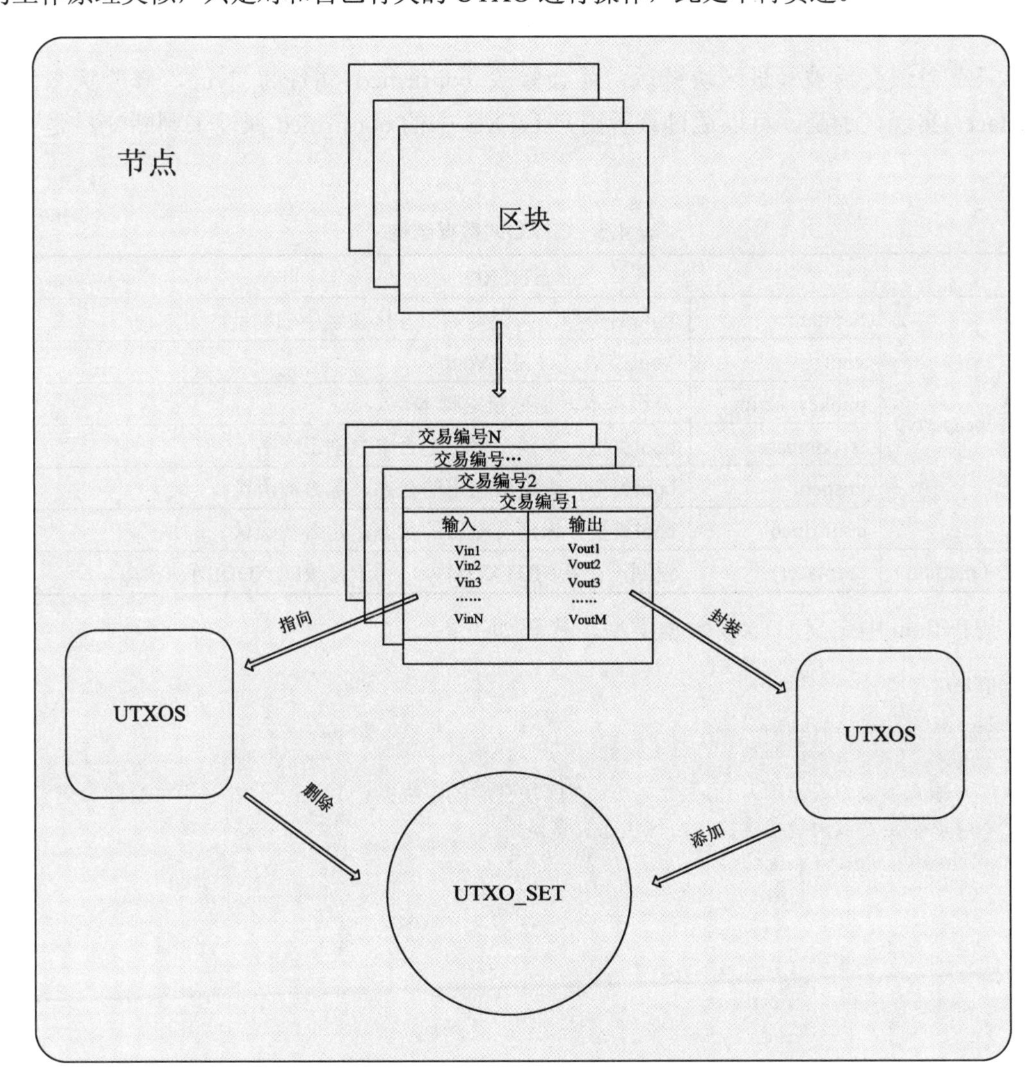

图 4.6　UTXO_SET 工作原理图

既然有 UTXO_SET，就需要定义单个 UTXO 的数据结构。UTXO 的数据结构如表 4.5 所示，是对交易输出单元 Vout 的重新封装。封装时，首先给 UTXO 一个定位指针 Pointer，指向需要封装的 Vout 在区块链中的定位，即 Vout 所在交易的编号和自身在交易输出集中的索引，然后封装该 Vout，接下来确定该 UTXO 是否来自创币交易，最后，给 UTXO 添加两个可修改的状态，分别为：状态一，是否被消费，对应属性 unspent；状态二，是否被确认，对应属性 confirmed。

事实上，Simchain 默认接收交易时采用了这样的策略，对于有效交易，会直接将该交易的输出单元封装成 UTXO 加入 UTXO_SET，但其状态是未确认的，即 confirmed 属性为 False。

只有当该交易被写进区块链后，才会修改 confirmed 属性为 True，修改状态依靠 _replace()实现。于是，可以通过查看用户 UTXO 中的 confirmed 属性来判断交易是否被确认。

表 4.5　UTXO的数据结构

class UTXO		
属性（property）	pointer	Pointer类型，未消费输出在区块链中的地址
	vout	Vout类型，封装的Vout
	pubkey_script	公钥脚本，也称锁定脚本
	is_coinbase	bool类型，未消费输出是否来自创币交易
	unspent	bool类型，未消费输出的状态，是否被消费
	confirmed	bool类型，未消费输出的状态，是否被确认
方法（method）	_replace()	返回一个新的UTXO对象，用于修改UTXO的两种状态

在 Python 中定义 UTXO 数据类型，代码如下：

```
#继承 tuple
class UTXO(tuple):

    #输入参数为输出单元 Vout，Vout 在区块链中的定位指针 Pointer，是否来自创币交易
    #以及是否被消费和确认，两种状态有默认值
    def __new__(cls,
                vout,
                pointer,
                is_coinbase,
                unspent=True,
                confirmed=False,
                ):
        return super(UTXO,cls).__new__(cls,(vout,
                                            pointer,
                                            is_coinbase,
                                            unspent,
                                            confirmed))

    #该 UTXO 封装的输出单元
```

```
    @property
    def vout(self):
        return self[0]

    #输出单元在区块链中的定位
    @property
    def pointer(self):
        return self[1]

    #封装的输出单元是否来自创币交易
    @property
    def is_coinbase(self):
        return self[2]

    #公钥脚本，与输出单元的公钥脚本一致
    @property
    def pubkey_script(self):
        return self[0].pubkey_script

    #是否被消费
    @property
    def unspent(self):
        return self[3]

    #是否被确认
    @property
    def confirmed(self):
        return self[4]

    #返回新的UTXO，修改原UTXO的两个状态
    def _replace(self,unspent = True, confirmed = False):
        return UTXO(self[0],self[1],self[2],unspent,confirmed)
```

接着上例在IDLE中继续输入如下：

```
>>> pointer = Pointer(3,4)                     #创建一个定位指针
>>> vout =Vout(2,100)                          #创建一个输出单元
>>> from simchain import UTXO                  #从simchain中导入UTXO对象
>>> utxo = UTXO(vout,pointer,False)            #创建一个UTXO对象
>>> utxo
UTXO(vout:Vout(to_addr:2,value:100),pointer:Pointer(tx_id:3,n:4))
>>> utxo1 = utxo._replace(False,True)          #创建一个新的UTXO对象，替换原UTXO的
                                                状态
>>> utxo1.unspent,utxo1.confirmed
```

```
(False, True)
>>> utxo.unspent,utxo.confirmed          #原 UTXO 状态并没有改变
(True, False)
>>> net.add_peer()                       #网络中添加新节点
>>> wangwu = net.peers[-1]               #将新节点命名为王五
>>> zhangsan.create_transaction(wangwu.wallet.addrs[-1],100)
                                         #张三给王五转账
2018-06-15 13:50:30,074 - peer(23, 90)(pid=0) created a transaction
True
>>> zhangsan.broadcast_transaction()     #张三将交易广播到网络中
2018-06-15 13:50:53,079 - peer(23, 90)(pid=0) sent a transaction to network
2018-06-15 13:50:53,978 - peer(23, 90)(pid=0)'s transaction verified by 12
peers
12
>>> zhangsan.get_unconfirmed_utxo()      #获取张三未确认的 UTXO
[UTXO(vout:Vout(to_addr:16h8GENV18fd6bE9zyiLkt5yYTA67PqtGs,value:99780)
,pointer:Pointer(tx_id:703012d932aa269b323abda37aa3253a6774ea7a243b3629ff01
6eb955e9a799,n:1))]
>>> wangwu.get_unconfirmed_utxo()        #获取王五未确认的 UTXO，来自同一条交易
[UTXO(vout:Vout(to_addr:1PmFbEq8wycvMvZtzoHAeefQS3DarAx3eS,value:100),p
ointer:Pointer(tx_id:703012d932aa269b323abda37aa3253a6774ea7a243b3629ff016e
b955e9a799,n:0))]
>>> net.consensus()                      #达成共识
2018-06-15 13:51:45,511 - 4 peers are mining
2018-06-15 13:51:49,738 - peer(42, 51)(pid=9) is winner,4.17508339881897
secs used
2018-06-15 13:51:50,676 - Block(
hash:000034b9ba5eb3970f186f2054985601c94bf119a83a5631838687e6ef58c1b5)
received by 12 peers
>>> zhangsan.get_unconfirmed_utxo()      #获取张三未确认的 UTXO
[]
>>> wangwu.get_unconfirmed_utxo()        #获取王五未确认的 UTXO
[]
```

Simchain 中的 UTXO_SET 使用字典 dict 存储，元素的 key 为 UTXO 对象的定位指针 Pointer，这样可以方便地根据定位指针来查找 UTXO。每个完整节点都有全网 UTXO_SET 的备份，是和区块链数据同步的。接着上例，从节点的 UTXO_SET 中查看 UTXO 代码如下：

```
>>> pointer = Pointer(
'703012d932aa269b323abda37aa3253a6774ea7a243b3629ff016eb955e9a799',0)
>>> wangwu.utxo_set[pointer]
UTXO(vout:Vout(to_addr:1PmFbEq8wycvMvZtzoHAeefQS3DarAx3eS,value:100),
```

```
pointer:Pointer(tx_id:703012d932aa269b323abda37aa3253a6774ea7a243b3629f
f016eb955e9a799,n:0))
>>> type(wangwu.utxo_set)
<class 'dict'>
```

存储节点的 UTXO_SET 是伴随着区块高度的增加在不断变化的，当节点接收的到一个新的有效区块时，会独立对其 UTXO_SET 执行如下操作：将新区块中所有交易输入单元使用过的 UTXO 从本地 UTXO_SET 中移除，所有交易的输出单元封装成新的 UTXO 加入 UTXO_SET。事实上，根据系统是否允许节点从有效交易中提取 UTXO，有两种不同的更新 UTXO_SET 的方式，详见第 5 章介绍的创世区块和第 6 章介绍区块添加到区块链的内容。

查询节点的余额，有两种方式，一种是在 UTXO_SET 中查找指向节点地址的 UTXO 并求和。另一种是使用 OWN_UTXO_SET。毋庸置疑，第二种方式会更方便快捷。由于 Simchain 是教学项目，数据量小，并没有建立数据集 OWN_UTXO_SET，读者可以自行创建。Simchain 采用第一种方式计算节点的账户余额。

```
#获取节点的 UTXO，从节点的 UTXO_SET 中筛选指向节点地址的 UTXO
def get_utxo(peer):
    return [utxo for utxo in peer.utxo_set.values()
              if (utxo.vout.to_addr in peer.wallet.addrs) and utxo.unspent]

#获取节点未确认的 UTXO，从节点的 UTXO_SET 中筛选指向节点地址的 UTXO
def get_unconfirmed_utxo(peer):
    utxos = peer.get_utxo()
    return [utxo for utxo in utxos if not utxo.confirmed]

#获取账户余额，对属于节点的 UTXO 的金额求和
def get_balance(peer):
     utxos = peer.get_utxo()
     return sum(utxo.vout.value for utxo in utxos)
```

定义好数据类型 UTXO，了解了 UTXO_SET 的工作原理，接下来可以创建交易。

4.1.4　一般交易的创建

根据前面内容的学习，我们了解到，如果一个用户需要创建交易，比如张三给李四转账 100 分，步骤如下所述。

第一步，张三找到所有属于自己的 UTXO。

第二步，选择某种消费 UTXO 的策略，比如按照金额从小到大的顺序进行消费，拼

凑出交易的输入单元集。分三种不同的情况举例如下：

如果张三有 4 个金额分别为 20 分、60 分、90 分、1000 分的 UTXO，按照先消费小金额的 UTXO 的策略，张三会依次选择金额为 20 分、60 分和 90 分的 UTXO 作为三个输入单元。然后创建两个输出单元，分别为指向李四地址的 100 分和指向自己地址的 60 分，输入之和与输出之和的余额为交易费 10 分，如图 4.7 所示。

如果张三只有一个 1000 分的 UTXO，则直接用该 UTXO 作为一个输入单元，然后创建两个输出单元，分别是指向李四地址的 100 分和指向自己地址的 890 分，还有 10 分作为交易费，如图 4.8 所示。

交易编号	
输入	输出
Vin 1 ⟶ 20 分 Vin 2 ⟶ 60 分 Vin 3 ⟶ 90 分	Vout 1 100(李四地址) Vout 2 60(张三地址)
交易费:20+60+90−160 = 10	

图 4.7 张三用小额 UTXO 转账

交易编号	
输入	输出
Vin 1 ⟶ 1000分	Vout1 100(李四地址) Vout2 890(张三地址)
交易费:1000−990 = 10	

图 4.8 张三用大额 UTXO 转账

如果张三只有一个金额为 110 分的 UTXO，则直接使用该 UTXO 作为一个输入单元，并且只有一个指向李四地址的输出单元，金额为 100 分，不会有指向张三的找零，如图 4.9 所示。

以上是一般交易常见的几种形式。事实上，无找零的情况是比较少见的，一般都会有找零。所有，一般交易都有两个输出单元。

除此以外，在实际交易中还有两类交易分别称为集合型交易和分散型交易。比如张三想将自己所有的小额 UTXO 集中到一个账户，他可以选择集中型交易，如图 4.10 所示。

交易编号	
输入	输出
Vin 1 ⟶ 110 分	Vout 1 100 (李四地址)
交易费:110−100 = 10	

图 4.9 张三有转账无找零

交易编号	
输入	输出
Vin 1 Vin 2 Vin 3 …… VinN	Vout 1

图 4.10 集合型交易

另一种分散型交易，比如企业要给员工发工资，一个输入单元会有多个接收者，如图 4.11 所示。

<table>
<tr><th colspan="2">交易编号</th></tr>
<tr><th>输入</th><th>输出</th></tr>
<tr><td>Vin 1</td><td>Vout 1
Vout 2
Vout 3
……
VoutN</td></tr>
<tr><td colspan="2"></td></tr>
</table>

图 4.11　分散型交易

第三步，张三将交易广播到网络中，然后将该笔交易输入使用过的 UTXO 从 UTXO_SET 中移除。如果张三创建了 OWN_UTXO_SET 数据集，还需要将使用过的 UTXO 从该数据集中移除。可能会有读者疑惑，交易还没有被写进区块，为什么就直接将使用过的 UTXO 移除，如果该交易永远不被写进区块链，在网络中丢失了，而 UTXO 又被移除，资产不就消失了吗？事实上，如果张三创建的交易是有效交易，最终会被写进区块链。假设一种极端情况，张三的交易刚广播出去，直接被邻居节点拦截，并没有广播到全网，这笔交易将不会被写进区块链，张三创建交易使用过的 UTXO 将依然存在于其他节点的 UTXO_SET 中。仅仅是张三的 UTXO_SET 中没有了这些 UTXO，但张三如果通过区块链数据查找 UTXO 时，会发现这些 UTXO 并没有被消费。为了防止类似的偶然事件发生，在 Simchain 中，交易创建后，将使用过的 UTXO 的状态修改为"已消费"，即 unspent 为 False，等到该笔交易被写进区块链后，再从 UTXO_SET 中移除，修改 UTXO 消费状态的过程也称为交易的标记。

如果全网允许从未确认的有效交易中获取 UTXO，则张三还需要将该笔交易的每个输出单元封装为 UTXO 添加至 UTXO_SET，但将这些 UTXO 的状态标记为未确认，即 confirmed 为 False。

用 Python 实现一般交易的创建过程如下，参见源码文件中的 peer.py 模块。

```
#输入参数为创建交易节点、支付地址和支付金额
def create_normal_tx(peer,to_addr,value) :

    #获取节点自己的 UTXO 列表和余额
    utxos,balance = peer.get_utxo(),peer.get_balance()

    #获取节点的交易费和钱包
```

```
    fee,wallet = peer.fee,peer.wallet

    #初始化交易输入和输出列表
    tx_in,tx_out = [],[]

    #计算总支付金额，数量为应支付金额加交易费
    value = value + fee

    #判断余额是否足够支付
    if balance  < value:
        return None

    #初始化需要使用的UTXO数量n，以及金额之和
    need_to_spend,n = 0,0

    #在自己的UTXO列表中找到前n个UTXO
    #使其金额之和大于或等于总支付金额
    for i,utxo in enumerate(utxos):
        need_to_spend += utxo.vout.value
        if need_to_spend >= value:
            n = i+1
            break

    #如果前n个UTXO金额之和大于应支付总金额
    if need_to_spend > value:

        #获取自己的最新地址
        my_addr = wallet.addrs[-1]

        #则交易输出单元为两条，分别为指向接收方的地址
        #和指向自己的地址
        tx_out +=[Vout(to_addr,value-fee),Vout(my_addr,need_to_spend-value)]

    #如果前n个UTXO金额之和等于应支付总金额
    else:

        #则只有一条指向接收方支地址的输出单元
        tx_out += [Vout(to_addr,value-fee)]

    #使用前n个UTXO创建交易的n个输入单元
    for utxo in utxos[:n]:

        #获取当前UTXO指向的地址
```

```
        addr = utxo.vout.to_addr

        #在钱包中找到该地址的索引
        idx = wallet.addrs.index(addr)

        #找到该地址对应的私钥和公钥
        sk,pk = wallet.keys[idx].sk,wallet.keys[idx].pk

        #选择签名明文，为 UTXO 定位指针，公钥和输出单元
        string = str(utxo.pointer) + str(pk.to_bytes()) + str(tx_out)

        #计算明文的哈希值
        message = build_message(string)

        #使用私钥对明文签名
        signature = sk.sign(message)

        #创建单个输入单元并添加到交易输入列表
        tx_in.append(Vin(utxo.pointer,signature,pk.to_bytes()))

    return tx_in,tx_out,fee

#计算明文的哈希值，调用 sha256d 双哈希函数
def build_message(string):
    return sha256d(string).encode()
```

在创建一般交易的过程中，用到了交易创建者的前 *n* 个 UTXO，每个 UTXO 中指向的地址不一定相同，这要追溯到交易创建者曾经使用过哪些地址接收支付。交易的每一个输入单元 Vin 对应一个 UTXO，Vin 中提供签名和公钥，也就是说，每个输入单元 Vin 中的公钥和签名也可能是不同的，这也意味着节点在验证交易时，是对所有输入单元 Vin 逐一进行验证。

从交易的创建过程还可以了解到，在创建交易时，使用过的 UTXO 指向的地址对应的公钥是会暴露的，如果交易有找零，为了安全起见，交易创建者可以将找零转到一个新的地址上，而且确保该地址对应的公钥没有暴露过。读者只需要稍微修改程序如下：

```
#交易创建者钱包中生成新的密钥和地址对
wallet.generate_keys()

#获取最新生成的地址
if need_to_spend > value:
    new_addr = wallet.addrs[-1]
    tx_out =[Vout(to_addr,value-fee),Vout(new_addr,need_to_spend-value)]
```

如果读者想采用如上所述的“先小额后大额”的策略创建交易，只需将自己的UTXO从小到大进行排序即可。比如在Python中只需如下一行代码即能实现：

```
#将UTXO按金额大小排序
utxos = sorted(utxos,key = lambda UTXO:UTXO.vout.value)
```

创建交易在IDLE中举例如下：

```
>>> from simchain import Network,Tx
>>> from simchain.peer import create_normal_tx          #导入交易创建函数
>>> net = Network()
>>> zhangsan,lisi = net.peers[0],net.peers[1]
>>> results = create_normal_tx(zhangsan,lisi.addr,100) #张三创建一笔交易
>>> results[0]                                          #返回交易的输入列表
[Vin(to_spend:Pointer(tx_id:cbf8ed8a92c17cd2089f8427dd3f41e198b8ab94a60
83e7810b6c50a4f67f335,n:0),
signature:b'\xfc\x00\xa6\x07\x98\xf8k\xd0\xc8\xaf\xd4\x9f"E\x913)\xe6\x
8a\xe5\xed\x9ddd\x84\x86\xc6^c\x96\xfdNq\xadDZ\x1beL\xf5"S_V9~\xf4K\xc5ua\x
bb\xec}\xc6A\x82*gv<\xfb]\xcd',
pubkey:b'\xb4\xbc;Y\xde4\x0e\xa3\xb0X\x99\xb9\x87\xec\x00~s\xce\x08\xba
\xd08C\xc8q)\xe4s3\xc8\xb4A\xaf\xf6j\x9d\x944Y-v\xbe\xf4\x15\xa9\xb0\xa0C\x
df.c\x81k_- \xdfl\x8c\x12\x01\\\xe2U')]
>>> results[1]                                          #返回交易的输出列表
[Vout(to_addr:15qMmRjUqin5UsHYPSxZvYUuuhR5ndx7Cg,value:100),
Vout(to_addr:12PAUGHdetCnSbLvs4sfwNy2Pb1cs7t17D,value:99890)]
>>> results[2]                                          #返回交易费
10
>>> tx = Tx(results[0],results[1],results[2]) #通过输入、输出、交易费创建交易
>>> tx
Tx(id:45f2094f7e34bba0e3fc4da415bc04eb7373ca0c5cfad56695a8f51c3544b454)
```

交易创建好后，在广播交易之前，先将交易放进自己的交易池中，然后标记交易。在Python中实现标记交易如下所示，参见源码文件peer.py。

```
#输入参数为UTXO_SET和创建的交易
def sign_utxo_from_tx(utxo_set,tx):

    #遍历交易所有的输入单元Vin
    for vin in tx.tx_in:

        #获取Vin的定位指针
        pointer = vin.to_spend

        #在UTXO_SET中找到该定位指针对应的UTXO
```

```
        utxo = utxo_set[pointer]

        #创建一个新的UTXO，与原UTXO相比，仅仅是修改了消费状态
        utxo = utxo._replace(unspent = False)

        #用新的UTXO替换之前的UTXO
        utxo_set[pointer] = utxo
```

接着上例，在IDLE中继续输入如下内容：

```
>>> from simchain.peer import sign_utxo_from_tx  #导入交易标记函数
>>> sign_utxo_from_tx(zhangsan.utxo_set,tx)      #对交易使用过的UTXO进行标记
>>> zhangsan.get_utxo()                          #张三的UTXO为空
[]
>>> zhangsan.get_unconfirmed_utxo()              #张三的未确认UTXO也为空
[]
```

为什么会这样?因为张三仅有一个 UTXO，在创建交易后被标记为已消费，此时交易的找零是张三的未确认的UTXO，并没有加入UTXO_SET中。

如果全网允许从未确认的有效交易中获取UTXO，则节点还需要将该笔交易的每个输出单元Vout封装为UTXO加入到UTXO_SET中，但这些UTXO的状态应标记为未确认。

```
#输入为节点和创建的交易
def add_tx_to_mem_pool(peer,tx):

    #将交易添加到交易池中
    peer.mem_pool[tx.id] = tx

    #如果允许从未确认的有效交易中获取UTXO
    if peer.allow_utxo_from_pool:
        add_utxos_from_tx_to_set(peer.utxo_set,tx)

#将封装好的UTXO添加到UTXO_SET中
def add_utxos_from_tx_to_set(utxo_set,tx):
    utxos = find_utxos_from_tx(tx)
    for utxo in utxos:
        utxo_set[utxo.pointer] = utxo

#将交易中所有的Vout封装成UTXO，默认状态为未消费，未确认
def find_utxos_from_tx(tx):
    return [UTXO(vout,Pointer(tx.id,i),tx.is_coinbase)
            for i,vout in enumerate(tx.tx_out)]
```

接着上例，在IDLE中继续输入如下：

```
>>> from simchain.peer import add_tx_to_mem_pool
>>> add_tx_to_mem_pool(zhangsan,tx)
>>> zhangsan.get_unconfirmed_utxo() #张三的未确认 UTXO
[UTXO(vout:Vout(to_addr:12PAUGHdetCnSbLvs4sfwNy2Pb1cs7t17D,value:99890)
,pointer:Pointer(tx_id:45f2094f7e34bba0e3fc4da415bc04eb7373ca0c5cfad56695a8
f51c3544b454,n:1))]
>>> zhangsan.mem_pool                    #张三的交易池中有一条交易
{'45f2094f7e34bba0e3fc4da415bc04eb7373ca0c5cfad56695a8f51c3544b454':
Tx(id:45f2094f7e34bba0e3fc4da415bc04eb7373ca0c5cfad56695a8f51c3544b454)}
>>> lisi.mem_pool                        #李四的交易池为空
{}
>>> lisi.get_balance()                   #李四的余额没变
100000
>>> lisi.get_unconfirmed_utxo()          #李四没有未确认的 UTXO，因为张三并没有广播交易
[]
```

Simchain 中交易池和 UTXO_SET 一样，也采用字典 dict 类型存储交易。交易池中元素的 key 对应交易的编号，value 为交易自身。UTXO_SET 中元素的 key 是单个 UTXO 的定位指针 Pointer，value 是 UTXO 自身，如上例所述。采用这种数据结构的原因是，通过 key 来检索交易和 UTXO 会更高效。

接着上例，在 IDLE 中继续输入如下：

```
>>> lisi.verify_transaction(tx,lisi.mem_pool)  #李四验证交易有效
True
>>> add_tx_to_mem_pool(lisi,tx)                #将交易添加到李四的交易池
>>> lisi.get_balance()                         #李四账户余额增加
100100
>>> lisi.get_unconfirmed_utxo()                #有一个未确认 UTXO
[UTXO(vout:Vout(to_addr:15qMmRjUqin5UsHYPSxZvYUuuhR5ndx7Cg,value:100),
pointer:Pointer(tx_id:45f2094f7e34bba0e3fc4da415bc04eb7373ca0c5cfad56695a8f
51c3544b454,n:0))]
```

4.1.5 创币交易的创建

区块链中还有一种特殊交易被称为创币交易，创币交易不需要花费 UTXO，而且只有指向获胜共识节点地址的唯一输出单元，金额为共识奖励和交易费之和，Simchain 中默认共识奖励为 500 分，每笔交易费为 10 分。

在 Python 中定义创币交易函数如下，参考 Tx 对象的类方法 create_coinbase()。

```
#输出参数为获胜节点的地址和金额
def create_coinbase(pay_to_addr, value):
```

```
    return Tx(tx_in = [Vin(to_spend=None,
                           signature= str(os.urandom(32)),
                           pubkey=None)],
              tx_out = [Vout(to_addr=pay_to_addr,
                             value=value)])
```

其中，交易费的计算如下：

```
#输入参数为区块交易列表
def calculate_fees(txs=[]):
    return sum(tx.fee for tx in txs)
```

接着上例，在IDLE中举例如下：

```
>>> tx.create_coinbase(lisi.addr,510)   #给李四发放奖励
Tx(id:fd4eab8b913505ef1b9d8631e19b61ce7e54e8c5d7e541611bef4ac0dda194b0)
>>> lisi.calculate_fees([tx])           #李四计算交易费
10
```

通过以上内容可以看出，在创建交易的过程中，无论用户使用的 UTXO_SET 还是 OWN_UTXO_SET，都不需要和其他任何节点进行数据交换，该过程完全是可以离线进行的。在该过程中，用户将会使用自己的私钥进行数字签名，交易的离线创建更好地保障了私钥的安全，私钥的安全也就是资产的安全。

4.2 广播交易

当交易创建完成后，交易数据将会被发送到区块链网络中，有效交易应该被发送到网络中的每一个节点。该过程通过泛洪（flooding）路由协议实现。在 P2P 网络中，发送数据的源节点（交易创建节点）首先将数据副本传送给它的每一个邻居节点，每个邻居节点再将数据传送给各自的除发送数据来的节点之外的其他邻居节点，如图 4.12 所示。如此继续下去，直到数据传送至所有节点为止，这就实现了 P2P 网络中交易、区块等数据的传递。如果交易或区块是被验证为无效，则邻居节点将不会在网络中继续传播。

由于 P2P 网络不固定的网络拓扑结构，以及独立验证的耗时，导致数据在传播过程中存在延迟。比如，在某个时间段内发生了若干有效交易，但不同的节点可能会有不同的交易池。传输数据大小直接影响延迟时间，数据越大，延迟也越大，详见第 6 章中介绍的区块在网络中的传播耗时分析。

在交易的广播过程中，要求交易不得被篡改，通过验证交易的过程，可以分析交易被篡改的可能性，详见 4.4 节交易传输中的安全的介绍。

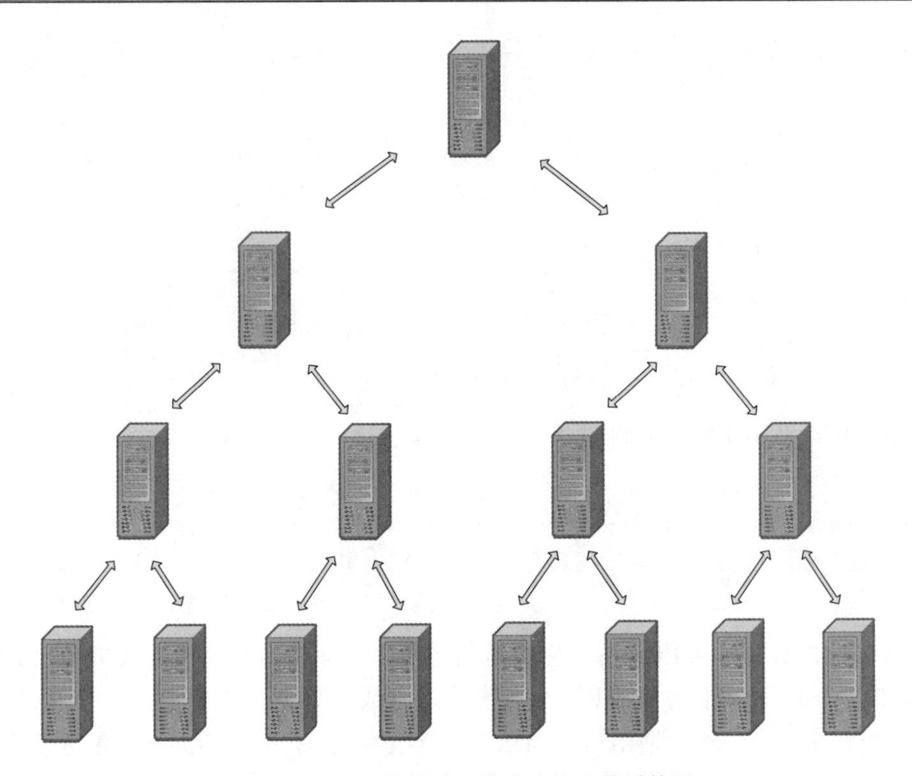

图 4.12　P2P 网络通过泛洪路由协议传播数据

4.3 验证交易

当交易被用户创建完成后，需要得到其他节点的认可。其他节点是如何认可交易的呢？本节将介绍节点独立验证交易的过程。一般交易的验证比创币交易的验证更复杂，所以二者分开讨论。

4.3.1 一般交易的验证

当交易传递到区块链网络中的其他节点时，节点会独立验证交易的有效性，确保仅有效交易才会在网络中继续传播。独立验证是指，节点遵照自己的区块链数据进行验证，不受外界的影响。本书中所提及的交易、区块的有效性验证都是指独立验证。交易的验证包括很多内容，比如比特币交易验证的内容如下所述。此处参考了《精通比特币》的相关内容。

- 交易的语法和数据结构必须正确；

- 输入和输出列表都不能为空；
- 交易的字节大小是小于 MAX_BLOCK_SIZE 的；
- 每一个输出值，以及总量，必须在规定的范围内（小于 2 100 万个比特币，大于 0）；
- 单个输入单元的定位指针 Pointer 为空的交易（创币交易）不应该被传递；
- nLockTime 是小于或者等于 INI_MAX 的，或者 nLockTime 和 nSequence 的值满足 MedianTimePast（MedianTime 是指在这个区块签名 11 个区块按照 block time 排序后的中间时间）；
- 交易的字节大小大于或者等于 100；
- 解锁脚本（sciptSig）只能将数字压入栈中，并且锁定脚本（scriptPubkey）必须要符合 isStandard 的格式（该格式将会被拒绝非标准交易）；
- 对于每一个输入单元，引用的输出单元都是必须存在的，并且没有被消费；
- 对于每一个输入单元，如果引用的输出单元在交易池中任何别的交易中（双重支付），该交易将被拒绝；
- 对于每一个输入单元，如果找不到其引用的输出单元，则该交易暂时被放进孤立交易池中；
- 对于每一个输入单元，如果引用的交易输出单元是来自创币交易（coinbase），则该输入必须获得 100 个确认（COINBASE_MATURITY=100），即在该区块上生成 100 个后才能使用；
- 检查每一个输入单元值和总值是否在规定的范围内（小于 2 100 万个币，大于 0）；
- 如果输入金额的总和小于输出金额的总和，交易将被拒绝；
- 每一个输入单元的解锁脚本必须依据相应输出单元的锁定脚本来验证。

比特币系统中，节点接受的交易满足以上所有条件才会被认为是有效交易。Simchain 中的交易验证内容进行了简化，忽略了部分非核心条件。具体内容如下：

- 交易的类型必须正确；
- 交易的输入输出均不能为空，且不能为创币交易；
- 没有双重支付；
- 对于每一个输入单元，如果在 UTXO_SET 中找不到其使用的 UTXO，则该交易暂时存放进孤立交易池中；
- 对于每一个输入单元，使用的 UTXO 指向的地址与公钥匹配，公钥能验证签名；
- 如果交易输入金额的总和小于输出金额的总和，交易将被拒绝。

Simchain 作为是一个教学项目，并不用于商业用途，这些简化是完全可以接受的。如果读者要进行项目实践，应该根据实际情况设计验证内容。

如图 4.13 所示为交易在网络中传播时的验证流程图，当节点 i 将交易传递给节点 j 时，如果是孤立交易，将会被放进孤立交易池。

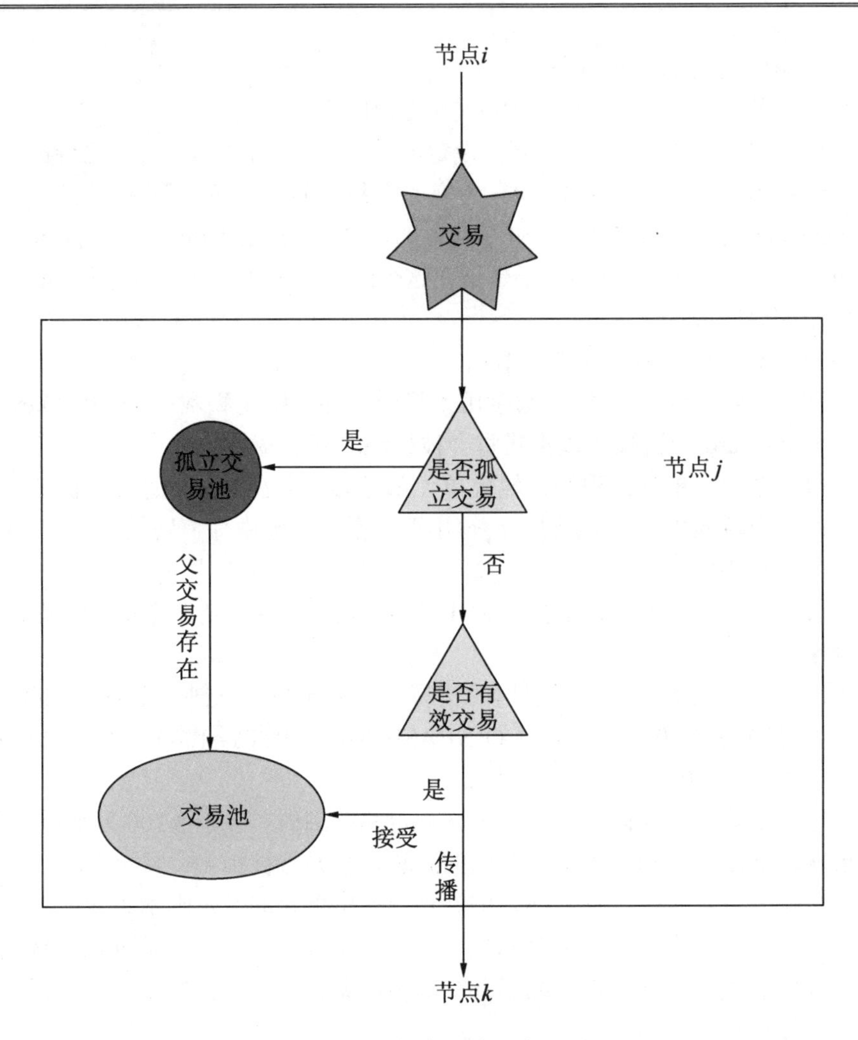

图 4.13　一般交易验证流程图

什么是孤立交易？孤立交易是指交易中存在一个或多个输入单元使用的 UTXO 不存在于 UTXO_SET 中的交易。既然无法在 UTXO_SET 中找到对应的 UTXO，是不是就说明该交易一定就是无效交易呢？答案是否定的。想象这样一种情形，张三只有一个金额为 100 分的 UTXO，现在需要分别支付李四和王五 30 分和 40 分。如图 4.14 所示，张三首先使用 100 分的 UTXO 创建了交易 A，由于系统允许用户在未确认的有效交易中提取可用的 UTXO，在广播交易 A 后，张三会将 A 交易的两个输出单元封装为两个 UTXO 添加到 UTXO_SET，并标记这些 UTXO 的状态为未确认。这意味着张三有了一个新的金额为 60 分未确认的 UTXO，但是可以使用。于是使用该 UTXO 创建交易 B，并广播到网络中，A 交易被称为 B 交易的“父交易”。虽然张三先广播了 A 交易，但由于区块链网络的延迟，可能 B 交易先到达某些节点，当这些节点接收到 B 交易时，在自己的 UTXO_SET 中无法找到金额为60分的UTXO，于是就会将B交易暂时放到自己的孤立交易池中，等到接收到A交易，并将A交易的输出单元封装成UTXO加入UTXO_SET后，才会将B交易从孤立交易池转移到交易池。也就是说，如果节点的孤立交易池中不为空，则每接收到一个新的交易，节点都要对孤立交易池进行交易验证，因为新的交易中可能存在“父交易”。当然，孤立交易池中也可能会存在恶意节点创建的无效交易。

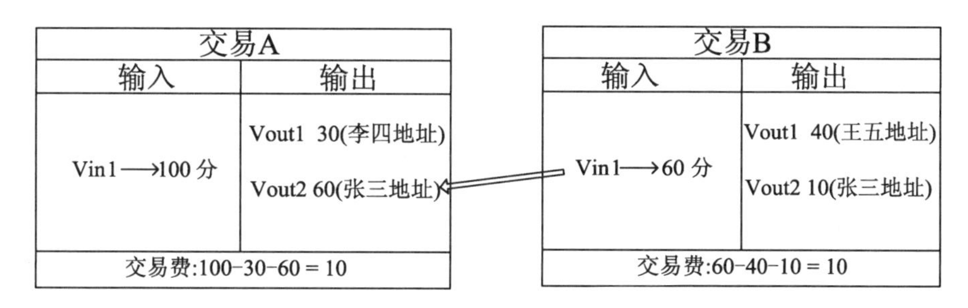

图4.14 张三连续创建交易A和B

如果节点i传递过来的交易被节点j验证有效，则会被放进其交易池中，然后将该交易传递给其他邻居节点k。同时，还会对孤立交易池进行“父交易”验证。

使用Python实现交易验证过程如下，参见源码文件peer.py。

```
#输入参数为节点，待验证交易和交易池
def verify_tx(peer,tx,pool={}):

    #验证交易基本条件
    if not verify_tx_basics(tx):
        return False

    #验证交易池中是否存在双重支付
    if double_payment(pool,tx):
        return False

    #初始化交易输入之和
    available_value = 0

    #遍历交易所有的输入单元Vin
    for vin in tx.tx_in:

        #在节点的UTXO_SET中查找该交易输入单元使用的UTXO
        utxo = peer.utxo_set.get(vin.to_spend)

        #如果UTXO不存在，将该交易添加到孤立交易池中
        if not utxo:
```

```
            peer.orphan_pool[tx.id] = tx
            return False

        #对每个输入单元验证签名，如果不成功则拒绝交易
        if not verify_signature_for_vin(vin,utxo,tx_out):
            return False

        #计算交易输入金额总和
        available_value += utxo.vout.value

    #如果交易输入金额总和小于交易输出金额总和，则拒绝交易
    if available_value < sum(vout.value for vout in tx.tx_out):
        return False

    #所有条件满足则验证通过
    return True
```

建议：作者提供的输入单元验证算法不一定是最优化的，读者也可以自行设计更好的验证算法。

验证交易基本条件过程如下：

```
#输入参数为待验证交易
def verify_tx_basics(tx):

    #如果交易类型不为 Tx，则拒绝
    if not isinstance(tx,Tx):
        return False

    #如果交易输入输出任何一个为空，则拒绝
    if (not tx.tx_out) or (not tx.tx_in):
        return Fasle
    return True
```

验证交易池中是否存在双重支付，即判断待验证的交易与交易池中的交易是否使用了相同的 UTXO。

```
#输入参数为节点的交易池和待验证交易
def double_payment(pool,tx):

    #如果交易已经在交易池中则返回真
    if tx.id in pool:
        return True
```

```
    #将待验证交易输入单元的定位指针存储在集合 a 中
    a = {vin.to_spend for vin in tx.tx_in}

    #将交易池中所有交易输入单元的定位指针存储在集合 b 中
    b = {vin.to_spend for tx in pool.values() for vin in tx.tx_in}

    #如果集合 a 和 b 有交集，则为双重支付
    return a.intersection(b)
```

在 IDLE 中举例如下：

```
>>> from simchain import Network
>>> from simchain.peer import verify_tx_basics,double_payment,verify_tx
>>> net = Network()
>>> zhangsan,lisi = net.peers[0],net.peers[1]
>>> zhangsan.create_transaction(lisi.addr,100) #张三给李四转账 100
>>> tx = zhangsan.txs[-1]                      #获取张三创建的交易
>>> verify_tx_basics(tx)                       #验证交易基本条件满足
True
>>> double_payment(zhangsan.mem_pool,tx)       #没有双重支付发生
set()
```

此时张三并没有广播交易，如果广播交易后会是怎样的情形？在 IDLE 继续输入如下：

```
>>> zhangsan.broadcast_transaction()           #张三广播交易
>>> zhangsan.mem_pool                          #张三的交易池
{'faae31e6e28ef9d0076231573dc108fa5a9afda748f003a450778dbc08a45cfc':
Tx(id:faae31e6e28ef9d0076231573dc108fa5a9afda748f003a450778dbc08a45cfc)}
>>> lisi.mem_pool                              #李四和张三一样的交易池
{'faae31e6e28ef9d0076231573dc108fa5a9afda748f003a450778dbc08a45cfc':
Tx(id:faae31e6e28ef9d0076231573dc108fa5a9afda748f003a450778dbc08a45cfc)}
>>> verify_tx(zhangsan,tx,zhangsan.mem_pool)   #张三验证交易不通过
2018-08-10 11:47:18,902 - Tx(id:faae31e6e28ef9d0076231573dc108fa5a9afda
748f003a450778dbc08a45cfc) double payment
False
>>> double_payment(zhangsan.mem_pool,tx)       #因为该条交易已经存在交易池中
True
>>>
```

签名的验证是交易验证中的重点，其实质是验证交易创建者是否拥有交易输入单元所使用 UTXO 的所有权。当用户要使用区块链中的某个 UTXO 时，必须在 Vin 中放入自己的签名和公钥，来证明该 UTXO 属于自己，且签名、公钥和 UTXO 指向的地址是匹配的。其他节点如何验证交易签名的有效性呢？节点将对交易的所有输入单元逐一进行验证，验证内容为地址和数字签名是否匹配。

1．地址匹配

节点将交易输入单元中的公钥转换为地址，如果该地址与使用的 UTXO 中指向的地址相同，则继续验证签名匹配，否则交易验证不通过。

2．数字签名匹配

节点首先选择一条签名明文，该明文的选择规则全网一致，必须和交易创建者在创建该输入单元时选择的是同一条明文。接下来，节点将用输入单元中的公钥和签名明文验证输入单元中的签名是否匹配。

该种交易形式也被称为 P2A（Pay To Address）。如果将地址换成公钥哈希，也被称为 P2PKH（Pay To Public Key Hash）。实际上，Public Key Hash 通过 Base58 编码就是地址，所以从本质上讲是一回事。

用 Python 实现单个输入单元的验证过程如下，参考源码文件 peer.py 模块。

```
#输入为待验证交易的输入单元、需要消费的 UTXO，以及交易的输出
def verify_signature_for_vin(vin,utxo,tx_out):

    #获取输入单元中的签名，以及公钥字节串
    pk_str,signature = vin.pubkey,vin.signature

    #获取 UTXO 指向的地址
    to_addr = utxo.vout.to_addr

    #用 UTXO 的定位指针、公钥字节串，以及交易输出作为签名明文
    #选用的明文必须与创建交易时的规则一致
    #调用 build_message()函数计算明文的哈希值，定义请参考 4.1.4 节中相关介绍
    string = str(vin.to_spend) + str(pk_str) + str(tx_out)
    message = build_message(string)

    #将公钥字节串转换为地址
    pubkey_as_addr = convert_pubkey_to_addr(pk_str)

    #从公钥字节串创建公钥对象
    verifying_key = VerifyingKey.from_string(pk_str)

    #如果通过公钥字节串转换得到的地址与 UTXO 指向的地址不匹配，则拒绝
    #简单来讲，UTXO 中指向的地址与公钥不是对应关系
    if pubkey_as_addr != to_addr:
        return Fasle
```

```
    #如果通过公钥字节串创建的公钥对象验证签名不通过，则拒绝
    #简单来讲，公钥和私钥不是对应关系
    if not verifying_key.verify(signature, message):
        return Fasle

    #所有条件满足，则通过签名验证
    return True
```

接着上例在 IDLE 中继续输入如下：

```
>>> from simchain.peer import verify_signature_for_vin
>>> vin = tx.tx_in[0]                                  #获取交易的第一个输入单元
>>> utxo = zhangsan.utxo_set[vin.to_spend]             #获取输入单元使用的 UTXO
>>> verify_signature_for_vin(vin,utxo,tx.tx_out)       #验证输入单元有效
True
```

当交易被独立验证有效后，节点会将其加入交易池中，具体见 4.1.4 节中的 add_tx_to_mem_pool()函数。除此之外，还要对孤立交易池进行验证，代码如下：

```
#如果节点的孤立交易池不为空，进行验证
if peer.orphan_pool:
    check_orphan_tx_from_pool(peer)

    def check_orphan_tx_from_pool(peer):

    #复制孤立交易池
    copy_pool = peer.orphan_pool.copy()

    #遍历所有的交易
    for tx in copy_pool.values():

        #如果交易验证不通过，则返回 False
        if not verify_tx(tx,peer.mem_pool):
            return False

        #否则将交易添加到交易池
        add_tx_to_mem_pool(peer,tx)

        #并将交易从孤立交易池中移除
        del peer.orphan_pool[tx.id]
    return True
```

交易验证过程保证了仅有效交易被写进交易池，这是交易被写进区块链的第一步，交易何时被写进区块链，取决于获胜的共识节点打包区块时选择了哪些交易，这些交易来自

于交易池。

4.3.2 创币交易的验证

Simchain 中，创币交易的验证与一般交易分开进行，因为创币交易的验证要简单许多。只需要验证交易的类型和交易的金额。

创币交易的验证实现该过程如下，参考源码文件 peer.py 模块。

```
#输入参数为交易和总奖励（共识奖励和交易费之和）
def verify_coinbase(tx,rewards):

    #是否为 Tx 类型
    if not isinstance(tx,Tx):
        return False

    #是否为创币交易
    if not tx.is_coinbase:
        return False

    #交易的输出列表是否只有一个输出单元，输出金额是否等于总奖励
    if (not (len(tx.tx_out) ==1))  or  (tx.tx_out[0].value != rewards):
        return False
    return True
```

以上内容就是交易的验证过程。由于区块链网络的特殊性，在网络中传播的交易是否可能被篡改呢？下一节将详细介绍。

4.4 交易传播中的安全

区块链网络是一个无监管的 P2P 网络，因为交易数据本身的加密属性，即使用 UTXO 的用户必须提供数字签名，第 3 章中介绍了一种固定随机数的签名攻击方式，可以盗取用户的私钥，本节中将介绍一种明文攻击，可以盗取有效交易的 UTXO。

4.4.1 签名明文攻击

想象这样一种情况，假设张三离线创建了一条指向李四的交易，然后将其广播到了区块链网络中，张三的邻居节点只有王五。王五接收到张三创建的交易后，妄图修改该笔交

易数据，我们在 3.2.2 节中，进行了修改交易输入数据的一系列试验，最终的结果是交易验证不会通过。如果王五修改交易的输出呢？比如将指向李四的地址替换为指向自己的地址，再将修改后的新交易传播到网络中，这样会发生什么呢？在 IDLE 中举例如下：

```
>>> from simchain import Network,Vout
>>> net = Network(nop = 2,von = 10000)
>>> zhangsan,lisi = net.peers[0],net.peers[1]
>>> zhangsan.create_transaction(lisi.addr,1000)
>>> net.add_peer()
>>> wangwu = net.peers[2]
>>> tx = zhangsan.txs[-1]                    #获取张三创建的交易
>>> tx
Tx(id:2815ccbf66036770939496ff500addb11dfb82a96b6dba4696a05f601aeedad0)
>>> vout = tx.tx_out[0]                      #获取交易的第一个输出单元
>>> new_vout = Vout(wangwu.addr,1000)        #王五替换地址
>>> tx.tx_out[0] = new_vout                  #替换交易的第一个输出单元，得到新的交易
>>> tx                                       #交易编号发生变化
Tx(id:c5feaccce2e1008758a92f3cfd889d4110ee6776003478c2925141c7cf3ad2bc)
>>> lisi.verify_transaction(tx)              #王五将交易发送给李四，李四验证不通过
2018-06-26 14:40:44,893 - singature does not math for Tx(
id:c5feaccce2e1008758a92f3cfd889d4110ee6776003478c2925141c7cf3ad2bc)
```

可以看出，当王五将交易传递给他的邻居节点时，邻居节点验证不通过，交易也就不会在网络中继续传播。

那么签名是张三的，公钥也是张三的，为什么验证会不通过呢？下面我们分析李四验证王五交易的过程，首先李四在自己的 UTXO_SET 中找到了张三要消费的 UTXO，然后将交易输入单元中的公钥转换为地址，并对比是否与 UTXO 中的地址一致，这些都是可以验证通过的。接下来，李四会选择签名明文输入单元中的签名，如果李四选择的明文与张三在创建交易时选择的明文一致，则签名会被验证通过。张三创建交易时选择的签名明文为输入单元的定位指针、公钥和交易的输出，即 message = pointer + pubkey + tx_out。李四验证交易时，也会采用同样的规则选择明文，即输入单元的定位指针、公钥和交易的输出。定位指针和公钥都来自输入单元，王五并没有修改，所以是完全一样的。由于王五创建的新交易的输出与张三创建的交易输出并不一样，即 tx_out 不一样，如图 4.15 所示。表明李四在验证交易签名时选择的明文和张三创建签名时选择的明文并不一致。最终的结果会导致，李四签名验证将不会通过，该条交易就会被拒绝。

设想这样一种情形，某种加密货币的客户端在数字签名的过程中选择的签名明文如果与交易的输出无关，例如仅选择输入单元的定位指针、公钥，而不包括交易的输出，则表明网络中所有有效交易的输出都是可以被篡改的，这种攻击称为签名明文攻击。

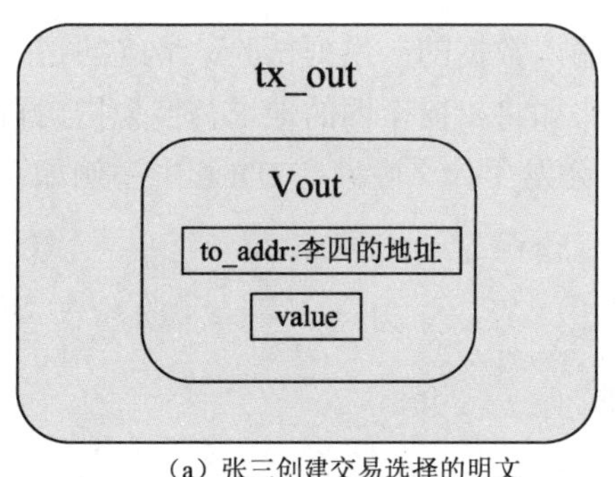

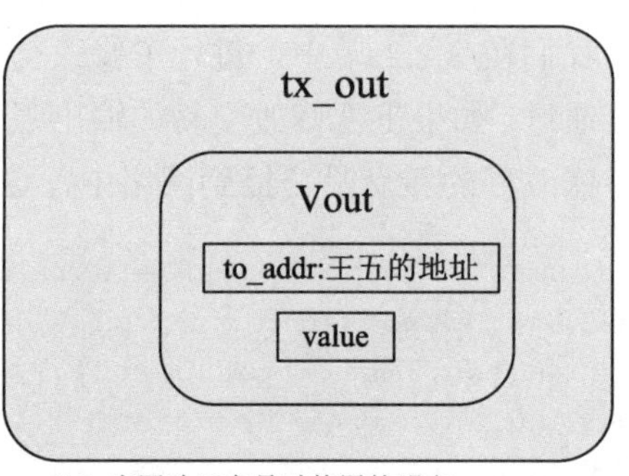

（a）张三创建交易选择的明文　　（b）李四验证交易时使用的明文

图 4.15　签名明文

在 IDLE 中举例如下：

```
>>> from simchain import Pointer,Vin,Vout,Tx
>>> from simchain.ecc import SigningKey,convert_pubkey_to_addr,
VerifyingKey
>>> k = 345643                                        #假设这是张三的私钥
>>> sk = SigningKey.from_number(k)                    #用整数创建一个私钥对象
>>> pk = sk.get_verifying_key()                       #获取该私钥对应的公钥
>>> addr = convert_pubkey_to_addr(pk.to_bytes()) #将公钥转换为对应的地址
>>> coinbase = Tx.create_coinbase(addr,100)       #用创币交易给张三发 100 的钱
>>> pointer = Pointer(coinbase.id,0)       #获取张三创币交易中的 UTXO 的定位指针
>>> message = b'I love blockchain'                    #张三选择一条签名明文
>>> sig = sk.sign(message)                            #张三用该明文签名
>>> vin = Vin(pointer,sig,pk.to_bytes())              #张三创建一个输入单元
>>> pub_str = vin.pubkey                   #李四对该输入单元进行验证，先获取公钥
>>> addr1 = convert_pubkey_to_addr(pubke_str)         #将公钥转换为地址
>>> addr1 == addr                                     #地址匹配
True
>>> vk = VerifyingKey.from_bytes(pub_str)   #李四用公钥字节串创建一个公钥对象
>>> vk.verify(sig,message)                 #选择与张三一样的签名明文验证签名通过
True
>>> message1=b'i love blockchain
>>> vk.verify(sig,message1)                #选择与张三不一样的明文验证签名不通过
False
```

回忆第 3 章中的随机数攻击是盗取私钥，此处的签名明文攻击是盗取有效交易中的 UTXO，但开发者只需修改一两行代码，将会改变整个系统的安全性。

4.4.2　创币交易的安全

创币交易在共识获胜者打包区块时产生，一般为区块交易列表的第 1 条，如果网络中有节点试图修改区块交易的任何信息，区块的梅克树根也会跟着改变，导致区块的编号（哈希）也会跟着改变，最终的结果是，当区块传递到其他节点时，解题答案将不被验证通过。该问题将在第 6 章中详细介绍。

4.5　可编程的交易

在 4.1.2 节中，交易的输入单元 Vin 和输出单元 Vout 中各有两个属性没有予以介绍，分别为签名脚本（解锁脚本）和公钥脚本（锁定脚本），这两个属性有什么作用呢？所谓的脚本又是什么呢？本节将围绕这两个问题展开。要解决这两个问题，就要先从比特币脚本介绍起。

4.5.1　比特币脚本

比特币脚本是指在比特币脚本引擎上运行的一段固定代码。什么是脚本引擎？在比特币源码文件 interpreter.cpp 中有这样一段描述：

```
/**
* Script is a stack machine (like Forth) that evaluates a predicate
* returning a bool indicating valid or not. There are no loops.
*/
```

翻译为中文可以理解为，脚本引擎是仅支持断言的堆栈机，所以返回的是 bool 类型，不支持循环。在比特币官方文档 https://en.bitcoin.it/wiki/Script#Opcodes 中对比特币脚本语言也有这样的描述，类似 Forth，脚本是一种简单的、基于栈的、从左至右操作的语言，非图灵完备，没有循环。脚本被记录在每条交易中，用于验证想要花费比特币的用户是否拥有 UTXO 的使用权。换句话说，创建交易的用户将脚本写在交易中，当其他节点需要验证交易时，用自己的脚本引擎执行该段脚本，如果返回为真，则交易有效，否则交易无效。回忆 4.3 节中交易的签名验证过程，是对每一个输入单元的验证，需要提供数字签名、公钥用以证明创建交易的用户确实是 UTXO 的拥有者。那脚本要该如何写，脚本引擎又是如何运行的？回答这些问题，需要了解脚本引擎的工作原理。

4.5.2　脚本引擎的工作原理

先从比特币交易的数据结构介绍起，以下是比特币中的某条交易的数据结构，引用自《精通比特币》。

```
{
"txid":"9ca8f969bd3ef5ec2a8685660fdbf7a8bd365524c2e1fc66c309acbae2c14ae
3",
"version" : 1,
"locktime" : 0,
"tx_in" : [
        {
        "txid":"d3c7e022ea80c4808e64dd0a1dba009f3eaee2318a4ece562f8ef
815952717d7",
        "vout" : 0,
        "scriptSig" : {
              "asm" : "3045022100a4ebbeec83225dedead659bbde7da3d026c
8b8e12e61a2df0dd0758e227383b302203301768ef878007e9ef7c304f70ffaf1f2c975b192
d34c5b9b2ac1bd193dfba20104793ac8a58ea751f9710e39aad2e296cc14daa44fa59248be5
8ede65e4c4b884ac5b5b6dede05ba84727e34c8fd3ee1d6929d7a44b6e111d41cc79e05dbfe
5cea",
              "hex":"483045022100a4ebbeec83225dedead659bbde7da3d026c8
b8e12e61a2df0dd0758e227383b302203301768ef878007e9ef7c304f70ffaf1f2c975b192d
34c5b9b2ac1bd193dfba2014104793ac8a58ea751f9710e39aad2e296cc14daa44fa59248be
58ede65e4c4b884ac5b5b6dede05ba84727e34c8fd3ee1d6929d7a44b6e111d41cc79e05dbf
e5cea"
              },
        "sequence" : 4294967295
        }
        ],
"tx_out" : [
        {
        "value" : 0.05000000,
        "n" : 0,
        "scriptPubKey" : {
                "asm" : "OP_DUP OP_HASH160 07bdb518fa2e6089fd810235cf
1100c9c13d1fd2 OP_EQUALVERIFY OP_CHECKSIG",
                "hex"  :"76a91407bdb518fa2e6089fd810235cf1100c9c13d1
fd288ac",
                "reqSigs" : 1,
                "type" : "pubkeyhash",
                "addresses" : ["1hvzSofGwT8cjb8JU7nBsCSfEVQX5u9CL"]
                }
        },
        {
        "value" : 1.03362847,
        "n" : 1,
```

```
            "scriptPubKey" : {
                    "asm" : "OP_DUP OP_HASH160 107b7086b31518935c8d28703d
66d09b36231343 OP_EQUALVERIFY OP_CHECKSIG",
                    "hex"  : "76a914107b7086b31518935c8d28703d66d09b3623
134388ac",
                    "reqSigs" : 1,
                    "type" : "pubkeyhash",
                    "addresses" : ["12W9goQ3P7Waw5JH8fRVs1e2rVAKoGnvoy"]
                    }
            }
            ]
    }
```

从上可以看出，该条交易有一个输入单元，两个输出单元。输入单元使用的 UTXO 来自交易 d3c7e022ea80c4808e64dd0a1dba009f3eaee2318a4ece562f8ef815952717d7 的第一个输出单元。输入单元有一个 scriptSig 属性，是一串很长的字符串，有两种编码格式。两个输出单元的索引分别为 0 和 1，且均有一个属性 scriptPubKey，第一个输出单元值为 OP_DUP OP_ HASH160 07bdb518fa2e6089fd810235cf1100c9c13d1fd2 OP_EQUALVERIFY OP_CHECKSIG，这些看似“乱码”的文字到底有什么作用呢？

实际上，scriptSig 就是签名脚本，用于解锁 UTXO，所以也被称为解锁脚本。每一个输入单元都有一个解锁脚本，其值是一串很长的字符串，本质是交易创建者出示的数字签名和公钥，用于证明输入单元中使用的 UTXO 属于自己。

scriptPubKey 就是公钥脚本，用于锁定 UTXO，所以也被称为锁定脚本。每一个 UTXO 都有一个锁定脚本，锁定脚本中的 OP_DUP，OP_HASH160，OP_EQUALVERIFY，OP_CHECKSIG 是内置的脚本指令。07bdb518fa2e6089fd810235cf1100c9c13d1fd2 是公钥哈希，对其进行 base58 编码则是地址。

这意味着，交易创建者在交易输入单元中提供的解锁脚本 scriptSig 必须与要使用的 UTXO（交易 d3c7e022ea80c4808e64dd0a1dba009f3eaee2318a4ece562f8ef815952717d7 的第一个输出单元）的锁定脚本 scriptPubKey 相匹配。那么，每个节点的脚本引擎是如何独立验证两个脚本是否匹配的呢?

脚本引擎实际上是一个堆栈机，从左至右的操作脚本指令。栈是一个非常简单的数据结构，它可以被理解成为一堆卡片。栈允许两类操作：压栈和出栈。压栈是在栈顶部增加一个元素，出栈则是从栈顶部移除一个元素。Python 中列表 list 对象拥有和栈类似的方法，添加一个元素至末尾类似压栈，删除末尾元素类似出栈，末尾代表栈顶。入栈的元素被称为指令（op_codes），一般是常量和操作符。常量直接压栈，操作符则执行相应的操作。

举例脚本 [2 3 ADD 5 EQUAL] 的堆栈过程。其中 ADD 指令将栈顶和次栈顶元素出栈，然后将相加结果压栈；EQUAL 指令将栈顶和次栈顶元素出栈，然后比较是否相等，如果相等，则将 True 压栈，否则将 Fasle 压栈。

开始时，栈为空，由于 2 和 3 都是常数，直接压栈。此时栈里的元素为[2 3]，接下来执行 ADD 指令，栈内元素变为[5],然后 5 压栈，则栈内元素变为[5 5]，最后执行 EQUAL 指令，因为相等，所以将 True 压栈，如表 4.6 所示。

表 4.6 脚本堆栈过程

stack	脚本	描述
[ ]	[2 3 ADD 5 EQUAL]	初始栈为空
[2]	[3 ADD 5 EQUAL]	2压栈
[2 3]	[ADD 5 EQUAL]	3压栈
[5]	[5 EQUAL]	执行ADD指令
[5 5]	[EQUAL]	5压栈
[True]	[ ]	执行EQUAL指令

比特币脚本引擎采用同样的堆栈原理来验证交易。将上述交易中的解锁脚本和锁定脚本简化表达如下所示。

```
scriptSig = [signature pubkey]
scriptPubkey = [OP_DUP OP_HASH160 pubkeyhash OP_EQUALVERIFY OP_CHECKSIG]
```

其中，signature 和 pubkey 是由长串字符串解码得到，pubkeyhash 是对 07bdb518fa2e6089fd810235cf1100c9c13d1fd2 的简化。当脚本引擎验证脚本是否匹配时，先将解锁脚本和锁定脚本从左至右进行组合，得到新的脚本，如下所示。

```
script = scriptSig + scriptPubkey =
[signature pubkey OP_DUP OP_HASH160 pubkeyhash OP_EQUALVERIFY OP_CHECKSIG]
```

然后对 script 中的元素逐一进行压栈操作。script 中的 signature，pubkeykey，pubkeyhash 为常量，其他都为操作符，具体操作符介绍如表 4.7 所示。

表 4.7 比特币脚本部分操作符介绍

操作符	描述
OP_DUP	复制栈顶元素并压栈
OP_HASH160	栈顶元素出栈，对其进行sha256哈希运算，然后进行ripemd160哈希运算，将计算结果压栈
OP_EQUALVERIFY	栈顶元素和次栈顶元素出栈，比较是否相等。相等则继续执行，否则验证失败
OP_CHECKSIG	栈顶元素和次栈顶元素出栈，调用签名验证函数对签名进行验证，通过则将True压栈，否则将Fasle压栈

验证交易脚本是否匹配的堆栈过程如表 4.8 所示。最开始时，栈为空。signature 和

pubkey 为常量，直接压栈，则栈内元素变为[signature pubkey]，然后执行 OP_DUP 指令，复制栈顶元素 pubkey 并压栈，于是栈内元素变为[signature pubkey pubkey]，接下来执行 OP_HASH160 指令，对 pubkey 进行双哈希运算得到 pubkeyhashA 并压栈，则栈内元素变为[signature pubkey pubkeyhashA]，然后 pubkeyhash 压栈，栈内元素变为[signature pubkey pubkeyhashA pubkeyhash]，接着执行 OP_EQUALVERIFY 指令，如果 pubkeyhashA 与 pubkeyhash 相等，则继续操作，否则返回，交易验证失败。有效交易必相等，于是栈内元素变为[signature pubkey]，最后执行 OP_CHECKSIG 指令，即使用公钥验证签名，如果通过则将 True 压栈，否则将 False 压栈。

表 4.8 交易脚本堆栈过程

stack	脚本	描述
[ ]	[signature pubkey OP_DUP OP_HASH160 pubkeyhash OP_EQUALVERIFY OP_CHECKSIG]	初始栈为空
[signature]	[pubkey OP_DUP OP_HASH160 OP_EQUALVERIFY pubkeyhash OP_CHECKSIG]	signature压栈
[signature pubkey]	[OP_DUP OP_HASH160 OP_EQUALVERIFY pubkeyhash OP_CHECKSIG]	pubkey压栈
[signature pubkey pubkey]	[OP_HASH160 pubkeyhash OP_EQUALVERIFY OP_CHECKSIG]	执行OP_DUP指令
[signature pubkey pubkeyhashA]	[pubkeyhash OP_EQUALVERIFY OP_CHECKSIG]	执行OP_HASH160指令
[signature pubkey pubkeyhashA pubkeyhash]	[OP_EQUALVERIFY OP_CHECKSIG]	pubkeyhash压栈
[signature pubkey]	[OP_CHECKSIG]	执行OP_EQUALVERIFY指令，如果为真则继续执行，否则返回
[True]	[]	执行OP_CHECKSIG

在 Python 中列表 list 具有类似栈的功能。在 IDLE 中举例如下：

```
>>> stack = []
>>> stack.append(10)                    #压栈
>>> stack
[10]
>>> a = stack.pop()                     #出栈，并返回栈顶元素
>>> a
10
>>> stack
[]
```

于是继承列表 list 对象定义栈类型 Stack，Python 代码如下，参考源码文件 vm.py 模块。

```
#从 ecc 模块中调用对象
from ecc import convert_pubkey_to_addr,VerifyingKey
class Stack(list):

    #将 append 方法重命名为 push
    push = list.append

    #获取栈顶元素
    def peek(self):
        return self[-1]
```

在 IDLE 中举例脚本[2 3 ADD 5 EQUAL]的堆栈过程如下：

```
>>> from simchain.vm import Stack                    #导入 Stack 对象
>>> stack = Stack()                                  #创建一个栈实例
>>> stack.push(2)                                    #常量 2 压栈
>>> stack
2
>>> stack.push(3)                                    #常量 3 压栈
>>> stack
[2, 3]
>>> res = stack.pop() + stack.pop()                  #栈顶和次栈顶元素出栈相加
>>> res
5
>>> stack.push(res)                                  #结果压栈
>>> stack
[5]
>>> stack.push(5)                                    #常量 5 压栈
>>> stack
[5, 5]
>>> flag = stack.pop() == stack.pop()                #判断栈顶元素和次栈顶元素是否相等
>>> flag
True
>>> stack.push(flag)                                 #将结果压栈
>>> stack
[True]
```

以上就是脚本引擎的工作原理，其本质是一个堆栈机。

4.5.3　堆栈机 LittleMachine

基于堆栈机的原理，Simchain 中定义了验证交易有效性的对象 LittleMachine。目前支持的运算符指令如表 4.9 所示。

表 4.9　堆栈机LittleMachine的运算符指令

指令	描述
OP_ADD	栈顶元素和次栈顶元素出栈，相加结果压栈
OP_MINUS	栈顶元素和次栈顶元素出栈，相减结果压栈
OP_MUL	栈顶元素和次栈顶元素出栈，相乘结果压栈
OP_EQ	栈顶元素和次栈顶元素出栈，比较是否相等。相等则继续执行，否则验证失败
OP_EQUAL	栈顶元素和次栈顶元素出栈，比较是否相等，相等则将True压栈，否则将False压栈
OP_CHECKSIG	栈顶元素和次栈顶元素出栈，调用签名验证函数对签名进行验证，通过则将True压栈，否则将Fasle压栈
OP_ADDR	栈顶元素出栈，调用公钥生成地址函数进行地址转换，并将结果压栈
OP_DUP	复制栈顶元素并压栈
OP_NDUP	复制栈顶n个元素并依次压栈
OP_CHECKMULSIG	将指定数量的签名和公钥依次出栈，调用签名函数验证每个签名，全部通过则将True压栈，否则将False压栈
OP_MULHASH	将n个公钥压栈，依次组合后进行哈希运算，并将结果压栈

注意：OP_EQ 与比特币脚本中 OP_EQUALVERIFY 功能相同，OP_ADDR 比 OP_HASH160 多一个步骤，对公钥哈希进行 base58 编码得到地址。

堆栈机实现的 Python 代码如下，参考源码文件 vm.py 模块。

```
from ecc import convert_pubkey_to_addr,VerifyingKey,sha256d
class LittleMachine(object):
    def __init__(self):

        #初始化栈
        self.stack = Stack()

        #定义操作符指令与空方法的映射关系
        self._map = {
            "OP_ADD":          self.add,            #加法指令
            "OP_MINUS":        self.minus,          #减法指令
```

```
        "OP_MUL":          self.mul,          #乘法指令
        "OP_EQ":           self.equal_check,  #相等判断指令，执行结果不压栈
        "OP_EQUAL"    :   self.equal,         #与 OP_EQ 相比，执行结果压栈
        "OP_CHECKSIG":   self.check_sig,      #验证签名指令
        "OP_ADDR":        self.calc_addr,     #计算地址指令
        "OP_DUP"      :   self.dup,           #复制栈顶元素指令
        "OP_NDUP"     :   self.ndup,          #复制 n 个元素到栈顶
        "OP_CHECKMULSIG" : self.check_mulsig, #验证多重签名
        "OP_MULHASH":      self.calc_mulhash, #计算多公钥哈希
        }

    #设置脚本
    def set_script(self,script,message = b''):
        self.clear()                          #清空栈
        self.result = True                    #为真堆栈继续，否则返回
        self.pointer = 0                      #操作指令的指针
        self.message = message                #签名明文
        self.script = script                  #脚本


    #将栈清空
    def clear(self):
        self.stack.clear()

    #获取栈顶元素
    def peek(self):
        return self.stack.peek()

    #出栈
    def pop(self):
        return self.stack.pop()

    #压栈
    def push(self,value):
        self.stack.push(value)

    #执行指令
    def evaluate(self,op):

        #如果指令在_map 映射中，则执行对应的方法
        #比如指令为 OP_DUP，则执行 dup()方法
        if op in self._map:
            self._map[op]()
```

```
        #如果指令为常量压栈
        elif isinstance(op,str) or\
             isinstance(op,bytes)or\
             isinstance(op,int) or\
             isinstance(op,bool):
             self.push(op)

    #定义加法方法，将栈顶和次栈顶元素出栈，相加结果压栈
    def add(self):
        self.push(self.pop() + self.pop())

    #定义减法方法，将栈顶和次栈顶元素出栈
    #用次栈顶元素减栈顶元素，结果压栈
    def minus(self):
        last = self.pop()
        self.push(self.pop() - last)

    #定义加法方法，将栈顶和次栈顶元素出栈，相乘结果压栈
    def mul(self):
        self.push(self.pop() * self.pop())

    #复制栈顶元素并压栈
    def dup(self):
        self.push(self.peek())

    #复制n个元素到栈顶
    def ndup(self):

        #栈顶元素出栈，得到要复制的元素个数
        n = self.pop()

        #将栈顶的n个元素复制到栈顶
        for val in self.stack[-n:]:
            self.push(val)

        #将数量n复制到栈顶
        self.push(n)

    #判断栈顶和次栈顶元素是否相等，不相等则堆栈结束
    def equal_check(self):
        flag = self.pop() == self.pop()
        if not flag:
```

```
        self.result = False

    #判断栈顶和次栈顶元素是否相等，并将结果压栈
    def equal(self):
        self.push(self.pop()==self.pop())

    #验证签名
    def check_sig(self):

        #将栈顶元素出栈，并命名为pk_str，实质是公钥字节串
        pk_str = self.pop()

        #将次栈顶元素出栈，并命名为sig，实质是签名
        sig = self.pop()

        #用公钥字节串创建公钥对象
        verifying_key = VerifyingKey.from_bytes(pk_str)

        #尝试用公钥对象验证签名
        try:
            flag = verifying_key.verify(sig,self.message)
        except Exception:
            flag = False

        #将结果压栈
        self.push(flag)

    #计算地址
    def calc_addr(self):

        #将栈顶元素出栈，并命名为pk_str，实质上是公钥字节串
        pk_str = self.pop()

        #将公钥字节串转换为地址并压栈
        self.push(convert_pubkey_to_addr(pk_str))

    #验证多重签名
    def check_mulsig(self):

    #栈顶元素出栈，得到公钥数量n
        n = self.pop()

        #将n个公钥存分别出栈，并储存在列表中
```

```
    pk_strs = [self.pop() for _ in range(n)]

    #栈顶元素出栈，得到签名数量m
    m = self.pop()

    #将m个签名分别出栈，并存储在列表中
    sigs = [self.pop() for _ in range(m)]

    #获取后m个公钥
    pk_strs = pk_strs[-m:]

    #多每个签名进行验证
    for i in range(m):
        verifying_key = VerifyingKey.from_bytes(pk_strs[i])
        try:
            flag = verifying_key.verify(sigs[i],self.message)
        except Exception:
            flag = False
        if not flag:
            falg = False
            break
        self.push(flag)

#计算多公钥哈希值
def calc_mulhash(self):

    #栈顶元素出栈，得到计算哈希的公钥个数n
    n = self.pop()

    #将公钥依次出栈，并存储在列表
    pk_strs = [self.pop() for _ in range(n)]

    #将n个公钥组合进行哈希运算
    s = b''
    for val in pk_strs[::-1]:
        s += val
    self.push(sha256d(s))

#堆栈
def run(self):

    #如果操作指令指针大于等于脚本的长度，则退出循环
    while (self.pointer < len(self.script)):
```

```
            #获取脚本指令
            op = self.script[self.pointer]

            #操作指令指针加 1
            self.pointer += 1

            #执行操作指令
            self.evaluate(op)

        #如果出现过堆栈结束的情形，则返回为假
        if not self.result:
            return False

        #否则返回栈顶元素
        else:
            return self.peek()
```

提示：LittleMachine 的功能并没有比特币脚本引擎功能丰富，读者可以自行扩展。

关于 LittleMachine 的使用，在 IDLE 中举例如下：

```
>>> from simchain.vm import LittleMachine          #导入堆栈机
>>> script = [2,3,'OP_ADD',5,'OP_EQUAL']           #定义脚本
>>> machine = LittleMachine()                      #实例化堆栈机
>>> machine.set_script(script)                     #给堆栈机设置脚本
>>> machine.run()                                  #堆栈机运行脚本
True
>>> script = [1,'I','U','OP_DUP']                  #定义脚本
>>> machine.set_script(script)                     #设置脚本
>>> machine.run()                                  #运行脚本
'U'
>>> machine.stack                                  #复制'U'
[1, 'I', 'U', 'U']
>>> script = [1,'I','U',2,'OP_NDUP']               #定义脚本
>>> machine.set_script(script)                     #设置脚本
>>> machine.run()                                  #运行脚本
2
>>> machine.stack                                  #复制'I', 'U'
[1, 'I', 'U', 'I', 'U', 2]
>>> script = [1,b'I',b'U','OP_ADDR']               #定义脚本
>>> machine.set_script(script)                     #设置脚本
>>> machine.run()                                  #运行脚本
'15Kx26NBHA2521LZWYe9GHcgPa9PMKvPGj'
```

```
>>> machine.stack                                    #计算 b'U'对应的地址
[1, b'I', '15Kx26NBHA2521LZWYe9GHcgPa9PMKvPGj']
>>> script = [1,b'I',b'U',2,'OP_MULHASH']            #定义脚本
>>> machine.set_script(script)                       #设置脚本
>>> machine.run()                                    #运行脚本
'732a89979416a90e1a28f20a0ca9aa453936b37847a76a7ee769e1e4f343daef'
>>> machine.stack                      #组合 b'I'和 b'U'进行哈希运算，结果压栈
[1, '732a89979416a90e1a28f20a0ca9aa453936b37847a76a7ee769e1e4f343daef']
```

还可以对单个输入单元进行验证，在 IDLE 中继续输入如下：

```
>>> from simchain import Pointer,Vin,Vout,Tx
>>> from simchain.ecc import SigningKey,convert_pubkey_to_addr,
VerifyingKey
>>> k = 3457534                                      #假设这是张三的私钥
>>> sk = SigningKey.from_number(k)                   #用整数创建一个私钥对象
>>> pk = sk.get_verifying_key()                      #获取该私钥对应的公钥
>>> addr = convert_pubkey_to_addr(pk.to_bytes())     #将公钥转换为对应的地址
>>> coinbase = Tx.create_coinbase(addr,100)      #用创币交易给张三发 100 的钱
>>> pointer = Pointer(coinbase.id,0)    #获取张三创币交易中的 UTXO 的定位指针
>>> message = b'I love blockchain'                   #张三选择一条签名明文
>>> sig = sk.sign(message)                           #张三用该明文签名
>>> vin = Vin(pointer,sig,pk.to_bytes())             #张三创建一个输入单元
>>> vin.sig_script                                   #输入单元的解锁脚本
b'\xff0\x96\x8c\x08q1h\xd1\xac!\xec\x93\x0f\xfa\xc3\xe22/z\x9f\x07\xb1\
xd6\x98\x9ev\xceQ\x98D\xfeay\xe6#\xc1\xaa\xaf\xc3\xf1\xa9\xa9>\xa6\x9atz\x1
0\xba\xdb\x9eco\x1c\xf4\xe3"\xe9(#\xa4W\x9d(\xb4Dc\xfe\x11]fd\x9e\x14%\xa2\
n\xb6L\xfe\xeb\x95\x90\xc2z!\xee\xedK\xc9\x1b+\xe0\x00\xfb\xafF?\x82[R\x8d\
x1aI\xff\xc9\xf5\xdc\xb7|0|I\x05=\x064\x04*\xd8a\x93\xd2\xbd\x12|"'
>>> len(vin.sig_script)                              #解锁脚本长度为 128
128
>>> len(sk.to_bytes())                               #私钥字节串长度为 32
32
>>> len(pk.to_bytes())                               #公钥字节串长度为 64
64
>>> len(sig)                                         #签名长度为 64
64
>>> vout = coinbase.tx_out[0]                        #获取 vin 中使用的 UTXO
>>> vout.pubkey_script                               #获取锁定脚本
'OP_DUP OP_ADDR 1AiTFmgGc1uP5Q28RLFBiP4nH22UgPhkks OP_EQ OP_CHECKSIG'
>>> addr                                             #张三的地址
'1AiTFmgGc1uP5Q28RLFBiP4nH22UgPhkks'
>>> sig_script = [vin.sig_script[:64],vin.sig_script[64:]] #解锁脚本解码
>>> sig_script                 #并存储在列表，前 64 个字节为签名，后 64 个字节为公钥
```

```
    [b'\xff0\x96\x8c\x08q1h\xd1\xac!\xec\x93\x0f\xfa\xc3\xe22/z\x9f\x07\xb1
\xd6\x98\x9ev\xceQ\x98D\xfeay\xe6#\xc1\xaa\xaf\xc3\xf1\xa9\xa9>\xa6\x9atz\x
10\xba\xdb\x9eco\x1c\xf4\xe3"\xe9(#\xa4W\x9d',
b'(\xb4Dc\xfe\x11]fd\x9e\x14%\xa2\n\xb6L\xfe\xeb\x95\x90\xc2z!\xee\xedK\xc9
\x1b+\xe0\x00\xfb\xafF?\x82[R\x8d\x1aI\xff\xc9\xf5\xdc\xb7|0|I\x05=\x064\x0
4*\xd8a\x93\xd2\xbd\x12|"']
    >>> pubkey_script = vout.pubkey_script.split(' ')  #将锁定脚本存储到列表
    >>> pubkey_script
    ['OP_DUP', 'OP_ADDR', '1AiTFmgGc1uP5Q28RLFBiP4nH22UgPhkks', 'OP_EQ', 'OP_
CHECKSIG']
    >>> script = sig_script+pubkey_script                #组合解锁脚本和锁定脚本
    >>> script
    [b'\xff0\x96\x8c\x08q1h\xd1\xac!\xec\x93\x0f\xfa\xc3\xe22/z\x9f\x07\xb1
\xd6\x98\x9ev\xceQ\x98D\xfeay\xe6#\xc1\xaa\xaf\xc3\xf1\xa9\xa9>\xa6\x9atz\x
10\xba\xdb\x9eco\x1c\xf4\xe3"\xe9(#\xa4W\x9d',
b'(\xb4Dc\xfe\x11]fd\x9e\x14%\xa2\n\xb6L\xfe\xeb\x95\x90\xc2z!\xee\xedK\xc9
\x1b+\xe0\x00\xfb\xafF?\x82[R\x8d\x1aI\xff\xc9\xf5\xdc\xb7|0|I\x05=\x064\x0
4*\xd8a\x93\xd2\xbd\x12|"',
    'OP_DUP', 'OP_ADDR', '1AiTFmgGc1uP5Q28RLFBiP4nH22UgPhkks', 'OP_EQ', 'OP_
CHECKSIG']
    >>> machine = LittleMachine()
    >>> machine.set_script(sig_script+pubkey_script,message)
    >>> machine.run()
    True
```

于是，节点验证交易签名的有效性可以用堆栈机 LittleMachine 进行验证，同样是对交易的每一个输入单元进行验证，Simchain 中对输入单元的签名验证函数定义如下，参照源码文件 peer.py 模块。

```
#节点对单个 Vin 进行验证
def verify_signature(peer,vin,utxo,tx_out):

    #获取解锁脚本和锁定脚本的组合
    script = check_script_for_vin(vin,utxo,peer.key_base_len)

    #如果脚本为空，返回
    if not script:
        return False

    #选择验证签名的明文
    string = str(vin.to_spend) + str(vin.pubkey) + str(tx_out)
    message = build_message(string)
```

```
        #设置节点堆栈机的脚本和签名明文
        peer.machine.set_script(script,message)

        #返回堆栈机运行结果
        return peer.machine.run()

    #检查脚本格式并组合
    def check_script_for_vin(vin,utxo,baselen):

        #从输入单元中获取解锁脚本，从 UTXO 中获取锁定脚本
        sig_script,pubkey_script = vin.sig_script,utxo.pubkey_script

        #基本编码长度的 2 倍和 4 倍数，基本编码长度是 1 个整数的编码长度，如私钥的长度
        #在椭圆曲线签名中，签名是 2 个整数，所以长度是 2 倍的基本编码长度
        #公钥是一个点，也是 2 个整数，所以也是 2 倍的基本编码长度
        #而解锁脚本包含签名和公钥，所以长度是 4 倍
        double,fourfold = int(baselen*2),int(baselen*4)
        if len(sig_script) != fourfold:
            return False
        sig_scrip = [sig_script[:double],sig_script[double:]]
        try:
            pubkey_script = pubkey_script.split(' ')
        except Exception:
            return False
        return sig_scrip+pubkey_script
```

4.5.4 多重签名

以上交易是最常规、普遍的形式。设想这样一种情形，A 和 B 是一对夫妻，经过共同努力获得一笔财产，他们将其存在区块链上，当要消费这笔财产时，必须两个人同时提供签名才会被其他节点验证有效，常规的交易显然是不能满足要求的，那么是否无法实现，还是等客户端添加相应的功能呢？事实上，在研究堆栈机功能的基础上，他们创建了一种新的交易形式，通过修改输入单元和输出单元中的脚本，达到了他们的要求。他们设计的解锁脚本和锁定脚本如下：

```
scriptSig = [signatureA signatureB 2 pubkeyA pubkeyB 2]
sciptPubkey = [OP_NDUP OP_MULHASH hash OP_EQ 2 OP_CHECKMULSIG]
```

组合解锁脚本和锁定脚本，有：

```
script = scriptSig + sciptPubkey =
[signatureA signatureB 2 pubkeyA pubkeyB 2 OP_NDUP OP_MULHASH hash OP_EQ
2 OP_CHECKMULSIG]
```

该脚本的执行过程如表 4.10 所示。

表 4.10　多重签名脚本堆栈过程

stack	脚本	描述
[ ]	[signatureA signatureB 2 pubkeyA pubkeyB 2 OP_NDUP OP_MULHASH hash OP_EQ 2 OP_CHECKMULSIG]	初始栈为空
[signatureA]	[signatureB 2 pubkeyA pubkeyB 2 OP_NDUP OP_MULHASH hash OP_EQ 2 OP_CHECKMULSIG]	signatureA压栈
[signatureA signatureB]	[2 pubkeyA pubkeyB 2 OP_NDUP OP_MULHASH hash OP_EQ 2 OP_CHECKMULSIG]	signatureB压栈
[signatureA signatureB 2]	[pubkeyA pubkeyB 2 OP_NDUP OP_MULHASH hash OP_EQ 2 OP_CHECKMULSIG]	2压栈
[signatureA signatureB 2 pubkeyA]	[pubkeyB 2 OP_NDUP OP_MULHASH hash OP_EQ 2 OP_CHECKMULSIG]	pubkeyA压栈
[signatureA signatureB 2 pubkeyA pubkeyB]	[2 OP_NDUP OP_MULHASH hash OP_EQ 2 OP_CHECKMULSIG]	pubkeyB压栈
[signatureA signatureB 2 pubkeyA pubkeyB 2]	[OP_NDUP OP_MULHASH hash OP_EQ 2 OP_CHECKMULSIG]	2压栈
[signatureA signatureB 2 pubkeyA pubkeyB pubkeyA pubkeyB 2]	[OP_MULHASH hash OP_EQ 2 OP_CHECKMULSIG]	执行OP_NDUP
[signatureA signatureB 2 pubkeyA pubkeyB hashA]	[hash OP_EQ 2 OP_CHECKMULSIG]	执行OP_MULHASH
[signatureA signatureB 2 pubkeyA pubkeyB hashA hash]	[OP_EQ 2 OP_CHECKMULSIG]	hash压栈
[signatureA signatureB 2 pubkeyA pubkeyB]	[2 OP_CHECKMULSIG]	执行OP_EQ
[signatureA signatureB 2 pubkeyA pubkeyB 2]	[OP_CHECKMULSIG]	2压栈
[True]	[ ]	执行OP_CHECKMULSIG

注意： 执行 OP_MULHASH 是将 pubkeyA 和 pubkeyB 组合进行 sha256d 哈希运算，结果 hashA 压栈，意味着锁定脚本中的 hash 是指公钥组合的哈希值。

于是，双方将共同的财产存放在新型 UTXO 中，锁定脚本同时需要两个签名和公钥才能解锁，任何一方创建的交易将不会被验证通过。这种解锁脚本需要提供大于一个签名的交易形式就是多重签名。

用 LittleMachine 举例重签名的过程如下：

```
>>> from simchain import SigningKey,sha256d
>>> kA = 3453543                                    #A的私钥，整数
>>> kB = 2349334                                    #B的私钥，整数
>>> skA = SigningKey.from_number(kA)                #创建A的私钥对象
>>> skB = SigningKey.from_number(kB)                #创建B的私钥对象
>>> pkA = skA.get_verifying_key()                   #A的公钥
>>> pkB = skB.get_verifying_key()                   #B的公钥
>>> message = b'I love blockchain'                  #签名明文
>>> sigA = skA.sign(message)                        #A的签名
>>> sigB = skB.sign(message)                        #B的签名
>>> Hash = sha256d(pkA.to_bytes()+pkB.to_bytes())
                                                    #组合A和B的公钥并计算哈希值
>>> sig_script = [sigA,sigB,2,pkA.to_bytes(),pkB.to_bytes(),2] #解锁脚本
>>> pubkey_script = ['OP_NDUP','OP_MULHASH',Hash,'OP_EQ',2,'OP_CHECKMULSIG']
                                                    #UTXO中的锁定脚本
>>> script = sig_script + pubkey_script             #组合脚本
>>> machine = LittleMachine()
>>> machine.set_script(script,message)              #设置脚本和签名明文
>>> machine.run()                                   #执行脚本，验证通过
True
```

提示：在执行脚本前，应有一个检查脚本格式的步骤，本例予以省略。

以上实现的多重签名的交易形式也被称为 P2SH（Pay To Script Hash），锁定脚本中的哈希值允许用户自定义设计。

通过以上可以看出，如果脚本引擎足够强大，读者可以在研究引擎功能的基础上，自行编程满足自身的需要，而不需要频繁更新客服端。

建议：以太坊的虚拟机是图灵完备的堆栈机，功能较比特币脚本引擎强大，读者可以尝试自行实现。

4.6　交易的“一生”

结合以上内容学习进行总结，区块链中的交易从无到有，到最终被写进不可篡改的区块链，大致经历了五个阶段，其中第二阶段并不是必经阶段。

第一个阶段：离线交易。创建交易的过程是完全可以离线完成的，创建交易的有效性

依赖于节点使用的 OWN_UTXO_SET 或 UTXO_SET 数据集，如果这些数据集来自于全网一致的区块链数据，没有被恶意篡改过，而且用户在创建交易时严格按照系统制定的规则，则所创建的交易就是有效的。整个过程中，用户节点不需要和外界有任何数据交换，完全可以离线完成。由于创建交易时，需要使用节点的私钥进行签名，离线则意味着可以最大程度的保护节点私钥的安全。

第二个阶段：孤立交易池中的交易。当离线交易被创建后，将会在网络中传播，网络中的节点将独立验证交易的有效性，该过程很复杂，其中一条为验证交易输入单元使用的 UTXO 的有效性，最基本的要求是 UTXO 存在于验证节点的 UTXO_SET 中，如果 UTXO 在 UTXO_SET 中无法找到，则节点会将该交易暂时放到自己的孤立交易池中。孤立交易池中的交易，不一定都是有效交易，也可能存放无效交易，有效交易是因为 P2P 网络自身的特点导致的暂时无效，最终还是会被转移到交易池变得有效；无效交易可能是因为“恶意”节点的攻击而永久无效。一般而言，只有少量有效交易会被放进孤立交易池，大部分有效交易都不会有该“经历”。

第三个阶段：交易池中的交易。如果交易被独立验证有效，节点会将其放到自己的交易池中。同时，还需要验证孤立交易池，因为新交易可能是孤立交易池中某条交易的“父交易”，如果孤立交易池中有交易通过验证，则会将验证通过的交易转移到交易池，并从孤立交易池移除。

第四个阶段：候选区块中的交易。为了达成共识，共识节点将从自己的交易池中选择一定数量的交易创建候选区块，区块是若干交易的集合。如果共识节点在本轮竞争中获胜，这些交易有可能会被写进区块链。

第五个阶段：区块链中的交易。获胜的共识节点将自己打包的候选区块广播到网络中，其他节点独立验证区块的有效性（详情见第 6 章区块的独立验证），如果有效，不考虑区块链的分叉，该区块将会被写进区块链，而当前区块中的交易将抵达“生命终点”，它们将会在区块链中“长眠”。

以上就是区块链中交易的“一生”。当然，对于分叉问题（详见第 6 章区块链分叉），交易仅仅是经历一个从候选区块回到交易池的“后退”过程，但最终还是会被写进区块链。

交易作为区块链的主要数据，是如何被写进其中的呢？请读者与作者一起学习第 5 章的内容。

第5章 区块与区块链

李四翻开自己的账本，最新页是第110页，于是将奖励作为第一条交易写进该页，然后将自己草稿本上的交易进行编号，逐一誊写进该页中。眼看着账本就要写完了，李四心想，大家又要换账本了。

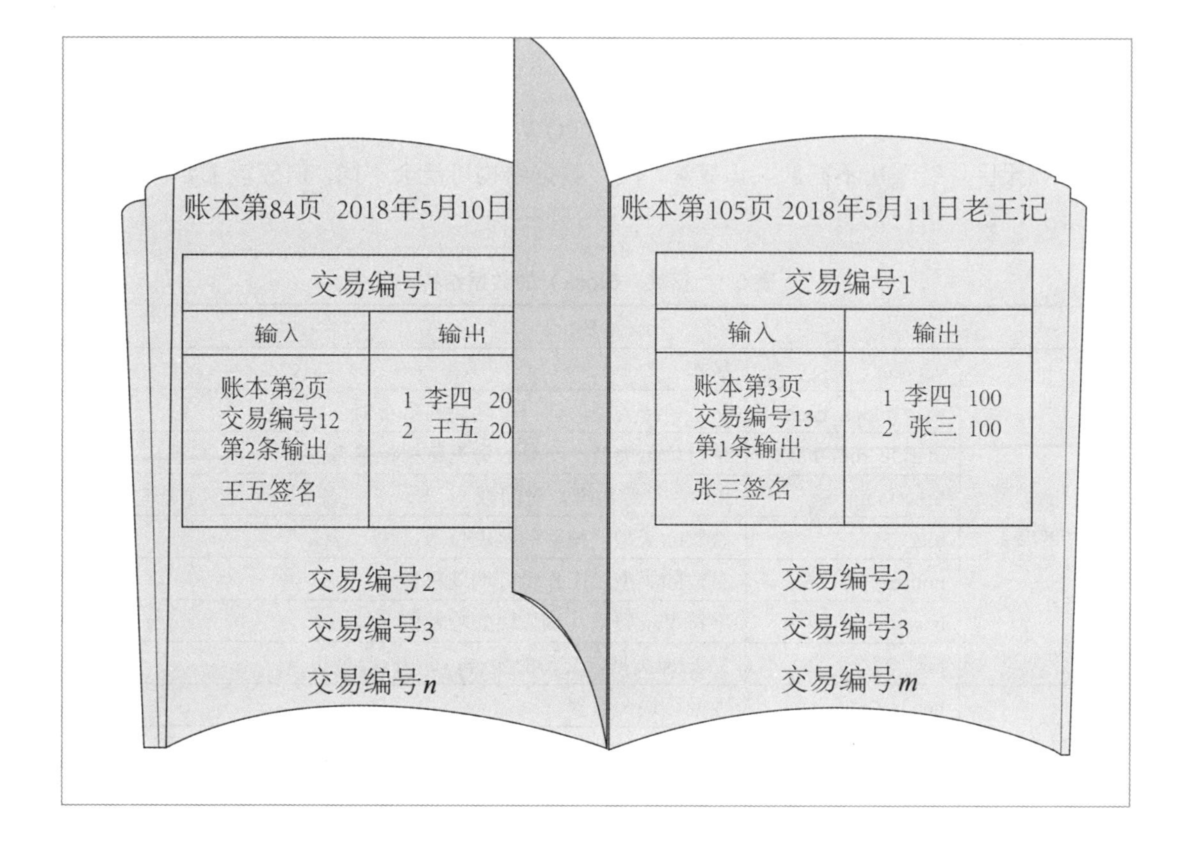

5.1 区　块

本节将介绍区块链中的重要概念——区块，主要包括区块的数据结构、区块头和梅克尔树根哈希值的作用，以及简易支付验证的原理。

5.1.1 什么是区块

区块是一种被包含在公开账本（区块链）中聚合了交易信息的容器型数据结构。在第1章的故事中，将区块比作账本的每一页，区块相互链接形成区块链。区块是如何产生的呢？回忆故事，区块由解题获胜的节点（村民）在自己的交易池中选择交易并打包成区块。在比特币中，解题过程也被称为“挖矿”，“矿工”找到解题答案的过程被称为“挖出区块”。故事中，区块除了交易外，还有编号、创建日期和解题答案等，本质上这些信息是区块头的组成部分。于是，区块头和交易组成了区块，而区块头是对区块信息的汇总。

5.1.2 区块的数据结构

Simchain采用的共识算法是工作量证明（POW），所以定义区块的数据结构如表5.1所示。如果区块链采用不同的共识算法，区块数据结构可能会不同，但应该主要体现在区块头上。

表5.1　区块（Block）的数据结构

class Block		
属性（property）	version	版本
	prev_block_hash	字符串str类型，前一个区块的哈希值
	merkle_root_hash	字符串str类型，交易的梅克尔树根哈希值
	timestamp	float浮点数类型，时间戳
	bits	整数int类型，挖矿的难度位数
	nonce	整数int类型，工作量证明随机数
	hash	字符串str类型，该区块的哈希值（编号）
	txs	列表list类型，交易的集合，即 Tx类型集合
方法（method）	header()	返回区块头数据
	_replace()	返回一个新的Block对象，用于获胜者替换候选区块中的nonce值
	get_merkle_root()	返回区块的梅克尔树根哈希值

用 Python 中定义 Block 代码如下：

```
#继承 tuple
class Block(tuple):

    #输入为版本号、前区块哈希值和时间戳
    #“挖矿”难度位数、工作量证明和交易集合
    def __new__(cls,version,
                prev_block_hash,
                timestamp,
                bits,
                nonce,
                txs):
        return super(Block,cls).__new__(cls,(version,
                                             prev_block_hash,
                                             timestamp,
                                             bits,
                                             nonce,
                                             txs))

    #版本类型
    @property
    def version(self):
        return self[0]

    #前区块哈希值
    @property
    def prev_block_hash(self):
        return self[1]

    #时间戳
    @property
    def timestamp(self):
        return self[2]

    #难度位数
    @property
    def bits(self):
        return self[3]

    #工作量证明
    @property
    def nonce(self):
```

```
        return self[4]

    #交易集合
    @property
    def txs(self):
        return self[5]

    #梅克尔树根哈希值
    @property
    def merkle_root_hash(self):
        return self.get_merkle_root()


    #创建一个新的 Block，仅替换 nonce
    def _replace(self,nonce = 0):
        return Block(self[0],
                     self[1],
                     self[2],
                     self[3],
                     nonce,
                     self[5])

    #计算梅克尔树根哈希值
    def get_merkle_root(self):
        return get_merkle_root_of_txs(self.txs).val if self.txs else None

    #区块头，输入工作量证明和梅克尔树根哈希值
    #返回版本、前区块哈希值、时间戳和难度位数
    #梅克尔树根哈希值和工作量证明的组合
    def header(self,nonce = None, merkle_root_hash = None):
        if merkle_root_hash is None:
            merkle_root_hash = self.get_merkle_root()
        return "{0}{1}{2}{3}{4}{5}".format(self[0],
                                          self[1],
                                          self[2],
                                          self[3],
                                          merkle_root_hash,
                                          nonce or self[4])


    #区块的哈希值，可当作区块的编号
    #对区块头数据进行哈希运算
    @property
    def hash(self):
        return sha256d(self.header())
```

由区块的数据结构定义可以看出，区块头由版本号、前区块哈希值、梅克尔树根哈希值、时间戳、“挖矿”难度位数，以及工作量证明随机数 nonce 构成。回忆第 4 章中介绍的交易编号，是对交易数据进行哈希运算得到。与交易的编号类似，区块的哈希值也是对区块的数据进行哈希运算得到，所以区块的哈希值也就是区块的编号。这样做同样有两个目的，一是防止区块数据被篡改；二是防止区块编号的重复。如果区块编号一致，则两个区块的数据极大可能相同。

版本号一般是固定值。公认的时间戳是指从格林威治时间 1970 年 01 月 01 日 00 分 00 秒起至目前时间的总秒数。但 Simchain 作为一个模拟器，它其中的时间定义也是本地的，并非现实中的时间。实际上，Simchain 中的时间戳用共识所花费的时间来定义，比如第 2 个区块的时间戳为 0，第 3 个区块的时间戳为第 2 个区块被挖出所花费的时间，第 4 个区块的时间戳为第 2 个和第 3 个区块被挖出所消耗的时间之和，依次类推。时间戳只是区块诞生的证明，就好比人的出生日期，由于在区块验证中，可能对时间戳没有限制，所以共识节点在打包区块时是可以不遵照当前时间写入的。

关于 Simchain 中的区块数据结构，在 IDLE 中举例如下：

```
>>> from simchain import Network
>>> net = Network()
>>> zhangsan = net.peers[0]                        #第一个节点命名为张三
>>> net.make_random_transactions()                 #随机交易
>>> net.consensus()                                #达成共识
>>> gen_block = zhangsan.blockchain[0]             #获取创世区块
>>> block = zhangsan.blockchain[1]                 #获取第 2 区块
>>> block.version                                  #区块版本
0
>>> block.prev_block_hash                          #前区块哈希值
'9a15f11d2b352dee4b662d478d421ddb55ea71e9d868d6f305ea64839540b246'
>>> gen_block.hash                                 #创世区块哈希值
'9a15f11d2b352dee4b662d478d421ddb55ea71e9d868d6f305ea64839540b246'
>>> block.merkle_root_hash                         #梅克尔树根哈希值
'1f410a1d6486aa171cf780b28000d141549a7d9b324091d13887c47afdf7b53e'
>>> block.timestamp                                #时间戳
0
>>> block.bits                                     #挖矿难度位数
18
>>> block.nonce                                    #解题答案，也就是工作量证明
34242
>>> block.hash                                     #区块哈希值（编号）
'000025963d91dec1e83809cd45e4486be4279a053ee50d5efc4e9ecd19dee9b9'
>>> block.header()                                 #区块头
'09a15f11d2b352dee4b662d478d421ddb55ea71e9d868d6f305ea64839540b2461f410
```

```
a1d6486aa171cf780b28000d141549a7d9b324091d13887c47afdf7b53e01834242'
    >>> block.txs                                    #区块交易
    [Tx(id:116fd9507997c18605b1dbd38a3f2f4af02bdff502411fc3431b192e90a59577
), Tx(id:9e9c07f3314eaf0b30002db4b3c0317d3314a8492af355d39a9eb841219758d7),
Tx(id:e27f508a5a099341914f1e989ddb9b12b5aa0f84d80b644e3b91c051c2c9c3e2),
Tx(id:cbffd9350be9c8f5c4ce5f6f21a36d67de41b9c412d1ff73fe6ad82a31a89232),
Tx(id:c328821556594fa78352a6182ff993cac4ae79d523f12eb3801d623d6e439c04),
Tx(id:7e23b7aa859894170789121ffd2514458bcd82de81c66ef5150c74bd174cde3a)]
```

前区块哈希值是指上一个区块的哈希值，为什么需要前区块哈希值，梅克尔树根哈希值又是指什么，它有什么作用，工作量证明随机数“nonce”又是如何得到的呢？带着这些问题继续下面内容的学习。

5.1.3 区块头

从上一节内容中了解到，区块的哈希值（编号）是对区块数据进行哈希运算得到的，而区块数据又由区块头来体现。实际上，区块的哈希值是对区块头进行哈希运算得到。这意味着，区块头应该包含区块的完整信息，在 Simchain 中，区块头是对表 5.2 中数据的封装（可对照源码）。

表 5.2 区块头组成

区块头header	
version	版本
prev_block_hash	字符串str类型，前一个区块的哈希值
timestamp	字符串str类型，交易的梅克尔树根哈希值
bits	float浮点数类型，区块创建时的时间
merkle_root_hash	整数int类型，挖矿的难度位数
nonce	整数int类型，工作量证明

从表中可以看出，区块头并不直接包含交易数据，那么区块的哈希值是如何能防止交易数据被篡改的呢？这依靠梅克尔树根哈希值来保证。接着上例在 IDLE 中继续输入如下内容：

```
    >>> block.txs.pop()                       #删除区块交易中的最后一条交易
    >>> block                                 #区块的哈希值发生变化
    Block(hash:d8b27d01e4ec38c09d4cb904aaa3e6ca9f4343654dd173aed86aea4d5e7c
e31a)
    >>> block.merkle_root_hash                #梅克尔树根哈希值也发生了变化
    '4a34dd6737b23e7a6d8729a3b4920ec353b97371a2d82e00c6427092105b759f'
```

可以看出，当删除区块中的一条交易，区块的梅克尔树根哈希值发生变化，导致区块头数据发生变化，从而区块哈希值也跟着改变。那么，是不是只要修改任意的交易数据，都会导致梅克尔树根哈希值的变化呢？梅克尔树根哈希值是怎么得到的呢？带着这些问题，继续下面章节的学习。

5.1.4　梅克尔树的构建

梅克尔树（Merkle Tree）是一种哈希二叉树，它能快速归纳和校验大规模数据的完整性。术语“树”在计算机学科中常被用来描述一种具有分支的数据结构，但这种树一般被倒置显示，即“根”在上，“叶子”在下。在区块链中，用梅克尔树来归纳区块中的交易。假设当前区块中有 4 条交易，如图 5.1 所示，哈希值（编号）分别为 H_1～H_4，每个哈希值被存储在一个“叶子”节点中，然后将同一层级的节点两两分组，将同组节点的哈希值串联起来进行哈希运算，然后生成新的层级，直到只剩下最顶部的一个根节点，根节点存储的哈希值也就是梅克尔树根哈希值。以上过程实现了区块交易的归纳，根据哈希算法的特性，如果区块中任意交易数据发生篡改，通过节点哈希值的传递，梅克尔树根哈希值也会发生变化，从而导致区块的哈希值也发生改变。以上过程用公式描述如下，其中 sha256d 为 sha256 双哈希函数。

归纳第一层节点：

$$H_{12}=\text{sha256d}(H_1+H_2) \tag{5.1}$$

$$H_{34}=\text{sha256d}(H_3+H_4) \tag{5.2}$$

归纳第二层节点：

$$H_{1234}=\text{sha256d}(H_{12}+H_{34}) \tag{5.3}$$

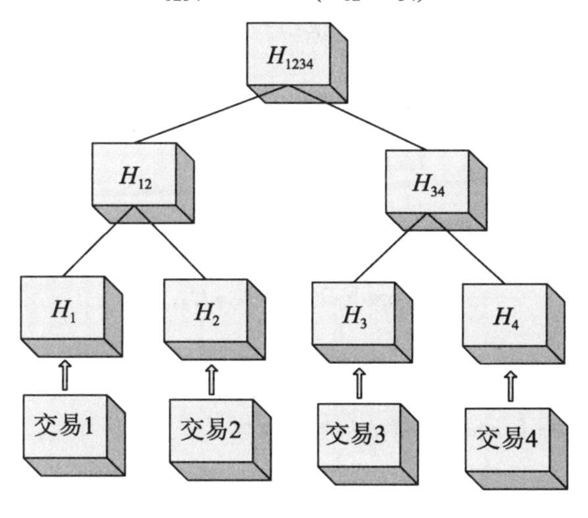

图 5.1　梅克尔树根哈希值（交易数量 4）

上例中每一层级节点数量均为偶数，对于同一层级节点数量为奇数的情况，先将末尾节点从列表中移除并存储到其他位置，然后对剩余的列表两两分组进行哈希运算，如果新一层级节点数量又为奇数，则将前一层中最后的节点添加到该层末尾，则该层节点数量变为偶数，然后继续进行哈希运算。如图 5.2 所示，假设当前区块交易数量为 3，哈希值分别为 H_1～H_3，底层节点数量为奇数。用公式描述如下：

归纳第一层节点：

$$H_{12}=\text{sha256d}(H_1+H_2) \tag{5.4}$$

归纳第二层节点：

$$H_{123}=\text{sha256d}(H_{12}+H_3) \tag{5.5}$$

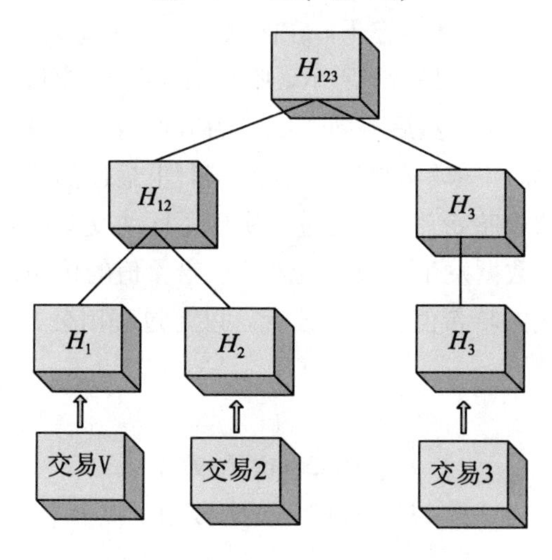

图 5.2　梅克尔树根哈希值（交易数量 3）

同理，可以得出 6 条交易的梅克尔树根哈希值计算公式如下所示。

归纳第一层节点：

$$H_{12}=\text{sha256d}(H_1+H_2) \tag{5.6}$$

$$H_{34}=\text{sha256d}(H_3+H_4) \tag{5.7}$$

$$H_{56}=\text{sha256d}(H_5+H_6) \tag{5.8}$$

归纳第二层节点：

$$H_{1234}=\text{sha256d}(H_{12}+H_{34}) \tag{5.9}$$

归纳第三层节点：

$$H_{123456}=\text{sha256d}(H_{1234}+H_{56}) \tag{5.10}$$

交易数量为 6 的梅克尔树根哈希值如图 5.3 所示。

根据以上举例，总结计算交易的梅克尔树根哈希值步骤如下所述。

第一步：将交易的哈希值存储在集合 set 中；

第二步：计算集合 set 的长度，如果长度为奇数，则将末尾元素从列表中移除并存储到 odd，列表长度则变为偶数；

第三步：对集合 set 中的元素两两串联进行哈希运算，并用计算结果代替集合 set 中的元素实现更新，如果 odd 不为空，则将其添加到集合 set 的末尾；

第四步：计算集合 set 的长度是否为 1，如果为 1 则返回集合中的第 1 个元素，即为梅克尔树根哈希，否则执行第五步；

第五步：重复执行第二、三、四步操作。

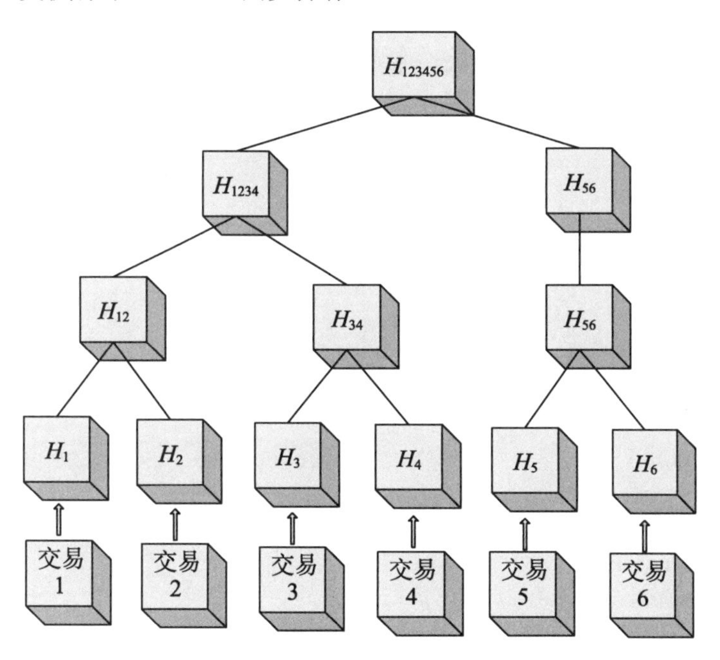

图 5.3　梅克尔树根哈希值（交易数量 6）

在 Python 中定义计算交易的梅克尔树根哈希值的程序如下所示。参考源码文件中的 datatype.py 模块。

```
#计算交易的梅克尔树根哈希值
def get_merkle_root_of_txs(txs):
    return get_merkle_root([tx.id for tx in txs])

#通过交易哈希值列表计算梅克尔树根哈希值
def get_merkle_root(level):

    #当哈希值列表的长度为 1 时退出循环
    while len(level) != 1:
```

```
        #初始化哈希值列表奇数长度时的末尾哈希值
        odd = None

        #如果哈希值列表长度为奇数，则将末尾哈希值从列表中移除并存储到 odd
        if len(level) % 2 == 1:
            odd = level.pop()

        #对当前层级列表中的元素两两串联进行哈希运算并得到新的层级
        level = [sha256d(i1+i2) for i1,i2 in pair_node(level)]

        #如果 odd 不为 None，则添加到新层级中
        if odd:
            level.append(odd)

    return level[0]

    #返回列表节点的两两配对
    def pair_node(l):
    return (l[i:i + 2] for i in range(0, len(l), 2))
```

在 IDLE 中举例如下：

```
>>> from simchain import Pointer,Vin,Vout,Tx,Block,sha256d
>>> p = Pointer(1,2)
>>> vout = Vout(1,2)
>>> vin = Vin(p,b'1',b'12')
>>> tx = Tx([vin],[vout])
>>> block = Block(1,2,3,4,5,[tx,tx])
>>> tx
Tx(id:02fb6db812bb4183bfa8161c2d8fa43db82704b1470342ffce4868d3e1902060)
>>> sha256d(tx.id+tx.id)                          #计算交易列表的梅克尔树根哈希值
'19f333840f20518ced9efdb63ef0e919382fd121fcaff457c8007e82a1eab9a3'
>>> block.merkle_root_hash                        #获取区块的梅克尔树根哈希值
'19f333840f20518ced9efdb63ef0e919382fd121fcaff457c8007e82a1eab9a3'
>>> block = Block(1,2,3,4,5,[tx,tx,tx])           #定义新的区块
>>> block.merkle_root_hash                        #获取新区块的梅克尔树根哈希值
'6551df1dad93c31607471b29faf6ce12942dfbe97918265fdd801914c89132ec'
>>> h12 = sha256d(tx.id+tx.id)
>>> sha256d(h12+tx.id)                            #计算交易列表的梅克尔树根哈希值
'6551df1dad93c31607471b29faf6ce12942dfbe97918265fdd801914c89132ec'
```

梅克尔树能快速比较大量数据，快速定位篡改，除此以外，还能用于区块链中的简易支付验证。

5.1.5　简易支付验证与 SPV 节点

简易支付验证（Simplified Payment Verification）的概念中本聪在比特币白皮书里就有提及，允许网络中存在非完整节点（比如移动客户端），它们并不参与验证交易，只验证支付。验证交易是一个复杂的过程，需要有完整的区块链数据，而验证支付只需要节点存储区块头即可。比特币区块头数据大小只有 80 个字节，以 1 个小时出 6 个块的速度，区块头一年只占用 4MB 左右的存储空间。

该种非完整节点也被称为 SPV 节点，如图 5.4 所示，SPV 节点只存储和节点自身有关的交易数据（比如转账和接收转账交易）和区块头。回忆第 4 章中介绍的节点创建交易的两种方式，一种是在 UTXO_SET 中查找 UTXO，另一种是利用 OWN_UTXO_SET。SPV 节点存储了与节点自身有关的交易，而 OWN_UTXO_SET 又是从这些交易中获取，所以 SPV 节点也能够创建交易。由于没有 UTXO_SET，SPV 节点不能验证交易，但可以通过“询问”的方式验证支付。

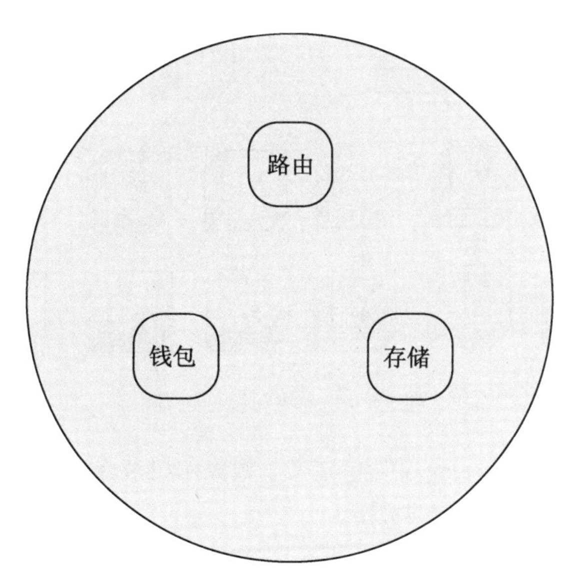

图 5.4　SPV 节点的功能

SPV 节点是如何验证支付的？假设张三声称已经给李四转账，李四是一个 SPV 节点，李四确实也收到了该笔交易。但李四没有 UTXO_SET，所以无法验证该笔交易的有效性。

于是李四想了一个办法，能否向诚实的完整节点“询问”？如果该条交易被写进了区块链，则说明张三确实已经转账，于是验证支付的问题转化成了如何证明某条交易是否存在区块链中的问题。李四根据交易的哈希值（编号）向诚实的完整节点发送请求，完整节点接收到请求后，首先会查找该条交易所在的区块，然后找到从该条交易出发，计算出本区块梅克尔树根哈希值所需要的所有哈希值，也称为交易的梅克尔树路径，再将区块高度和交易的梅克尔树路径反馈给李四。如图 5.5 所示，如果李四需要验证交易 1 是否在区块链中，所需的哈希值为 H_2、H_{34} 和 H_{5678}，然后李四通过哈希计算得到 $H_{12345678}$，如果 $H_{12345678}$ 与自己存储的区块头中的梅克尔树根哈希值相等，则验证支付成功。计算梅克尔树根哈希值如下：

$$H_{12}=\text{sha256d}(H_1+H_2) \tag{5.11}$$

$$H_{1234}=\text{sha256d}(H_{12}+H_{34}) \tag{5.12}$$

$$H_{12345678}=\text{sha256d}(H_{1234}+H_{5678}) \tag{5.13}$$

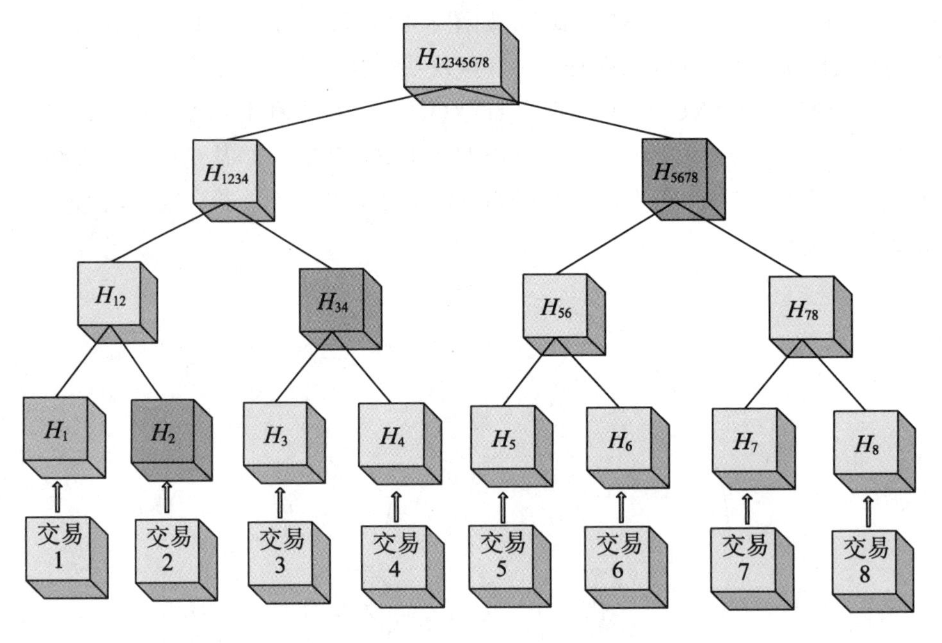

图 5.5　简易支付验证过程

作者在源码文件 merkletree.py 文件中定义了梅克尔树节点 Node 及梅克尔树 MerkleTree 对象，其数据结构如表 5.3 和表 5.4 所示。

表 5.3　梅克尔树节点Node数据结构

class Node		
属性（property）	left_child	左边子节点
	right_child	右边子节点
	parent	父节点
	bro	兄弟节点
	side	节点的方向，左或右
	val	哈希值

表 5.4　梅克尔树MerkleTree数据结构

class MerkleTree		
属性（property）	leaves	底层节点列表
	root	根节点
方法（method）	add_node()	添加一个新节点到底层节点列表中
	get_root()	返回根节点哈希值
	get_path(index)	返回索引交易的梅克尔树路径
	clear()	数据清零

如图 5.6 所示为一对组合节点 i 和 $i+1$ 的位置关系图，它们有共同的父节点，不同的子节点，互为兄弟节点，节点 i 方向为“左”，节点 $i+1$ 方向为“右”。底层节点没有子节点。

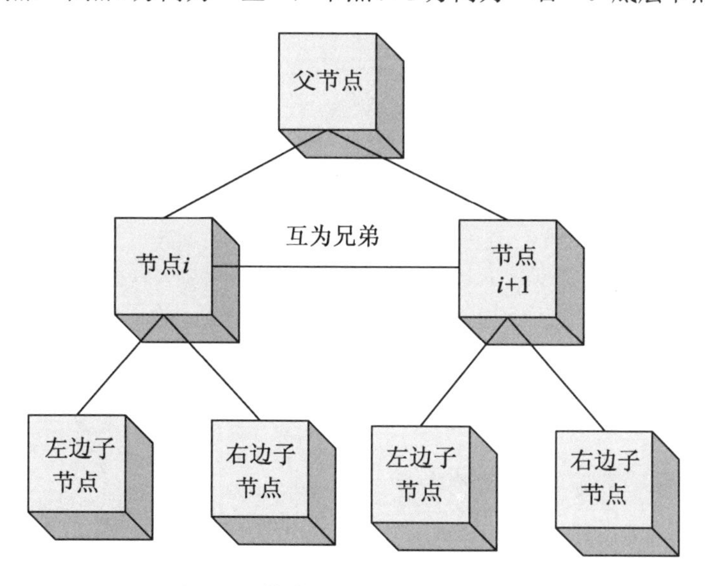

图 5.6　梅克尔树节点位置关系图

梅克尔树 MerkleTree 的数据结构见表 5.4。

用 Python 实现节点和梅克尔树数据结构如下：

```
#从 ecc 模块中导入 sha256d 双哈希函数
from ecc import sha256d

#节点对象
class Node(object):

    #初始输入 data 为哈希值或哈希值组合
    def __init__(self, data, prehashed=False):
```

```
        #如果为底层节点，则节点哈希值为输入值 data
        if prehashed:
            self.val = data

        #如果为非底层节点，对 data 进行双哈希运算
        else:
            self.val = sha256d(data)

        self.left_child = None      #左边子节点
        self.right_child = None     #右边子节点
        self.parent = None          #父节点
        self.bro = None             #兄弟节点
        self.side = None            #节点的方向，左或右

#梅克尔树对象
class MerkleTree(object):

    #初始参数为底层节点的哈希值列表
    def __init__(self,leaves = []):

        #将哈希值存储在节点中，Node 对象的 prehashed 为 True
        self.leaves = [Node(leaf,True) for leaf in leaves]

        #初始化根节点
        self.root = None

    #添加一个新节点，输入为节点哈希值
    def add_node(self,leaf):
        self.leaves.append(Node(leaf))

    #梅克尔树清零
    def clear(self):
        self.root = None
        for leaf in self.leaves:
            leaf.parent,leaf.bro,leaf.side = (None,)*3

    #计算梅克树根哈希值
    def get_root(self):

        #如果底层节点哈希列表为空，返回
        if not self.leaves:
            return None
```

```
        #初始化底层列表
        level = self.leaves[::]

        #如果计算层哈希值列表长度为 1，退出循环
        while len(level) != 1:

            #构建新的层级
            level = self._build_new_level(level)

        self.root = level[0]
        return self.root.val

    #构建新的层级
    def _build_new_level(self, leaves):

        #初始化新层级节点列表，以及当前层节点数量为奇数时的末尾节点
        new, odd = [], None

        #如果当前层节点数量为奇数，则将末尾节点从节点列表中移除
        #并保存在 odd 中
        if len(leaves) % 2 == 1:
            odd = leaves.pop(-1)

        #对节点哈希值两两组合
        for i in range(0, len(leaves), 2):

            #生成父节点
            newnode = Node(leaves[i].val + leaves[i + 1].val)

            #给父节点的左、右子节点赋值
            newnode.lelf_child, newnode.right_child = leaves[i], leaves[i + 1]

            #给配对节点的方向赋值
            leaves[i].side, leaves[i + 1].side,  = 'LEFT', 'RIGHT'

            #给配对节点的父节点赋值
            leaves[i].parent, leaves[i + 1].parent = newnode, newnode

            #配对节点互为兄弟节点
            leaves[i].bro, leaves[i + 1].bro = leaves[i + 1], leaves[i]

            #将新节点添加到新层级列表中
            new.append(newnode)
```

```
        #如果 odd 不为 None，将其添加到新层级列表的末尾
        if odd:
            new.append(odd)
        return new

    #获取由底层节点计算根哈希所需要的所有哈希值，index 为底层节点在列表中的索引
    def get_path(self, index):

        #初始化路径
        path = []

        #获取索引对应的底层节点
        this = self.leaves[index]

        #将底层节点哈希值添加到路径
        path.append((this.val, 'SELF'))

        #寻找梅克尔树路径
        while this.parent:

            #将节点的兄弟节点哈希值添加到路径
            path.append((this.bro.val, this.bro.side))

            #用父节点代替当前节点
            this = this.parent

        #将跟哈希值添加至路径
        path.append((this.val, 'ROOT'))
        return path
```

在 IDLE 举例如下：

```
>>> from simchain import MerkleTree,sha256d
>>> leaves = ['a','b','c','d']            #底层节点哈希值列表
>>> merkle = MerkleTree(leaves)           #创建梅克尔树对象
>>> merkle.get_root()                     #获取梅克尔树根哈希
'20c12afdb2ce90da744e7f06424176c0c36f633be6cadd4eeafcda65855a7a73'
>>> path = merkle.get_path(0)             #计算索引为 0 的交易的梅克尔树路径
>>> path                                  #SELF 代表自身
[('a', 'SELF'), ('b', 'RIGHT'), ('032a3987db0858e6d3ebad8580da9f28774bd9e
0158e78d6ef42a68869750e26', 'RIGHT'), ('20c12afdb2ce90da744e7f06424176c0c36f
633be6cadd4eeafcda65855a7a73', 'ROOT')]
>>> ab = sha256d(path[0][0]+path[1][0]) #根据路径计算根哈希
```

```
>>> abcd = sha256d(ab + path[2][0])
>>> abcd
'20c12afdb2ce90da744e7f06424176c0c36f633be6cadd4eeafcda65855a7a73'
>>> abcd == path[3][0]
True
```

还可以从区块中获取交易的梅克尔树路径，接着上例输入如下：

```
>>> from simchain import Network
>>> net = Network()
>>> net.make_random_transactions()
>>> net.consensus()
>>> zhangsan,lisi = net.peers[0],net.peers[4]
>>> txs = lisi.blockchain[1].txs          #获取李四区块链中第 2 区块的交易列表
>>> merkle = MerkleTree([tx.id for tx in txs]) #创建梅克尔树
>>> merkle.get_root()                             #梅克尔树根哈希值
'f45d7ada95b4ba6a959b37e8f6bd3a4797dc51a8409a003cb2dfd37d0acb7a66'
>>> lisi.blockchain[1].merkle_root_hash
'f45d7ada95b4ba6a959b37e8f6bd3a4797dc51a8409a003cb2dfd37d0acb7a66'
>>> merkle.get_path(0)                    #获取索引为 0 交易的梅克尔树路径
[('e46268eaf4752e636af842f24e573b2d9264d54d2072999ae9aa7fd3fe6361bb',
'SELF'), ('8e6854a65d8a57139dd344d19163832f4a7d1e479354fdcfb345e022c38521e9',
'RIGHT'), ('82ca147046521347a948f1e436c21caad11daa0e4fee5a596ef5fdb75a470af2',
'RIGHT'), ('5aeaa6e47b6d9468d642b541160a8696556c5beccdb13091e165a97fbbe4c439',
'RIGHT'), ('f45d7ada95b4ba6a959b37e8f6bd3a4797dc51a8409a003cb2dfd37d0acb7a66',
'ROOT')]
```

5.2 区　块　链

本节将介绍如何由区块链接成区块链、创世区块的创建原则，以及区块链的类型。

5.2.1 区块链的构成

第 2 章中归纳了健康的区块链系统所必需的四要素，其中一个要素就是系统中有足够多的存储节点。存储节点包含共识节点，既验证交易和区块的有效性，存储完整的区块链数据，也参与全网共识保证区块链数据的一致。通过前面章节的学习，读者了解了区块链是区块的链式结构，但并没有对细节给予过多的介绍。

回忆第 1 章中的故事，如果将账本中的页称为区块，则账本就是区块链，账本的页通过页码有序地链接起来，页码可以当成区块的编号。但在真实的区块链技术中，区块的编号是一个没有规律可循的哈希值，如何将这些随机的编号有序链接起来？中本聪的做法是这样的，在当前区块中存储前一区块的哈希值，用前区块的哈希值链接区块形成链式结构。

以比特币为例，每过十分钟，网络中将产生一个全新区块，存储节点会将其添加到自己的区块链中以保证数据的完整性。如图 5.7 所示为作者在写本节内容时比特币网络中产生的最新三个区块，高度分别为 529561、529562、529563，可以看出，529563 区块的前区块哈希值指向 529562 区块的哈希值，529562 区块的前区块哈希指向 529561 区块的哈希值。

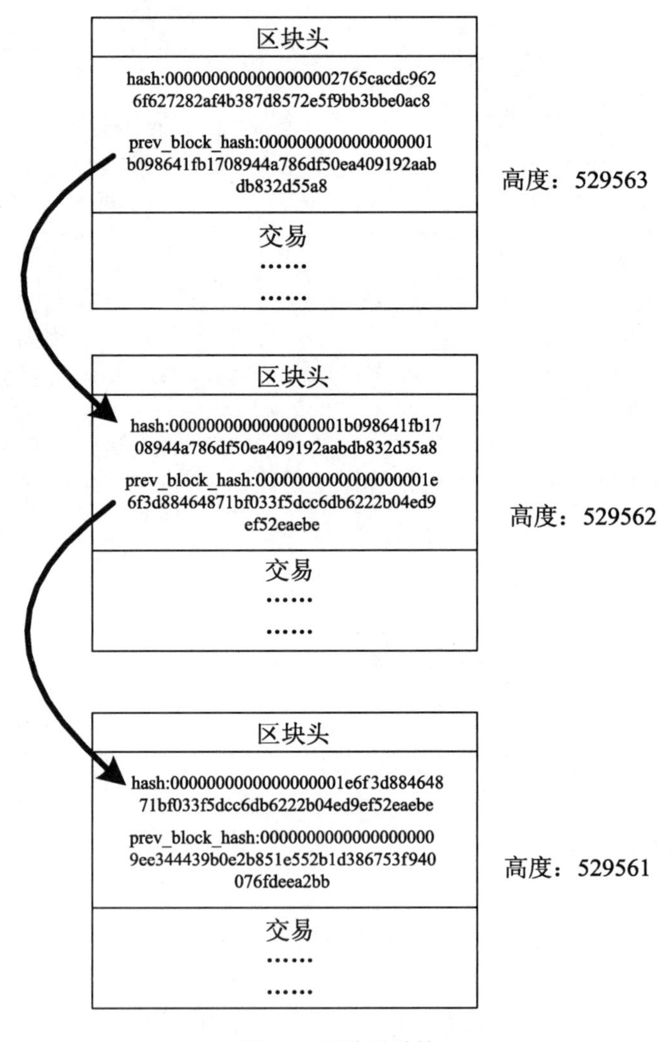

图 5.7　区块链结构

区块高度可以看作区块在区块链中的位置，它与区块加入区块链的先后顺序有关，先加入的区块高度小，后加入的区块高度大。

Simchain 中的区块链数据用列表 list 存储，列表是有序的。任一区块的高度为该区块在列表中的索引。

关于 Simchain 中的区块链结构，在 IDLE 中举例如下：

```
>>> from simchain import Network
>>> net = Network()
>>> for _ in range(5):                                    #5 次随机交易、5 次共识
        net.make_random_transactions()
        net.consensus()
>>> chain = net.peers[0].blockchain
>>> [block.hash for block in chain]                       #获取区块的哈希值列表
['2f73d35f5c4ebe9b98537ac522f409aa793409ab4217510cd2451ef0d580da1f',
'000006a4e3bebf7658ad1071034b91b19e24c672ec796770c38651a6731ec792',
'0000099a6562f40d506d16e791487581632692da4c38108519080beb7a64e2d4',
'00003954444f0b85b88a7f0f3e5b3a2f1d499ebf6b2833ead271b7f389c719e7',
'000032120b58fa19641d94b2c01d50690b709b3730c9f447479d5e6814e23453',
'00000fb4388d14b2ca24e16700a44b9cbd4ae5fddea11d271bb440bd65d73a0e']
>>> [block.prev_block_hash for block in chain] #获取前区块哈希值列表
[None,
'2f73d35f5c4ebe9b98537ac522f409aa793409ab4217510cd2451ef0d580da1f',
'000006a4e3bebf7658ad1071034b91b19e24c672ec796770c38651a6731ec792',
'0000099a6562f40d506d16e791487581632692da4c38108519080beb7a64e2d4',
'00003954444f0b85b88a7f0f3e5b3a2f1d499ebf6b2833ead271b7f389c719e7',
'000032120b58fa19641d94b2c01d50690b709b3730c9f447479d5e6814e23453']
>>> chain[2]                                              #获取高度为 3 的区块
Block(hash:0000099a6562f40d506d16e791487581632692da4c38108519080beb7a64
e2d4)
```

采用链式结构有两个目的，一是像传统账本一样有序；二是预警区块数据的修改。如果某一区块的数据被篡改，则其哈希值就会发生变化，通过查看后一区块中存储的前区块哈希值，就会发现该区块数据是否被篡改过。

5.2.2　创世区块

创世区块是区块链中的第一个区块，是所有区块的祖先，如果用任一区块的哈希值向后回溯，最终都将会达到创世区块，如上例所示。创世区块不需要被验证，所以其内容可以是任意的，但至少有一条交易，且交易至少有一个有效的输出单元。比如，中本聪在比特币创世交易的输入中写入了这样一句话 The Times 03/Jan/2009 Chancellor on brink of second bailout for banks，输出指向自己的地址，金额为 50 比特币。Simchain 的创世区块也只有一条交易，该交易只有一个输入单元，但有多个输出单元，输出单元的多少取决于

率先加入到网络中的节点数量，所有节点获得相同的启动资金，默认率先加入的节点数量为 12，每个节点 100 000 分的启动资金。也可以这样理解，有一个团队经过共同的努力发行了一种数字货币，团队人员的数量正好为 12 个，他们在创世区块中给各自写入均等的报酬。区块链中，只有创世区块中的数据具有随意性，其他数据的写入都需要遵循特定的规则。以下为 Simchain 中创世区块的创建过程。

```
#交易的输入列表
tx_in =[Vin(to_spend = None,
            signature = b'I love blockchain',
            pubkey = None)]

#交易的输出列表，输出单元指向节点的地址
tx_out = [Vout(value = value,to_addr = peer.wallet.addrs[-1])
              for peer in peers]

#创世区块中的交易
txs = [Tx(tx_in = tx_in,tx_out = tx_out,nlocktime = 0)]

#创世区块中的内容，时间戳是作者的生日
#难度位数可以在params模块中进行调整
genesis_block = Block(version=0,
                      prev_block_hash=None,
                      timestamp = 851014,
                      bits = Params.INITIAL_DIFFICULTY_BITS,
                      nonce = 0,
                      txs = txs)
```

当创世区块创建完成后，还需要将创世区块中的交易输出封装成 UTXO 添加到 UTXO_SET。前文提到过，如果系统允许节点从有效交易中提取 UTXO，则当交易被添加至交易池时，交易的输出单元会被封装成 UTXO 添加到 UTXO_SET。于是，当节点将区块添加至区块链时，只需要将区块交易所有输出单元在 UTXO_SET 中对应的 UTXO 的状态修改为确认即可。如果系统不允许节点从有效交易中提取 UTXO，则需要封装所有输出单元为 UTXO 并加入 UTXO_SET。所以，Simchain 中定义了三种封装在节点添加区块到区块链时，UTXO 的函数。

```
#将交易列表中的所有输出单元封装到UTXO列表，默认为未确认
def find_utxos_from_txs(txs):
    return [UTXO(vout,Pointer(tx.id,i),tx.is_coinbase,True,False)
            for tx in txs for i,vout in enumerate(tx.tx_out)]

#将区块交易列表中的所有输出单元封装到UTXO列表，默认为已确认
```

```
def find_utxos_from_block(txs):
    return [UTXO(vout,Pointer(tx.id,i),tx.is_coinbase,True,True)
            for tx in txs for i,vout in enumerate(tx.tx_out)]

#将单笔交易的所有输出单元封装到UTXO列表，默认为未确认（第4章已定义）
def find_utxos_from_tx(tx):
    return [UTXO(vout,Pointer(tx.id,i),tx.is_coinbase,True,False)
            for i,vout in enumerate(tx.tx_out)]
```

当交易的所有输出单元被封装为UTXO后，则可以添加到UTXO_SET，Simchain中也定义了三个函数。

```
#将单笔交易的输出单元封装成UTXO并添加至UTXO_SET，未确认（第4章中已定义）
def add_utxos_from_tx_to_set(utxo_set,tx):

    #调用find_utxos_from_tx()函数封装UTXO
    utxos = find_utxos_from_tx(tx)

    #将所有UTXO添加至UTXO_SET
    for utxo in utxos:
        utxo_set[utxo.pointer] = utxo

#将交易列表的输出单元封装成UTXO并添加至UTXO_SET，未确认
def add_utxo_from_txs_to_set(utxo_set,txs):

    #调用find_utxos_from_txs()函数封装UTXO
    utxos = find_utxos_from_txs(txs)
    add_utxos_to_set(utxo_set,utxos)

#将区块交易的输出单元封装成UTXO并添加至UTXO_SET，已确认
def add_utxo_from_block_to_set(utxo_set,txs):

    #调用find_utxos_from_block()封装UTXO
    utxos = find_utxos_from_block(txs)
    add_utxos_to_set(utxo_set,utxos)
```

以上有两个函数调用了add_utxos_to_set()函数，该函数将UTXO列表或字典存添加到UTXO_SET，定义如下：

```
#将UTXO列表或字典添加到UTXO_SET
def add_utxos_to_set(utxo_set,utxos):

    #如果utxos是字典类型，则对其values进行操作
    if isinstance(utxos,dict):
```

```
        utxos = utxos.values()

    #将所有 UTXO 添加到 UTXO_SET
    for utxo in utxos:
        utxo_set[utxo.pointer] = utxo
```

在 IDLE 中举例如下：

```
>>> from simchain import Vin,Vout,Tx,Block,SigningKey
>>> from simchain.ecc import convert_pubkey_to_addr
>>> import random
>>> ks = [random.randint(0,100000) for _ in range(5)]
                                                    #创建 5 个整数作为私钥数值
>>> ks
[90574, 80985, 54834, 25711, 61558]
>>> sks = [SigningKey.from_number(k) for k in ks]  #通过数值创建 5 个私钥对象
>>> pks = [sk.get_verifying_key() for sk in sks]   #获取对应的公钥和地址
>>> addrs = [convert_pubkey_to_addr(pk.to_bytes()) for pk in pks]
>>> tx_in = [Vin(to_spend = None,signature = None,pubkey = None)]#交易输入
>>> tx_out = [Vout(1000,addr) for addr in addrs]   #交易输出，每个地址 1000
>>> tx = Tx(tx_in,tx_out)                           #创建创币交易
>>> gensis_block = Block(0,None,'0114',18,0,[tx])  #创建创世区块
>>> utxo_set = {}                                   #初始化 UTXO_SET
>>> from simchain.peer import find_utxos_from_tx,add_utxos_from_tx_to_set
>>> utxos = find_utxos_from_tx(tx)           #将单笔交易的输出单元封装成 UTXO
>>> utxos
[UTXO(vout:Vout(to_addr:1000,value:1NgxjrvP5EhqA3ZaHoaBBMpvhAsHSDKRPG),
pointer:Pointer(tx_id:e193d6a46a7e8b3d3cb2da5b7e845716cce2fa3425b744e73a028
08997709081,n:0)), UTXO(vout:Vout(to_addr:1000,value:1NctW4EjJsW8yH4EA8dPQSR1
VpNX1hvsT4),pointer:Pointer(tx_id:e193d6a46a7e8b3d3cb2da5b7e845716cce2fa342
5b744e73a02808997709081,n:1)), UTXO(vout:Vout(to_addr:1000,value:17viRG3VTCsM8
YUwtQdhXcgbeUN1kwwx2q),pointer:Pointer(tx_id:e193d6a46a7e8b3d3cb2da5b7e8457
16cce2fa3425b744e73a02808997709081,n:2)),  UTXO(vout:Vout(to_addr:1000,value:
1GBWNpQ2yso9pKyzz34FHML64pr64JKeG3),pointer:Pointer(tx_id:e193d6a46a7e8b3d3
cb2da5b7e845716cce2fa3425b744e73a02808997709081,n:3)), UTXO(vout:Vout(to_addr:
1000,value:1ARe7WnGRmVeZMbvdsMV2G4pBJkzuhFALa),pointer:Pointer(tx_id:e193d6
a46a7e8b3d3cb2da5b7e845716cce2fa3425b744e73a02808997709081,n:4))]
>>> len(utxos)            #5 个 UTXO，如果每个地址对应一个节点，则每个节点一个 UTXO
5
>>> add_utxos_from_tx_to_set(utxo_set,tx)
                           #从单笔交易封装的 UTXO 添加到 UTXO_SET
>>> list(utxo_set.values()) == utxos
True
>>> [utxo.confirmed for utxo in utxos]       #所有 UTXO 未确认
[False, False, False, False, False]
```

```
>>> from simchain.peer import find_utxos_from_block,
add_utxo_from_block_to_set
>>> txs = gensis_block.txs                          #获取创世区块交易列表
>>> utxos1 = find_utxos_from_block(txs)     #从交易列表封装 UTXO
>>> utxo_set1 = {}
>>> add_utxo_from_block_to_set(utxo_set1,txs)
                          #将区块交易输出封装成 UTXO 添加到 UTXO_SET
>>> utxos1 == list(utxo_set1.values())
True
>>> [utxo.confirmed for utxo in utxos1]     #所有 UTXO 已确认
[True, True, True, True, True]
```

当节点接收区块时，除了将区块交易的输出单元封装成 UTXO 加入到 UTXO_SET 处，还需要将交易输入单元使用过的 UTXO 从 UTXO_SET 中移除，详见第 6 章介绍的区块添加至区块链。

5.2.3　区块链分类

根据参与方的属性不同，区块链可分为公有链、私有链和联盟链。根据链与链的关系，可以分为主链和侧链。根据链的准入条件，又有许可链。根据区块链中记录的内容，可以分为实物链和代币链。如果链与链之间能相互通信，则又有交叉链。

1．公有链

公有链（Public Blockchain）是指全世界任何人都能随时进入系统中查看、读取数据、发送和验证交易、参与共识的区块链，无需注册，匿名参与。共有链一般是完全去中心化的，没有任何用户或者机构能够控制或篡改其中数据的读写。公有链一般通过代币机制刺激参与者竞争记账，来确保数据的一致性。比特币、以太坊等都是典型的公有链。公有链搭建需要考虑网络中的恶意节点和故障节点。如果不做特别的说明，常说的区块链都是指的公有链。

2．私有链

私有链（Private Blockchain）是指写入权限是由某个组织或者机构控制的区块链。参与节点的资格会被严格的限制，一般而言，参与节点是有限且可控的。在相对小的范围内建立，比如企业内部数据库管理、审计等。相比中心化的数据库，私有链能提供安全、可溯源、不可篡改、自动执行的运算平台，可以同时抵御来自内部和外部的安全攻击。目前，许多大型金融企业更倾向于使用私有链技术。私有链的搭建只需要考虑网络中的故障节点，可不考虑恶意节点。

3. 联盟链

联盟链（Consortium Blockchain）是指由若干个机构共同参与和管理的区块链。区块链上的数据读写、权限按照联盟规则来制定。每个机构都运行着一个或多个节点，其中数据仅允许系统内不同的机构进行读写和共同记录。联盟链和私有链的参与者均需要获得授权许可才能参与，所以也被称为许可链。

4. 侧链

通俗来讲，主链可以理解为正式上线的、独立的区块链网络，比如比特币系统。而侧链则不然，侧链不是特指某个区块链，而是遵守侧链协议的所有区块链的统称。侧链旨在实现双向锚定，实现主链和侧链之间的资金转移。以比特币为例，通过侧链技术，比特币可转移到其他区块链上，并在转移后的区块链上使用，同时还能安全的返回到主链。整个过程中比特币保持着相同的价值。所以，侧链的概念是相对主链而言的，只要符合侧链协议，所有现存的区块链，都可以称为侧链。

5. 许可链

许可链是指参与到区块链系统中的每个节点都要经过准入许可，未经许可的节点不可以接入到系统。私有链和联盟链都属于许可链。

6. 代币链

如果区块链记录的是货币资产（或者权益证明）的转移，该类型的区块链也称为代币链。比如比特币、以太币等。

7. 实物链

如果区块链记录的实物资产的转移，比如图书馆图书的借还记录、共享实体的借还记录等，则称为实物链。

8. 交叉链

如果特定的区块链之间存在信息互通，比如图书实物链负责图书借还，代币链负责支付，这样的链条称为交叉链。

到目前为止，交易、区块、区块链都已作了介绍，但缺少一个保证全网节点区块链数据一致的机制，这依靠区块链共识完成。下一章将讨论区块链中的共识问题。

第6章 去中心化共识

中本聪一声令下，所有参加解题的村民又开始了新一轮的角逐。约莫半个小时后，李四第一个解题成功。他检查多遍，确认答案无误后，向大家公布自己已经找到了答案。此时，其他村民知道本轮已落败，于是停止答题。李四翻开自己的账本，最新页是第110页，将奖励作为第一条交易写进该页，然后将自己草稿本上的交易进行编号，逐一誊写进第100页，直到写满该页或写完所有交易为止。交易写入账本后，李四将第110页的交易一字不差地复写到大厅前方的黑板上，包括页码、记录时间、记账人，以及解题答案。当李四将以上信息工工整整地写在黑板上后，在场的其他村民会验证区块的有效性。由于李四是诚实节点，村民们翻开账本的第110页，将黑板上的信息原封不动的誊写到自己的账本里，并拿出自己的红色印章，将每笔交易输入指向的输出盖上红章表示被消费过。

6.1 常见的共识算法

6.1.1 区块链中的共识

从前文的学习可以知道，区块链是一个容错分布式系统，要保障系统的健康运行，需要满足 4 个要素，分别为 P2P 网络、连续的交易、足够多的存储节点和共识节点。第 2 个要素在第 4 章中得以实现，第 3 个要素在第 5 章中得以实现。本章主要讨论第 4 个要素的实现，即如何达成全网共识。

对于公有链，需要考虑网络故障和人为因素，系统中难免会存在故障节点，甚至恶意节点，如何才能保证整个系统数据的一致性，从本质上讲是一个分布式共识（Distributed Consensus）问题。该类问题常见的解决方案是，当新一轮共识（Consensus）发起时，通过某种方法选出分布式网络中的一个节点作为本轮的记账权威，其他所有节点将该节点创建的区块数据添加到自己的区块链，从而数据的一致性得到了解决，或者说全网达成了共识。达成共识需要满足以下两个条件：

- 选出的记账权威必须是诚实节点；
- 该节点创建的区块必须被其他诚实节点验证通过。

于是，区块链共识的问题转变为，采用何种方法在分布式网络中选出一个诚实的记账权威节点，该种方法也被称为共识算法（Consensus Algorithm）或者共识机制（Consensus Rule）。

对于不同类型的区块链，有不同的共识算法。以下分别对公有链、私有链和联盟链进行讨论。

公有链的参与不需要经过许可，门槛最低，无监督，除需要考虑网络中故障节点，更应该免疫恶意节点的“作恶”行为。所以，公有链对共识算法的安全性要求最高。常用的共识算法是工作量证明（POW）。众多共识算法中，工作量证明（POW）是被时间证明为最安全的公有链共识算法。

私有链和联盟链需要参与许可，无疑对节点“作恶”起到了一定的监督作用，但仍然需要考虑网络中通信故障问题。常用的共识算法有 Raft 协议和拜占庭容错算法（Practical Byzantine Fault Tolerance）等。

本章主要介绍工作量证明（POW）和 Raft 协议这两种共识算法。工作量证明（POW）是 Simchain 采用的共识算法，将结合源码从原理、程序实现等多方面详细展开；而对 Raft 协议仅介绍原理。

6.1.2　工作量证明 POW

1. 工作量证明（POW）原理

工作量证明（POW）是比特币系统最先采用的共识算法。以比特币系统为例，网络中的交易是持续发生的，新一轮共识以上一轮共识的达成为起点，或者说新一轮共识的开始意味着上一轮共识的结束，这是一个连续的过程，如图 6.1 所示。具体来讲，每一个共识节点（比特币中也称为“矿工”）时刻监听着其他共识节点（“矿工”）发出的“找到答案”的消息（实质是接收到新的区块数据）。在接收到该信息后，所有“矿工”，包括“获胜矿工”，将重新创建新的候选区块，并开始下一轮的解题竞赛（比特币中称为“挖矿”）。

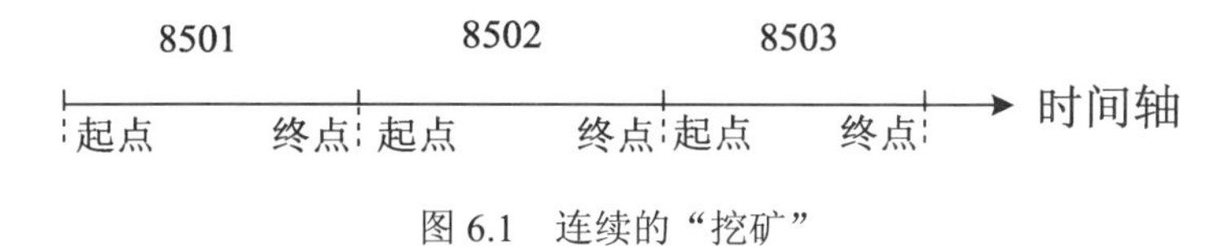

图 6.1　连续的“挖矿”

用一个例子来描述，假设当前网络中仅有5个“矿工”，分别是张三、李四、王五、赵六和陈七，且考虑网络中总是有足够的交易产生。第一轮“挖矿”要追溯到中本聪“挖出”创世区块。假设最新区块高度是8501，5个“矿工”陆续加入“挖矿”的行列中。具体来讲，“矿工”们首先从自己的交易池中选择一定数量的交易创建候选区块，然后采用候选区块构造“难题”，开始新一轮“挖矿”，直到找到“难题”的答案，也就是工作量证明，如图6.2所示。对于每个“矿工”，“挖矿”都是独立进行的。由于“矿工”创建候选区块的时间和选择的交易不尽相同，各自构造的“难题”也就存在差异。但他们的目标是一致的，都是为了找到8502区块。而且，因为个体差异，“矿工”找到工作量证明所需要的时间也是不同的。

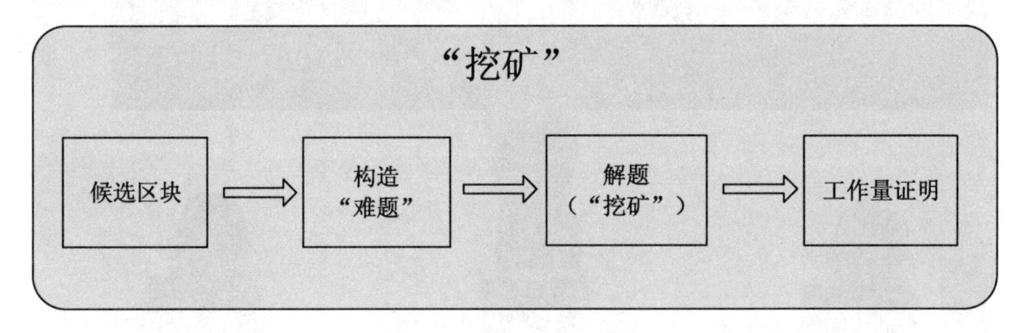

图6.2 “挖矿”示意图

设想张三第一个找到工作量证明，他会将其打包进自己的候选区块。因为张三是诚实节点，该候选区块是他认可的8502区块，会将该区块添加到自己的区块链中。同时，张三还会将8502区块广播到区块链网络中。如果被其他存储节点（包括“矿工”）验证为有效区块，都会将该区块添加到自己的区块链。直到此时，8502区块才算真正的诞生。之后，张三还会从交易池中移除已经被打包进该区块的交易，再从交易池中（张三在“挖矿”的过程中又会有新交易加入交易池）选择新的交易打包成新的候选区块，马不停蹄地开始“挖掘”8503区块。

同样作为“矿工”，李四、王五、赵六和陈七除了验证区块、删除交易外，也会和张三一样，从自己的交易池中选择新的交易、创建新的候选区块开始新一轮的“挖矿”。事实上，每一个存储节点还需要更新自己的UTXO_SET和OWN_UTXO_SET，即将区块交易所有输入单元使用过的UTXO从自己的UTXO_SET中移除，交易所有输出单元封装成UTXO加入到UTXO_SET，详见第6.6节。

提示：如果区块交易中有和节点自己有关的交易，才需要更新OWN_UTXO_SET。

“矿工”用候选区块构建怎样的“难题”？从第5章的学习中得知，工作量证明nonce是一个随机数。换句话说，“难题”的答案是一个随机数，“挖矿”就是找到随机数的过程。

回忆第3章中介绍的哈希算法，根据哈希算法的特性，如果给定目标输出，要得到对应的目标输入是困难的，需要枚举整个求解空间，这个求解过程是困难的，需要大量的算力。能否将问题进行适当简化，比如给定一个目标输出，找到一个目标输入，通过哈希运算得到输出小于而不是等于该目标输出？

简单来说，对于哈希函数$y=H(x)$，已知y，很难逆向求出x。现在降低难度，将问题简化为已知y，求满足$H(z)<y$的z。假设数据z的格式是固定的，由一个固定的字符串s加上一个随机数nonce组成，随机数nonce从0开始取值，每次增加1，直到找到满足$H(z)<y$的nonce。

在IDLE中举例如下：

```
>>> from simchain import sha256d         #调用 sha256d 双哈希函数
>>> s = "I love block chain"             #给定一个字符串 s
>>> nonce = 0                            #初始化 nonce
>>> for _ in range(10):
      z = s+str(nonce)                   #组合字符串 s 与随机数 nonce 为 z
      print("{0}-->{1}".format(z,sha256d(z)))      #计算 z 的哈希值
      nonce += 1                         #nonce 增 1
I love block chain0-->
3dab2633d7cc5de223a2a616725fc52cb5adb92885cc0abc9bb181a5ccc79a98
I love block chain1-->
9c7ec63641d863b674562529f0094d644628fa9c2fe717c1ea7284dd42239bdf
I love block chain2-->
1379414848279f4827f57927026b02007f1bec2f21433a4b29ccec4fa83bef69
I love block chain3-->5
b335251ef9dfc4861240bfa34daba259c554eb2a106a76b45c04dcf2e007340
I love block chain4-->
91cf44991b08fb49c12c73f5f30345ddd6690942fe2bf2e70d247efe3a55de11
I love block chain5-->
5f389676683ea636e52f96ffa9f8c7d578444648f03fab01bc2fd6e40cef9fb4
I love block chain6-->
830eb5892a5fd6e6978fd84d773b2b0c88dd584c14556428e95b91037d872d3d
I love block chain7-->
c4f39c4c3befaa93d6cae5cbb2d95ffac22ed82421fe171ede9bd6e2827cbc9a
I love block chain8-->
596794760f603a41a7f1231712db6795c3a1fd9583c4ce07a9d8f82c732e1836
I love block chain9-->
2502ecec685159e5d18196d1a870b7b0d458d9b161c721299604e7fba7fac486
```

接下来给定目标 y，计算满足条件 $H(z)<y$ 的 nonce。

```
>>> y = 1<<248                                    #给定目标 y，为一个大整数
>>> y
452312848583266388373324160190187140051835877600158453279131187530910662656
>>> nonce = 0    #将 z 的哈希值转换为整数，如果小于目标 y 就退出循环，否则 nonce 加 1
>>> while int(sha256d(s+str(nonce)),16) >= y:
        nonce += 1
>>> nonce                                         #满足条件的 nonce
609
>>> int(sha256d(s+str(nonce+1)),16) < y      #将 nonce 加 1 计算一次，不满足条件
False
```

以上找到满足条件 nonce 的计算过程就是工作量证明 POW 的原理。可以看出，nonce=609 时，满足条件，但当 nonce+1 = 610 时，则条件将不再满足，显然这个 nonce 值的产生具有随机性。已知目标值 y 计算 nonce 的过程，也被称为“挖矿”，本质是计算满足条件的哈希值，目标值 y 被称为难度，随机数 nonce 也被称为工作量证明。前文提到，“挖矿”所需的“难题”由“矿工”用候选区块构造。换句话说，上例中的字符串 s 和目标 y 均来自于候选区块。

回顾第 5 章中区块的数据结构，区块由区块头和交易组成。区块头包括版本号 version、前区块哈希值 prev_block_hash、时间戳 timestamp、难度位 bits、交易列表的梅克尔树根哈希值 merkle_root_hash，以及随机数 nonce。

在 IDLE 中举例如下：

```
>>> from simchain import Vin,Vout,Tx,Block
>>> vin = Vin(to_spend = None,signature = b'0',pubkey = None)
>>> vout = Vout(to_addr = '1',value = 100)
>>> tx = Tx([vin],[vout])
>>> block = Block(version = 1.0,                  #创建一个区块
                  prev_block_hash = None,
                  timestamp = 850114,
                  bits = 20,
                  nonce = 12345,
                  txs = [tx])
>>> block.header()                                #获取区块头
'1.0None850114205b7aa75ea52c668b27693c9af16229e65c98af92392d96cab82957b6c75d9bf012345'
>>> block.header(11)                              #改变 nonce 值
'1.0None850114205b7aa75ea52c668b27693c9af16229e65c98af92392d96cab82957b6c75d9bf011'
```

难度位数 bits 和工作量证明 nonce 到目前为止还没有具体介绍过。实际上，难度位数 bits 用于计算目标值 y；字符串 s 是区块头中不包括 nonce 的部分；z 就是区块头，“挖矿”时是一个变量。当候选区块的交易确定时，则梅克尔树根哈希值也是确定的；版本号一般是固定值；时间戳是“矿工”自由选择的；前区块哈希值也是确定的；如果难度位数也是确定的，那么字符串 s 就是固定的。于是区块头中只有工作量证明 nonce 是未知的，通过改变 nonce 值可以得到不同的区块头 z，“矿工”对字符串 z 不断进行哈希运算，直到哈希值 $H(z)$小于目标值 y，此时的 nonce 就是工作量证明。当 nonce 确定后，区块头 z 也将确定，此时的区块头哈希值 $H(z)<y$，如果修改除了 nonce 以外的其他任意数据，区块头将会改变，从而 $H(z)<y$ 将得不到满足。这也意味着，如果网络中的“恶意节点”试图篡改“获胜矿工”广播的区块，当被篡改后的新区块广播到网络中时，其他节点将不会验证通过，因为工作量证明 nonce 将不满足要求。要找到新区块满足要求的 nonce，只能重新“挖矿”。“挖矿”的具体流程如图 6.3 所示。

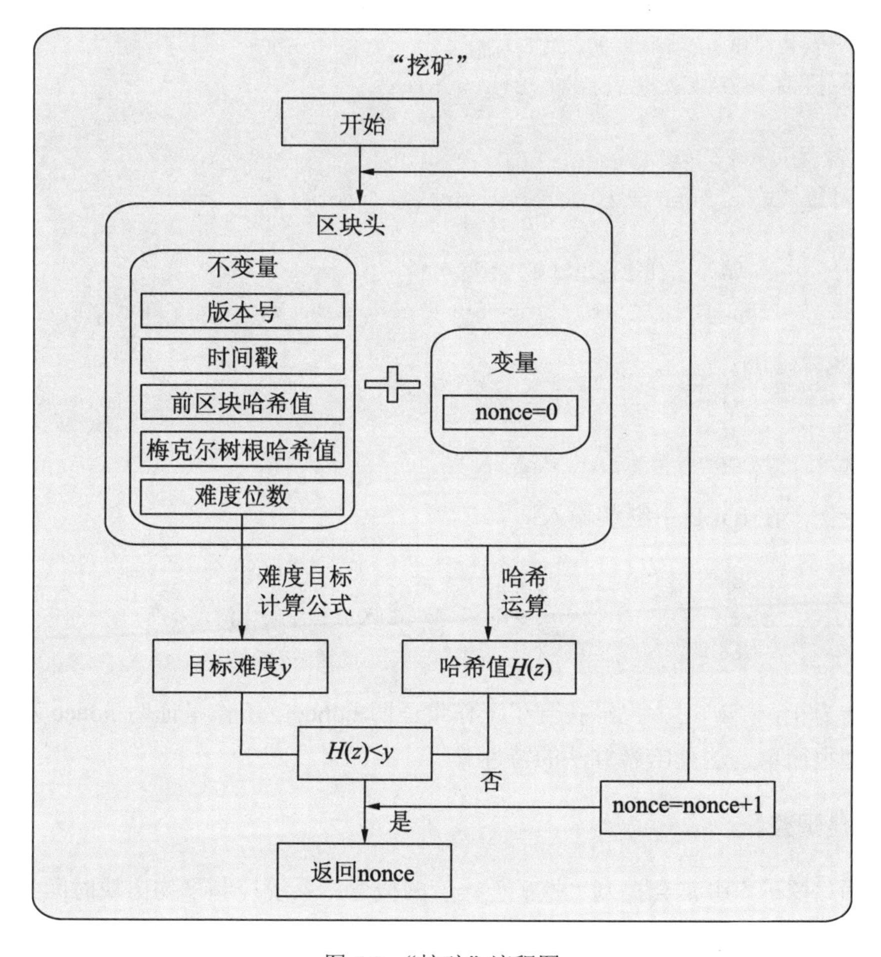

图 6.3 “挖矿”流程图

参考源码文件 consensus.py 模块，其中定义了根据难度位数计算目标值 y 的函数及 Simchain 中的“挖矿”函数。具体内容如下：

```
from ecc import sha256d       #从 ecc 模块中导入 sha256d 双哈希函数

#通过难度位数计算目标值
def caculate_target(bits):
    return (1 << (256 - bits))

#定义“挖矿”函数，输入参数为候选区块
def mine(block):

    #初始化随机数 nonce
    nonce = 0

    #根据候选区块中的难度位数计算目标值
    target = caculate_target(block.bits)

    #计算区块的梅克尔树根哈希值
    merkle_root_hash = block.get_merkle_root()

    #直到 nonce 满足条件才退出循环
    while   int(sha256d(block.header(nonce,merkle_root_hash)),   16)   >=
target:
        nonce += 1

    return nonce
```

接着上例，在 IDLE 中继续输入：

```
>>> from simchain.consensus import mine
>>> mine(block)                         #计算 2008865 次时，满足条件
2008865
```

到目前为止，“矿工”已经找到了工作量证明 nonce。工作量证明 nonce 难以找到，但是验证却很简单，这是哈希算法的特性。

2. 难度调整

比特币“挖矿”中常会提到“挖矿”难度的概念，系统控制平均出块时间为 10 分钟，随着“矿工”的不断涌入，更快速、更先进的计算哈希的计算机（“矿机”）也出现了。

如何才能保证出块的时间仍维持在 10 分钟呢？简单来说，是通过调整目标值 y，从而保证让网络中计算最快的节点在 10 分钟左右才能计算出满足条件的 nonce。实际上，难度调整的本质是增大和减小目标 y 的值。

以掷骰子为例解释“挖矿”难度调整的本质。思考下面的问题。

投掷两颗六面骰，分析骰面点数之和小于等于目标点数所需要投掷的次数。

如果目标点数为 12，只需要投掷一次，因为骰面之和不可能比 12 大；如果目标点数为 11，也不难，但需要投掷的次数一般要比点数 12 多。如果要投掷的目标点数为 5、4、3、2 呢？很显然，随着目标点数的减小，需要投掷的次数会越来越多，也就是难度越来越大。所以，如果要提高难度，只需要减小目标值 y 即可；而降低难度，则增大目标值 y。对于 Simchain 中的难度计算函数 caculate_target ()，难度位数 bits 增加，则“挖矿”难度增加，bits 减小，则“挖矿”难度降低。接着上例，在 IDLE 中输入如下内容：

```
>>> from simchain.consensus import caculate_target
>>> y1 = caculate_target(20)
>>> y2 = caculate_target(21)
>>> y1 > y2
True
```

以下是在 Simchain 中通过当前区块难度计算下一个区块难度的函数示例。定义在源码文件中的 peer.py 模块，供读者参考。

```
#输入参数分别为区块产生累计时间、前区块高度，以及前区块难度位数
#区块产生累计时间指每产生一个区块花费时间的累计集合
#比如产生 3 个区块花费时间分别为 3、4、5 分钟，则集合为{0,3,7,12}，是 Simchain 中的本地时间
#比特币中可以通过区块时间戳来确定
def calculate_next_block_bits(local_time,prev_height,prev_bits):

    #Params.TOTAL_BLOCKS 为每产生多少区块后，系统自动调整难度 1 次，简称难度调整间隔
    #比特币为 2016 块，Simchain 为 20，如果当前区块高度不为难度调整间隔的倍数，难度不调整
    flag = (prev_height + 1) % Params.TOTAL_BLOCKS
    if flag != 0:
        return prev_bits

    #计算新一轮难度调整间隔内所消耗的实际总时间
    #比如比特币从高度 1/2017~高度 2016/4032 花费的总时间
    count = ((prev_height + 1)//Params.TOTAL_BLOCKS)*Params.TOTAL_BLOCKS
    actual_time_taken = local_time[:prev_height] - local_time[:count]
```

```
#如果实际消耗时间比期望时间小，则增加难度
#比特币的期望时间是 2016*10 分钟
if actual_time_taken < Params.PERIOD_FOR_TOTAL_BLOCKS:
    return prev_bits + 1

#如果实际消耗时间比期望时间大，则降低难度
elif actual_time_taken > Params.PERIOD_FOR_TOTAL_BLOCKS:
    return prev_bits - 1

#几乎不可能发生
else:
    return prev_bits
```

从以上定义过程可以看出，如果全网算力增加，则会自动增加难度；算力减弱，则会自动降低难度。

6.1.3 Raft 协议

Raft 协议是另一种分布式共识机制，这种机制适用于网络中存在一定数量的故障节点，但不考虑“恶意”节点的情况，所以更适合作为私有链和联盟链的共识算法。故障节点是指节点因为系统繁忙、宕机或者网络问题等其他异常情况导致的无响应。恶意节点是除了可以故意对集群的其他节点的请求无响应外，还可以故意发送错误的数据，或者给不同的其他节点发送不同的数据，使整个集群的节点最终无法达成共识。

Raft 协议中，每个节点都处于三种状态中的一种，分别为：

- 候选者（Candidate），可以被选为一个新的领导者；
- 追随者（Follower），类似选民，追随领导者；
- 领导者（Leader），对追随者发送指令，比如区块链写入区块数据。如果追随者接收不到领导者的消息，则会转变为候选者。

Raft 协议达成共识分为两个阶段，分别为领导者选举（Leader Election）和日志复制（Log Replication）。首先讨论领导者选举过程，它由两个时间间隔来控制，分别为选举时间间隔（Election Timeout）和心跳时间间隔（Heatbeat Timeout）。选举时间间隔是指追随者（Follower）变为候选者的等待时间（Candidate），一般为 150～300ms。心跳时间间隔是指领导者（Leader）向追随者（Follower）发送指令的时间间隔。简单来说，网络中的每个节点都独立的记录时间，每一个追随者（Follower）一直监听领导者（Leader）的心跳（比如每 5s 产生一个区块，则心跳时间间隔为 5s），如果追随者（Follower）不能接收到来自领导者（Leader）的心跳（心跳间隔时间内无指令），在等待一个选举时间间隔（150～300ms）后，则会变成候选者（Candidate）；如果在选举时间间隔内接收到心跳，则会将

所有时间间隔清零，重新计时。下面详细介绍领导者选举和日志复制。

1．领导者选举

开始时，所有的节点都是追随者（Follower）。如图 6.4 所示，假设 A、B、C、D 四个节点的选举时间间隔分别为 150ms、250ms、220ms 和 200ms，每个节点独立记录自己的选举时间间隔。

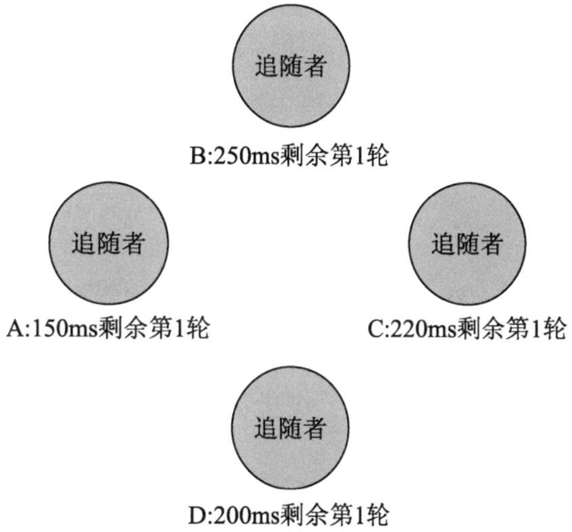

追随者
B:250ms剩余第1轮
追随者
A:150ms剩余第1轮
追随者
C:220ms剩余第1轮
追随者
D:200ms剩余第1轮

图 6.4　初始时刻

在等待 150ms 后，A 节点由于没有接收到心跳，会率先成为候选者（Candidate），然后向节点 B、C、D 发送给自己投票的请求，如图 6.5 所示。

节点 B、C、D 的计时均未达到自己的选举时间间隔剩余时间分别为 100ms、70ms 和 50ms 而成为候选者（Candidate）（将 A 发送请求的网络延迟忽略不计），且在该轮尚未投票给其他候选者（Candidate），于是都会投票给节点 A，且重新设置自己的选举时间间隔（从零开始计时），如图 6.6 所示。

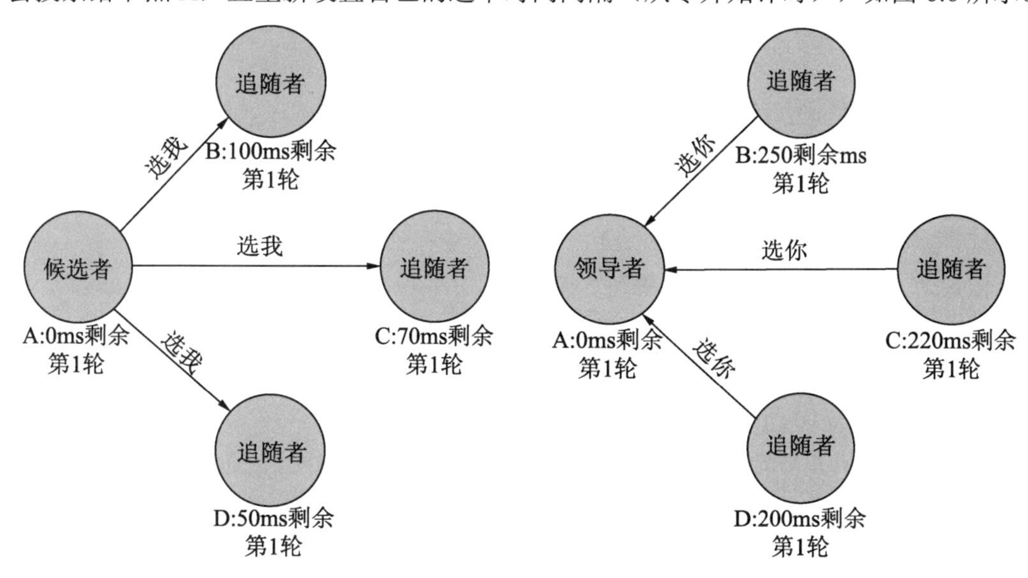

图 6.5　候选者向追随者发送投票请求　　　　图 6.6　追随者投票

如果节点 A 得到的投票数量大于 $N/2+1$，N 为网络中的节点总数，即候选者（Candidate）

得到绝大多数追随者（Follower）的支持，则节点 A 会变成领导者（Leader）。

领导者（Leader）掌握着整个网络的日志记录，并通过心跳间隔时间发出复制日志的指令。比如，A 在成为领导者（Leader）后，同时向 B、C、D 发送心跳，如图 6.7 所示。

在接收到来自节点 A 的心跳后，节点 B、C、D 确认节点 A 为网络中的选举者，然后重新设置选举时间间隔，并开始监听节点 A 的心跳，如图 6.8 所示。

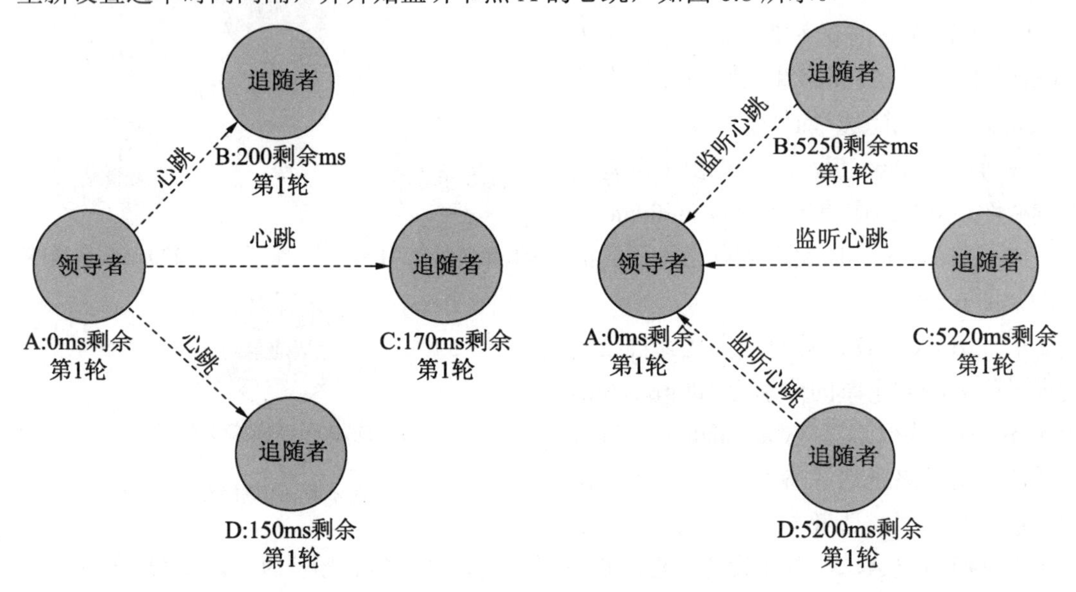

图 6.7　领导者发送心跳

图 6.8　追随者（Follower）监听心跳

此时，节点 B、C、D 都将节点 A 设置为领导者（Leader），并会对 A 的指令予以回复。假设心跳时间间隔为 5s，如果节点 B、C、D 分别在 5250ms、5220ms，以及 5200ms 后没有监听到来自节点 A 的心跳，则节点 A 会变成候选者（Candidate），重新开始一轮新的选举，直到新的领导者（Leader）产生。

假设节点 A 发生了故障，在等待 5200ms 后，节点 D 成为候选者（Candidate），并向节点 B、C 发送投票请求，第二轮投票开始。如图 6.9 所示。节点 B、C 停止对 A 的心跳监听，开始第二轮投票，并重新设置自己的选举时间间隔。最终节点 D 成为新的领导者（Leader），如图 6.10 所示。

为了方便读者更好地理解，以上过程并没有考虑网络中数据传递的延迟（发送请求、心跳延迟等）。在实际过程中，假设存在某一个时刻，两个追随者（Follower）在等待足够时间后，均没有接收到投票请求或者心跳，同时成为候选者（Candidate），然后分别发起投票（Split Voting），如图 6.11 所示。

首先节点 A、B 均为候选者（Candidate），各自投自己一票。由于发送请求存在先后顺序，而且每个节点在一轮选举中只能投 1 次票，假设节点 A 的请求到达节点 C 比节点 B

发送的请求早，而到达节点 D 比节点 B 发送的请求晚，则两个候选者（Candidate）的投票均不满足成为领导者（Leader）的要求，于是所有节点均成为追随者（Follower），并将所有时间清零，如图 6.12 所示。在等待足够的时间后，又会有新的候选者（Candidate）产生，经过投票产生新的领导者（Leader）。由于网络的延长，哪一个节点会成为领导者（Leader）并不确定，但经过多轮选举，最终都会产生。

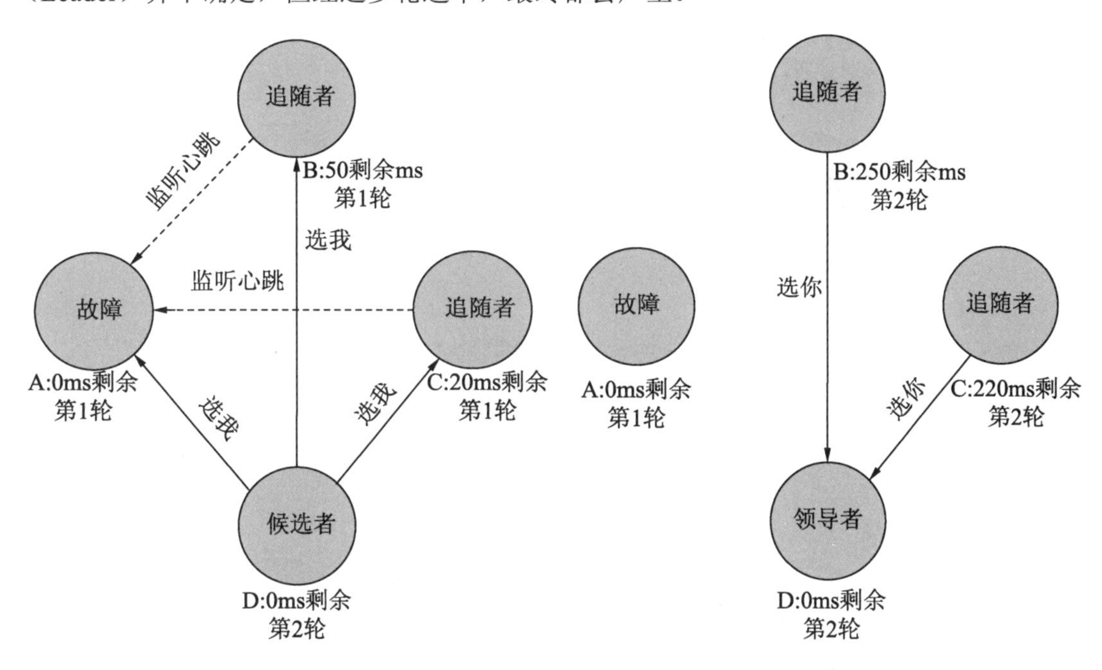

图 6.9　候选者向追随者发送投票请求

图 6.10　追随者投票

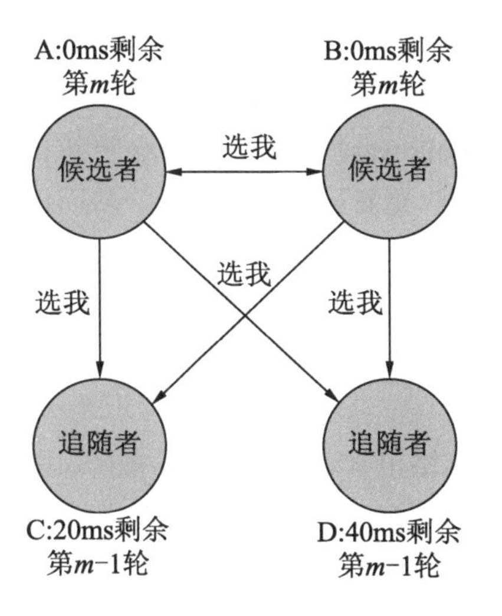

图 6.11　两个候选者同时发起投票

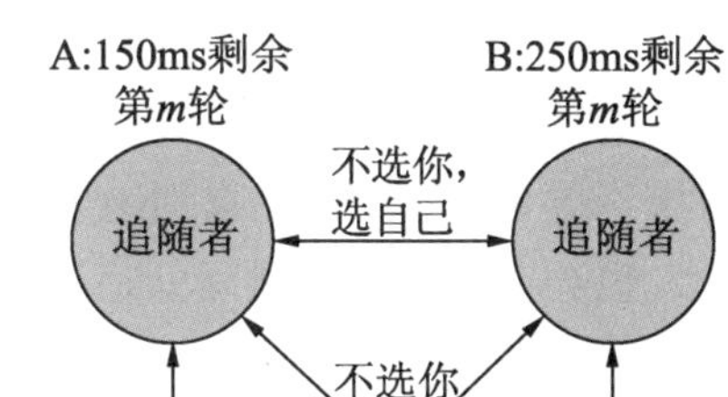

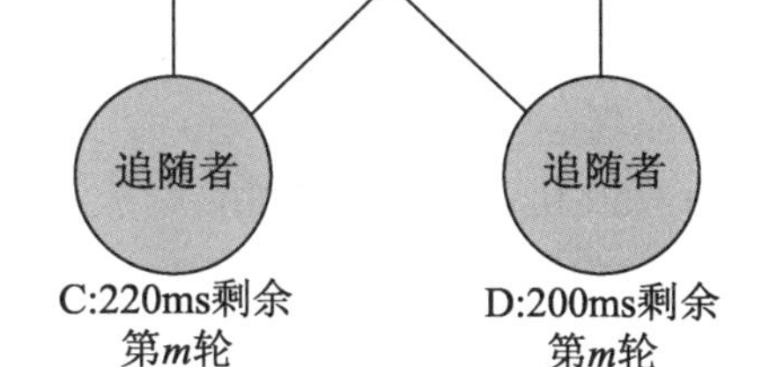

图 6.12　追随者投票

2. 日志复制

一旦当选为领导者（Leader），节点将掌握整个网络的日志复制（比如记录区块）工作，直到它与其他节点通信中断。领导者（Leader）通过心跳发送日志复制的通知，如图 6.13 所示。对应到区块链，领导者将按心跳向追随者（Follower）发送添加区块到区块链的命令，但领导者（Leader）不会立即将区块数据直接添加到区块链中，它必须等待追随者（Follower）反馈，如图 6.14 所示。

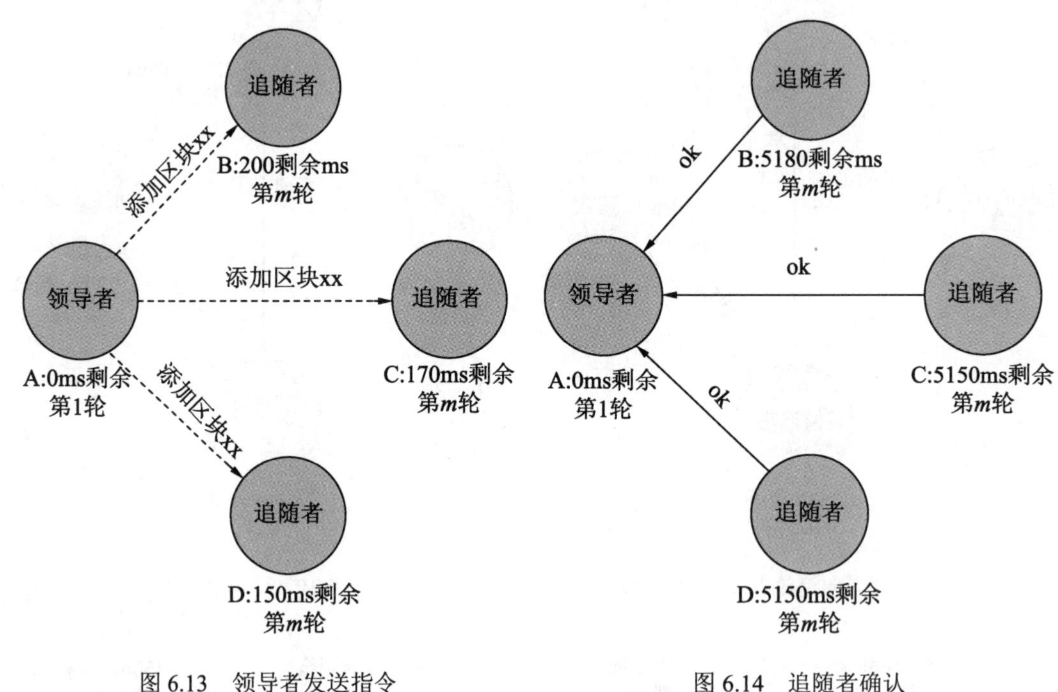

图 6.13　领导者发送指令　　　　图 6.14　追随者确认

如果领导者（Leader）收到绝大数追随者（Follower）的确认，将会更新自己的区块链信息，也会在下一次心跳通知追随者（Follower）更新区块链的信息。从而保证了整个网络区块链数据的一致。

目前，几乎所有语言都有支持 Raft 算法的库包，具体参考网址 https://raft.github.io/。读者还可以参考 http://thesecretlivesofdata.com/raft/提供的动画演示，更好地理解 Raft 协议的工作原理。

由 Raft 协议的原理可知，对于私有链，如果网络中永远不发生通信故障，则本质上是类中心化的区块链（见第 2 章中节点分类部分的介绍），因为所有的区块都会由第一个领导者（Leader）产生。

6.2 创建候选区块

当上一轮共识结束后，网络中的所有“矿工”（共识节点）开始新一轮“挖矿”。“矿工”的首要工作是在最新区块的基础上，创建一个候选区块（Block Candidate），候选区块组成如图6.15所示。

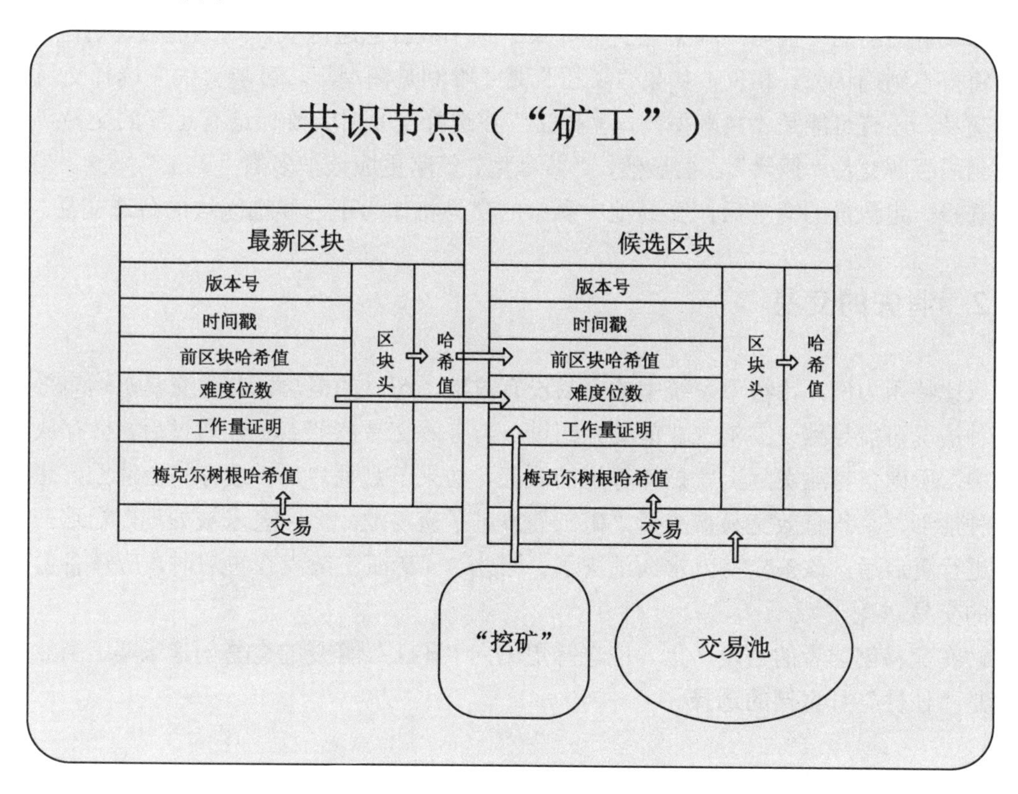

图6.15 候选区块组成

首先讨论候选区块中的数据来源。版本号一般为固定值；时间戳与创建区块时的时间有关，但“矿工”不一定会使用实际时间，这与系统要求有关，比如Simchain对时间戳没限制，而比特币要求不得早于验证时刻未来两个小时；前区块哈希值来自于最新区块的哈希值；难度位数根据最新区块中的难度位数通过6.1.2节中的难度调整计算方法得到；候选区块交易来自交易池；梅克尔树根哈希值由交易数据确定；由于“矿工”创建交易的时间与选择的交易不一定相同，所以创建的候选区块也可能存在差别，这个过程是独立完成的，每个“矿工”都有一个属于自己的候选区块，最终只有获胜“矿工”的候选区块会被写进区块链得到“续命”，而其他候选区块的生命在“矿工”验证获胜“矿工”广播的区块有效起得到“终结”。当候选区块创建好后，“矿工”开始“挖矿”，即通过枚举nonce的方式求出满足条件的工作量证明nonce值。

6.2.1 交易选择策略

和创建交易一样，“矿工”选择打包交易的策略具有自主性。如果“矿工”是“公益型”，可能会按照对系统最有利的策略进行交易选择，比如优先选择更早创建的交易，这样可以缓解交易的“拥堵”（某些交易如果一直不被打包进区块，则不能被写进区块链，交易将得不到确认）。相反，如果“矿工”是“唯利是图型”，可能会优先选择交易费最高的交易。还有可能是“共赢型”，“矿工”在选择交易时，既保证有足够的交易费，又能适当的缓解交易“拥堵”。很显然，“共赢型”策略更应该被多数“矿工”采纳。当“矿工”选择一定数量的交易后，交易池中剩余的交易将作为下一候选区块的备选交易。

6.2.2 消失的交易

以比特币为例，比特币系统中的交易没有过期、超时的概念，有效交易永远有效。但有一种情况可能导致交易消失。前文介绍过，当有效交易被节点验证通过后，会存放在交易池中，所谓交易池实际上就是计算机的缓存，如果节点重启后，缓存将会清空。想象这样一种情形，某条有效交易被少量“矿工”放进了交易池，但一直未被处理，当这些“矿工”进行重启后，该条交易就永久消失了。因此，“矿工”节点在重启时，应该备份交易池中的交易。

站在交易创建者的角度考虑，应选择更偏向“矿工”喜爱的交易创建策略，当然高交易费是“任性”且直接的选择。

6.2.3 创建创币交易

作为一个“矿工”，获得奖励是“挖矿”的动力。在Simchain中，获胜“矿工”的“挖矿”奖励被固定为500分，总奖励还要加上交易费。但在比特币中，初始奖励为50比特币，每个比特币为1亿聪，聪是比特币的最小单位。每产生210 000个区块（大约4年），奖励将会被减半。发放奖励也就是发行比特币，比特币总量为2 100万个比特币，这意味着产生1 344万个区块后，所有的2 099 999 997 690 000聪比特币将会全部发行完毕。换句话说，到2024年左右，系统中将会存在接近2 100万个比特币。在这之后，新的区块不再包含比特币奖励，“矿工”的收益全部来自交易费。比特币“挖矿”，既刺激了“矿工”“挖矿”的积极性，又实现了“发币”，同时也让“矿工”尽可能的“诚实”，因为

“不诚实”的代价是失去高额奖励。或者说，在“作恶”前会考量“值不值”。参考比特币发放奖励的原理，作者定义了根据区块高度计算区块奖励的函数，如下所示。

```
#输入参数为区块高度和交易费
def get_block_reward(height,fees = 0):

    #1 比特币=1 亿聪
    COIN = int(1e8)

    #减半间隔为 210 000 个区块
    reward_interval = 210000

    #初始奖励 50 比特币
    reward = 50 *COIN

    #减半次数
    halvings = height // reward_interval

    #如果减半次数超过 64，返回交易费
    if halvings >= 64:
        return fees

    #否则奖励减半
    reward >>= halvings
    return reward + fees
```

将比特币的发行量与时间的关系绘制在图中，如图 6.16 所示。

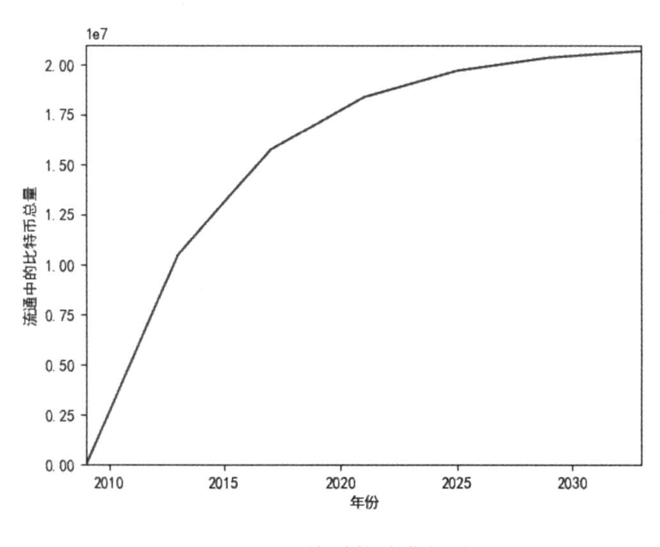

图 6.16　比特币的总发行量

发放的奖励以交易的形式被写进区块，也被称为创币交易。与比特币类似，Simchain中的创币交易被打包在区块交易列表的第1条。“矿工”在选择完要打包进区块的交易并存储到列表后，还需要创建一条指向自己地址的创币交易，金额为“挖矿”奖励和交易费之和，该条交易被存放在交易列表中的第1条，由于每个“矿工”打包的交易数量不同，则交易费的金额也可能不同，所以“矿工”候选区块中的创币交易金额也不一定相同。创币交易的格式和定义过程在第4章中具体介绍过。显然，图6.15中候选区块所包含的内容并不完整，还应加上创币交易，如图6.17所示。在IDLE中做一个简单的回顾，代码如下所示。

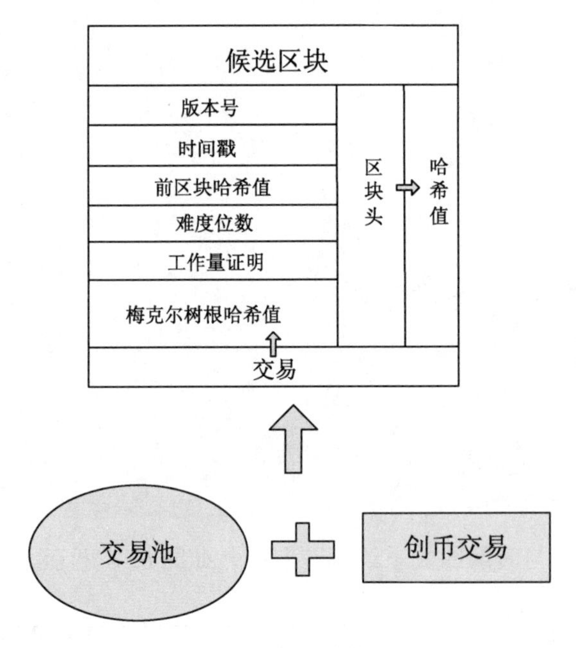

图6.17　候选区块的组成

```
>>> from simchain import Tx
>>> tx = Tx.create_coinbase('bb',5000)  #创建创币交易，地址'bb'，金额为5000分
>>> tx
Tx(id:b924404f0ec4526be88817001281cedf05e6cd7187d51f4762b82bdb7df90ad7)
>>> tx.tx_out                           #只有一个输出单元
[Vout(to_addr:bb,value:5000)]
>>> tx.tx_in                            #只有一个输入单元，且定位地址为None
[Vin(to_spend:None,
signature:b')!|\x0f=\xff\xec\xaaish\xe6\xff=\xa1\x82\x0bm\xe7e\xe7\xd5x
_\xeb2\xc7\x86\xcc\xab\xe31',
pubkey:None)]
>>> tx.is_coinbase
True
```

6.2.4　创建候选区块

当“矿工”从交易池中挑选完要打包的交易后，则可以根据计算的交易费创建创币交易，然后将所有交易存储至交易列表，就可以计算候选区块的梅克尔树根哈希值。接下来从区块链数据中找到最新区块的哈希值和难度位数，根据 6.1.2 节中的难度调整算法计算候选区块的难度位数。到目前为止，创建候选区块所需的数据全部找到，如图 6.18 所示。

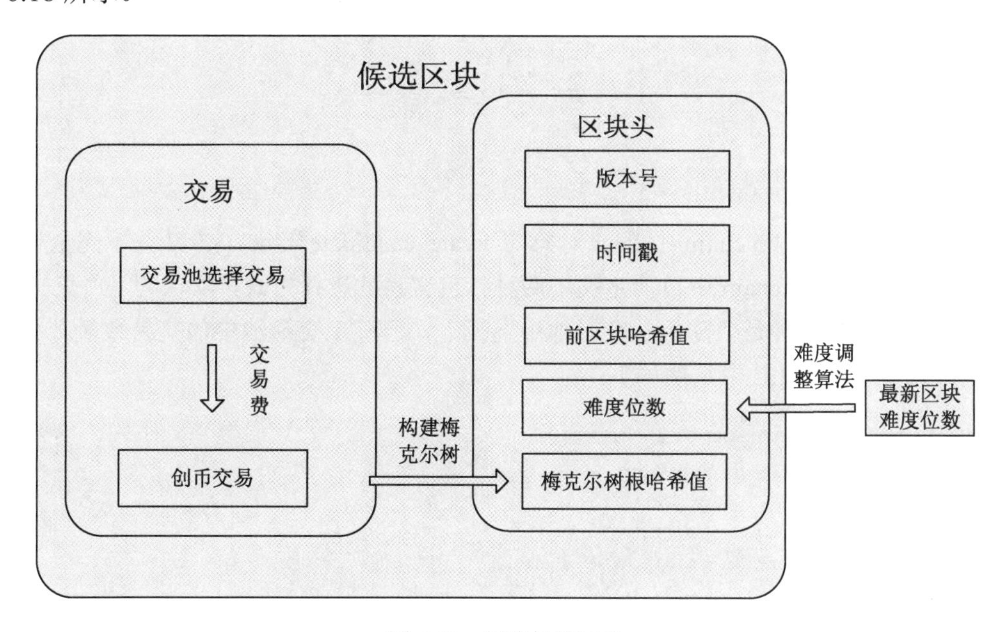

图 6.18　创建候选区块

在 Python 中定义创建候选区块的函数如下所示。

```
#输入参数为选择的要打包的交易列表，矿工收款地址、前区块、前区块的高度和本地时间
def create_candidate_block(txs,addr,prev_block,prev_height,local_time):

    #计算交易费（函数在第 4 章中已做定义）
    fees = calculate_fees(txs)

    #计算总奖励，为“挖矿”奖励和交易费之和
    rewards = get_block_reward(prev_height+1,fees)

    #创建创币交易
    coinbase = Tx.create_coinbase(addr,rewards)

    #将创币交易插入到交易列表第 1 条
```

```
    txs = [coinbase]+txs

    #获取前区块的哈希值
    prev_block_hash = prev_block.hash

    #通过当前区块高、时间和前区块难度位数计算难度位数（函数在 6.1.2 节已定义）
    bits =
    calculate_next_block_bits(local_time,prev_height,prev_block.bits)

    #创建候选区块
    candidate_block = Block(version=0,
                            prev_block_hash=prev_block_hash,
                            timestamp = local_time[-1],
                            bits = bits,
                            nonce = 0,
                            txs = txs or [])
    return candidate_block
```

该函数的定义与 Simchain 中 Peer 对象的 create_candidate_block()方法并不完全相同，读者可对比阅读。Simchain 中目前定义了两种打包交易的选择方式，默认的是“交易池交易全部选择”。另一种是“随机从交易池中选择”，但矿工交易池中的交易数量若少于 5 条则全部选择。在 IDLE 中举例如下：

```
>>> from simchain import Network
>>> net = Network()
>>> zhangsan = net.peers[0]
>>> net.make_random_transactions()
>>> zhangsan.create_candidate_block()          #张三创建候选区块
>>> zhangsan.candidate_block                   #访问张三的候选区块
Block(hash:35d09819d7e9d4582c6071af1973d6b8d7c58cf64422a7cd7345fa6d4c14
ce8f)
>>> zhangsan.candidate_block.txs               #候选区块中的交易
[Tx(id:1bc81f13a71bae521db9dd5bdcab009784f65bf0a53be73cb6b32e063753e803),
Tx(id:1c9eedff6fc192744d15e50d7076d3ba9747afa41dc37ece8b3b9ca18d595b25),
Tx(id:b31e7d5d9611b800784a46b6bf393268dd6e1f4ee52a7a4a91bce4b4ddf8eb25),
Tx(id:c0307a7a884474a76d0ea1c44141ad099ad39e6f962a4bb00b2ed85d05ab238e),
Tx(id:b442a7769c250eee816dd420fbeba7fbc3908745450b6687bb7da1cbd4a9b43a),
Tx(id:068094bc362d817b061c547cbbb4f6b1f9060ed1430c27ecb58b52a61f40e2cd),
Tx(id:a9f9f031e508a5cff53b04f1086cd17367d8ae8ee3787a98652b0c4c83c13997),
Tx(id:9b4f3f1c368a9edeae35f48d51e94b0e516ac895d8a27bf74e0f19827362841e),
Tx(id:bd3ec36e4ad1e56eff73a7145177a3f633b6d1a4ee150d36ba5448e9c0e646dd),
Tx(id:1fa517c55743b77fd40d88d962c1c8644c9b5a9700dbdc386c164be62f1dbc0e)]
>>> tx = zhangsan.candidate_block.txs[0]      #获交易列表的第 1 条交易
>>> tx.is_coinbase                             #为创币交易
True
>>> tx.tx_out[0].value                         #金额为 590
```

```
590
>>> len(zhangsan.candidate_block.txs)   #打包交易为 9 条，每条交易费固定为 10 分
10
>>> zhangsan.tx_choice_method = 'random'    #改变交易选择策略为“随机”选择
>>> zhangsan.create_candidate_block()
>>> len(zhangsan.candidate_block.txs)
6
```

显然，候选区块要被打包成有效区块，还需要一个重要的数据，即工作量证明随机数nonce。

6.3　挖矿、打包、广播区块

6.3.1　“挖矿”

当“矿工”创建好各自的候选区块后，就开始独立“挖矿”。前文介绍过，挖矿的实质是通过难度位数计算难度目标值，然后通过调整nonce值来改变候选区块的区块头，对区块头进行哈希运算，直到出现小于难度目标值的哈希值，此时对应的nonce就是满足要求的工作量证明，详细内容见6.1.2节。接着上例，在IDLE中输入如下内容：

```
>>> from simchain.consensus import mine          #调用“挖矿”函数
>>> nonce = mine(zhangsan.candidate_block)       #计算满足条件的 nonce
>>> nonce
415389
>>> zhangsan.consensus()                     #也可以直接调节点对象的 consensus()方法
415389
```

6.3.2　打包候选区块

“矿工”在整个“挖矿”过程中，一直监听网络中其他“矿工”发送来的“我找到满足条件的nonce啦”的消息，实质是其他“矿工”打包的最新区块。如果该区块被验证有效，“矿工”将停止本轮挖矿，然后重复上一轮的工作，将打包进区块的交易从交易池中移除，选择新的交易创建新的候选区块，开始一下轮“挖矿”。如果区块无效，则继续本轮“挖矿”直到找到满足条件的nonce或接收到新的有效区块。如果“矿工”在计算出满足条件的nonce前一直没有收到有效区块，则表示该“矿工”是本轮的获胜者。此时，“矿工”将候选区块中的nonce替换为满足条件的nonce值，其他任何数据不得修改，否则会被其他节点认为是无效区块。因为当“矿工”修改区块中的任意数据后，区块头也会相应

地发生变化，导致此时的 nonce 不再满足条件。接着上例，在 IDLE 中继续输入如下内容：

```
>>> block = zhangsan.package_block(nonce)                    #节点打包区块
>>> block
Block(hash:00003d8bf87046b3d2b53eacc2d97f093c96df1a5c0f4ec9f3b4d3ae738d
7c9a)
>>> block1 = zhangsan.candidate_block._replace(nonce = nonce) #替换 nonce
>>> block1
Block(hash:00003d8bf87046b3d2b53eacc2d97f093c96df1a5c0f4ec9f3b4d3ae738d
7c9a)
>>> from simchain.consensus import  caculate_target        #导入难度计算函数
>>> int(block.hash, 16) < caculate_target(block.bits)   #nonce 满足条件
True
>>> from simchain import Block
>>> block.version
0
>>> block2 =                                        #仅改变之前区块的版本号
Block(2,block.prev_block_hash,block.timestamp,block.bits,block.nonce,bl
ock.txs)
>>> block2
Block(hash:04cb1f73a34af550df7ed20fc1e430f0dfceea892d024450924a2a59db16
7957)
>>> int(block2.hash, 16) < caculate_target(block2.bits) #nonce 不满足条件
False
```

由上例可知，候选区块的创建是一次性的，创建好后，除了 nonce 值的替换外，其他数据都不能修改。

所以，打包候选区块的实质是用满足条件的 nonce 值替换候选区块中之前的 nonce。而且打包后的区块数据不得做任何变动，否则 nonce 值将不满足条件，这就保障了区块在网络中传播的安全性。

6.3.3 广播区块

和广播交易类似，当获胜“矿工”成功打包区块后，会将区块广播到网络中，通过泛洪路由协议传播到其他节点。由于验证一个区块比验证一个交易复杂得多，且数据量较单笔交易大得多，导致区块广播比交易广播耗时大得多。根据 Yonatan Sompolinsky 和 Aviv Zohar 对比特币网络的研究，图 6.19 展示了有效区块被网络中不同数量的节点接收所花费的时间，单位为秒。三条直线分别代表不同大小区块（按 KB 计算）被网络中 25%、50% 和 75%节点接收到所消耗的时间。从图中可以看出，较大的区块被大部分节点接收花费的时间接近 50 秒，在互联网中这已经算是较大的延迟了，所以区块链网络仍然有较大的优化空间。

随着比特币用户的增加，交易会变得相当“拥堵”，主要原因为区块大小受限，比如比特币区块大小限制为小于 1MB，区块的大小限制了其中交易数量的多少，这也意味着每 10 分钟确认的交易数量是有限的，当网络中发起的交易越来越多，节点的交易池中将存储更多的“待确认”交易。

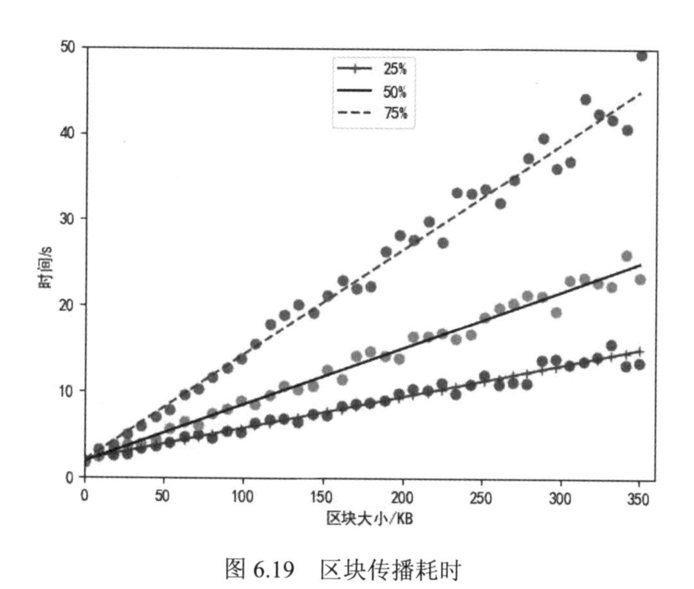

图 6.19　区块传播耗时

6.4 验证区块

当获胜“矿工”将其打包的区块广播到网络中后，接收到区块的节点会独立验证每个区块的有效性。和交易的独立验证一样，确保了只有有效区块才会在网络中传播，也是区块被添加到区块链的最基本要求。以比特币为例，区块有效性验证的内容包括：

- 区块的数据结构语法上有效；
- 区块头的哈希值小于目标难度值；
- 区块时间戳早于验证时刻未来两个小时（允许“矿工”不使用实际时间）；
- 区块大小在长度限制内；
- 第一个交易（且只有第一个）是创币交易；
- 验证区块交易的有效性（详见本书第 4 章介绍的交易的验证）。

在 Simchain 中的区块的独立验证和比特币稍有不同，但核心内容一致，具体如下：

- 区块的类型必须正确；
- 区块交易不能为空；
- 区块头的哈希值（转换为整数）小于目标难度值；

- 第一个交易（且只有第一个）是创币交易；
- 验证区块交易的有效性。

使用 Python 实现区块验证代码如下所示。参见源码文件 peer.py。

```
#输入参数为节点对象和待验证区块
def verify_winner_block(peer,block):

    #判断区块类型是否为 Block
    if not isinstance(block,Block):
        return False

    #获取区块交易
    txs = block.txs

    #验证工作量证明 nonce
    if int(block.hash, 16) > caculate_target(block.bits):
        return False

    #判断交易列表是否为 list 或 tuple 类型
    if not isinstance(txs,list) or \
        not isinstance(txs,tuple):
        return False

    #判断交易的数量是否大于 2
    if len(txs) < 2:
        return False

    #获取非创币交易列表
    block_txs = txs[1:]

    #计算奖励总额，为“挖矿”奖励和交易费之和
    rewards = peer.get_block_reward()+peer.calculate_fees(block_txs)

    #验证创币交易的有效性
    #verify_coinbase()函数见第 4 章创币交易的验证
    if not verify_coinbase(block.txs[0],rewards):
        return False

    #验证区块交易列表中是否存在双重支付
    if double_payment_in_block_txs(block_txs):
        return False

    #验证区块中非创币交易的有效性
    #verify_tx()函数见第 4 章一般交易的验证
    for tx in block_txs:
        if not verify_tx(peer,tx):
```

```
        return False
    return True
```

提示：Simchain 中 Peer 对象的 get_block_reward()方法返回常数 500 分。

验证区块交易列表中是否存在双重支付是指，判断是否存在至少两条交易的输入单元使用了相同的 UTXO。获胜“矿工”可能存在作弊的行为，比如用区块交易 A 使用过的 UTXO 创建新的交易 B，A 和 B 都打包进区块。Python 代码实现判断如下：

```
#输入参数为非创币交易列表
def double_payment_in_block_txs(txs):

    #将所有交易输入单元的定位指针存储到集合 a 中
    a = {vin.to_spend for tx in txs for vin in tx.tx_in}

    #将所有交易输入单元的定位指针存储到列表 b 中
    b = [vin.to_spend for tx in txs for vin in tx.tx_in]

    #如果 a，b 元素数量不相等，则为双重支付
    #原因为集合中不含重复元素，列表则不是
    #如果存在输入单元使用相同的 UTXO，则集合的长度将比列表小
    return len(a) != len(b)
```

在 IDLE 中举例如下：

```
>>> from  simchain import Network
>>> from simchain.peer import verify_winner_block       #导入区块验证函数
>>> from simchain.consensus import mine                 #导入“挖矿”函数
>>> net = Network()
>>> net.make_random_transactions()
>>> zhangsan,lisi = net.peers[0],net.peers[1]
>>> zhangsan.create_candidate_block()                   #张三创建候选区块
>>> block = zhangsan.candidate_block
>>> block
Block(hash:1e6cc72ba5ae5fbce9aa5d958d2ea6c55da2c288c9cc2f413c40e3459e60
1cf0)
>>> nonce = mine(block)                                 #“挖矿”求 nonce
>>> nonce
466046
>>> block = block._replace(nonce = nonce)               #打包区块
>>> block
Block(hash:0000186a74d453126e77a08d4e75bc191c274921ae0cb72d4b0b28c7a5f2
55ab)
>>> verify_winner_block(lisi,block)                     #李四验证区块有效性
```

```
True
>>> block.version                                      #获取交易的版本号
0
>>> from simchain import Block                         #导入区块对象
>>> version = 2
>>> prev_block_hash = block.prev_block_hash
>>> timestamp = block.timestamp
>>> bits = block.bits
>>> nonce = block.nonce
>>> txs = block.txs
>>> new_block = Block(version,prev_block_hash,timestamp,bits,nonce,txs)
>>> new_block                               #新的区块仅改变了版本号
Block(hash:151fee204fb2f3b466d2ea8377755d6a2e3757dafd65d77276ffd1bcd54f
9dd0)
>>> verify_winner_block(lisi,new_block)     #新区块验证不通过，提示答案不正确
2018-07-31  14:08:40,518  -  Block(hash:151fee204fb2f3b466d2ea8377755d6a2
e3757dafd65d77276ffd1bcd54f9dd0) wrong answer
False
```

每一个节点对区块的独立验证，确保了“矿工”无法作弊，这也是保证矿工维持“诚实”的手段，“矿工”必须创造完美的区块，才能经得起全网节点的验证。否则，区块将会被拒绝，被拒绝的后果是失去创币交易中的奖励。

在第 4 章中我们遗留了一个问题，即创币交易在网络中传播的安全性。事实上，在 6.3 节打包区块时就讨论过，任何区块数据与工作量证明 nonce 挂钩，只要有篡改行为，工作量证明 nonce 将会失效。

6.5 区块链分叉

6.5.1 偶然分叉

当节点验证完区块的有效性后，是否表示该区块一定会加入区块链中？事实是否定的。虽然区块是有效区块，但不表示该区块一定会被加入区块链中，典型的例子是区块链的偶然分叉，区块链分叉指的是全网数据发生不一致的情形。比如，网络中有 6 个节点，2 个节点的区块高度是 100，其他 4 个节点是 101；或者都是 100，但末尾区块不一样等。

以比特币系统为例，设想这样一种情形，网络中有两个“矿工”几乎同时找到答案，他们也会几乎同时将各自的区块广播到网络中。前文介绍过，不同“矿工”创建的候选区

块是不一样的，主要体现为选择的交易不一样、创建时间不一样、工作量证明 nonce 不一样，但这两个区块的前区块哈希值是一样的，其创建都是基于最新区块。由于 P2P 网络的特性，两个区块到达任意一个节点的顺序有先有后，一部分节点可能是先接收到第一个“矿工”的区块，另一部分则先接收到第二个“矿工”的区块。于是，网络中的节点暂时被分成了两个队伍 A 和 B，如图 6.20 和图 6.21 所示，A 队先接收到第一个“矿工”的区块（“三角形”表示），并将其添加到自己的区块链中；B 队先接收到第二个“矿工”的区块（“星星”表示），并将其添加到自己的区块链中。但最终 A 队也会接收到第二个“矿工”的“星星”区块，B 队也会接收到第一个“矿工”的“三角形”区块，而且这两个区块的前哈希值相等，节点们意识到区块链发生了分叉。A 队不会丢弃“星星”区块，B 队也不会丢弃“三角形”区块，都会将其备份到各自的分叉列表中，因为到底哪一个区块最终会被写进区块链还不确定，这取决于后一个区块（348）由谁创建。

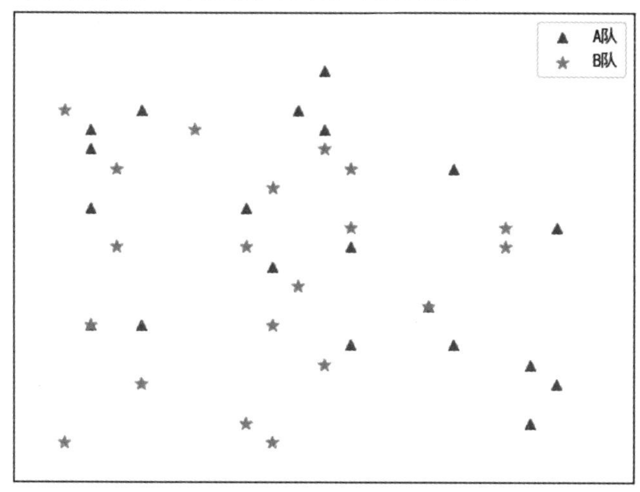

图 6.20 网络中的两个队伍

如果 348 区块来自于 A 队，即 A 队中的某个“矿工”在该轮获胜，则 348 区块是基于“三角形”区块创建，当 A 队成员接收到 348 区块时，直接将其添加到区块链中。但 B 队在接收到 348 区块时，发现 348 区块并不是基于“星星”区块创建，于是会将备份的“三角形”区块与末尾的“星星”区块交换位置，然后再将 348 区块链接到新的 347 区块之后，最终区块链全网数据又回到了一致，这种分叉是短暂的，如图 6.22 所示。同样，如果 348 区块来自 B 队，则全网区块链最终数据如图 6.23 所示。这意味着，对于该种偶然分叉的发生，将会有一个“矿工”的“工作”是徒劳的。事实上，对于工作量证明（POW）这种共识机制，每一轮共识中都会有很多“无用功”，因为所有“矿工”都有参与“挖矿”，而只有一个“矿工”的工作是被认可的。所以，工作量证明（POW）一种“耗能”的共识算法。

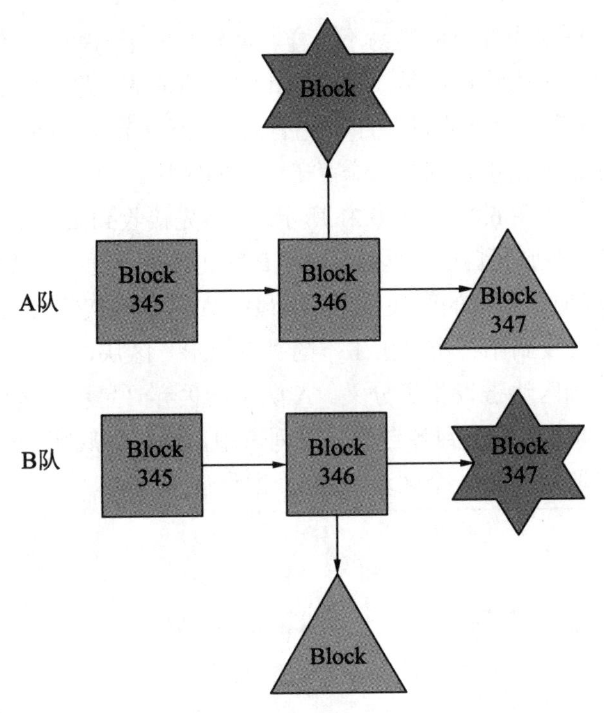

图 6.21 各自备份区块

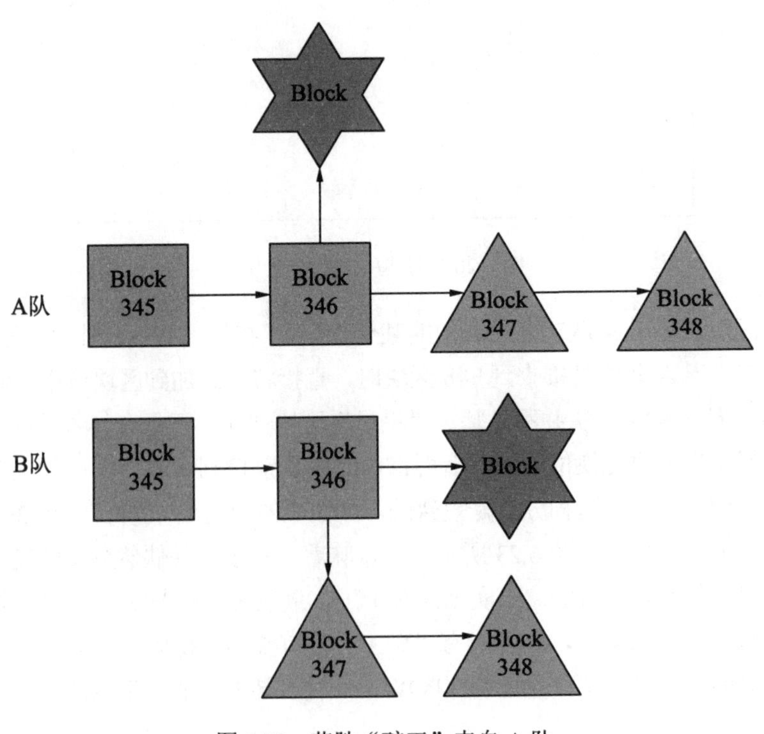

图 6.22 获胜“矿工”来自 A 队

设想另外一种极端情形，如果 348 区块也产生了分叉，则网络中将存在最多 4 条不同的分叉链，但随着不分叉的 349 区块产生，仍然会回归为单链。

事实上，发生偶然分叉的几率是较低的。除了偶然分叉，还有硬分叉和软分叉。

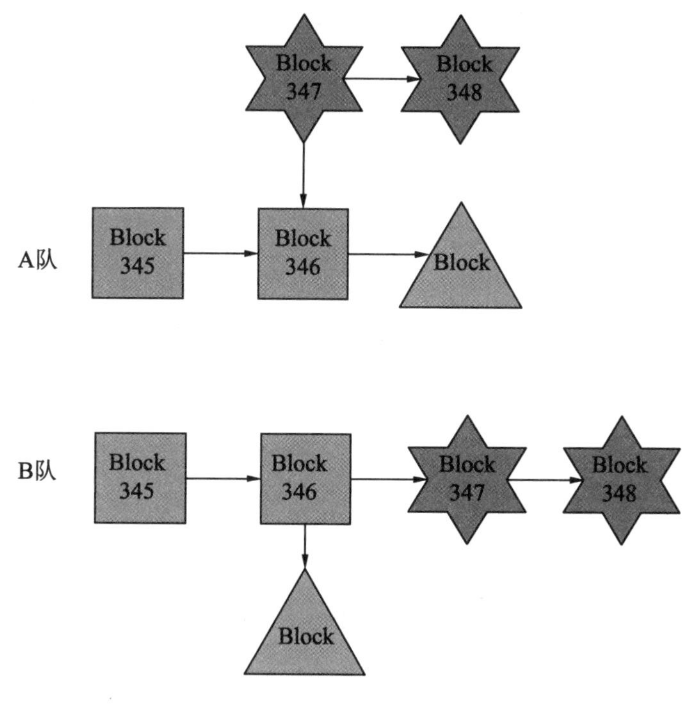

图 6.23　获胜“矿工”来自 B 队

6.5.2　硬分叉和软分叉

仍然以比特币系统为例进行介绍。考虑这样一种情形，比特币之初，所有的节点运行着同样的客户端，维护着共同的一条链。某个时间，官方发行了新版本的客户端，一部分节点选择了升级，拥有了新的共识协议，这部分节点称之为“新节点”，“新节点”中的“矿工”称之为“新矿工”；未选择升级的节点称之为“旧节点”，“旧节点”中的“矿工”称之为“旧矿工”。这时会出现以下四种情形：

- “新节点”接受“旧矿工”创建的区块；
- “新节点”拒绝“旧矿工”创建的区块；
- “旧节点”接受“新矿工”创建的区块；
- “旧节点”拒绝“新矿工”创建的区块。

1. 硬分叉

硬分叉是指，旧版本的客户端不兼容新版本的客户端的情况，新版本增加了新的协议，“旧节点”拒绝“新矿工”创建的有效区块，这意味着，只要网络中存在新、旧两种“矿工”，则会存在两条不同的区块链。比如，比特币新版本将区块限制增加至 2MB，则“新节点”能接收 1.5MB 大小的区块，而“旧节点”将会拒绝，这必然导致区块链分叉。

2. 软分叉

软分叉是指，旧版本客户端兼容新版本客户端的情况，虽然新版本增加了新的协议，但旧版本仍然兼容的情况。“旧节点”接受“新矿工”创建的区块，这意味着新协议中的规则不需要“旧节点”遵守，新版本代码的改变不影响旧版本的运行，比如新版的区块验证中新增了全新的内容，这个内容“新节点”会对其进行验证，而“旧节点”会选择忽略，因为旧版本的区块验证代码中并不包含这项。

总地来说，硬分叉和软分叉都是因为新版本增加了新协议，如果新增的协议“旧节点”不能得到满足，则会发生硬分叉，如果“旧节点”也能满足，则会存在软分叉。

6.6 添加到区块链

6.6.1 比特币中的区块添加原则

由于区块链的偶然分叉，虽然被验证通过的区块，并不一定会被添加到区块链中。根据前文内容，区块链中的区块编号通过前区块哈希值进行链接。于是，当新的被验证有效的区块被接收后，根据其前区块哈希值来决定如何添加到区块链。比如，区块链中最新的区块高度为 358，其哈希值为 A，此时网络中产生了新区块，是否新区块一定就是 359 呢?这依赖新区块基于哪个区块（也被称为“父区块”）创建，如果新区块的前哈希值是 A，表明“父区块”是末尾区块，则该区块将直接添加到区块链成为 359 区块，如果新区块的前区块哈希值不为 A，但又能在区块链中找到，即“父区块”不在末尾，说明网络中有偶然分叉产生，则该区块将会被添加到分叉列表中；如果新区块的前区块哈希值不能在区块链中找到，则该区块被称为“孤块”，会被存放到“孤块”列表中，直到其“父区块”添加至区块链后，再从“孤块”列表中链接到“父区块”之后。这种情形是可能发生的，比如两个区块在很短的时间间隔内被挖出，而到达某些节点的顺序正好相反，这种现象将会发生。节点存放有效区块的一般原则如图 6.24 所示。

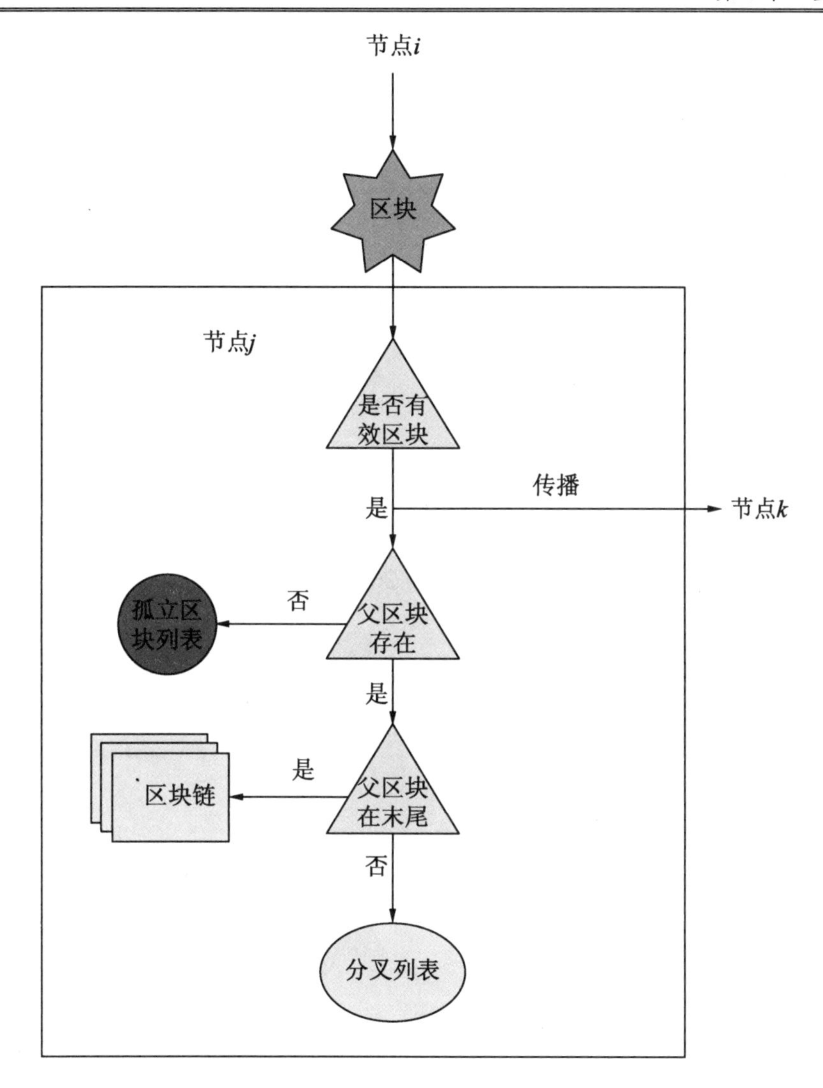

图 6.24　节点添加区块的一般原则

存放在分叉列表中的区块，从理论上讲，其父区块可能是除末尾区块之外的其他任意区块，虽然前文介绍“矿工”创建候选区块是以末尾区块为“父区块”，实际上这只是一种最保守的策略，能最大程度的保证创建的区块被写进最长链。事实上，矿工有权利选择任意区块作为“父区块”。讨论以下两种区块被存放到“分叉”列表的情形。

第一种情形在偶然分叉中讨论过，如图 6.25 所示，设想当前末尾区块为 348“三角形”区块，此时节点接收到“星星”区块，“星星”区块和“三角形”区块拥有相同的“父区块”347，“星星”区块会暂时存放在分叉列表，这取决于真正的 349 号区块是基于它还是基于“三角形”区块。

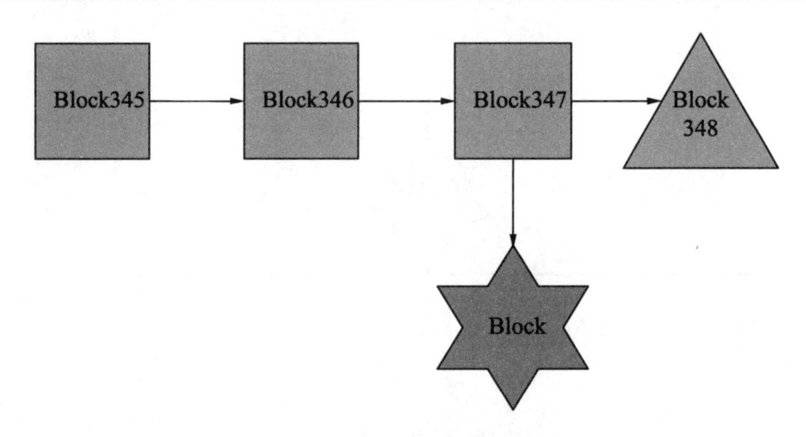

图 6.25　相同“父区块”

如果节点下一轮接收到的区块来自“星星”区块，则区块链沿“星星”区块扩展，“三角形”区块与“星星”区块交换位置，如图 6.26 所示。

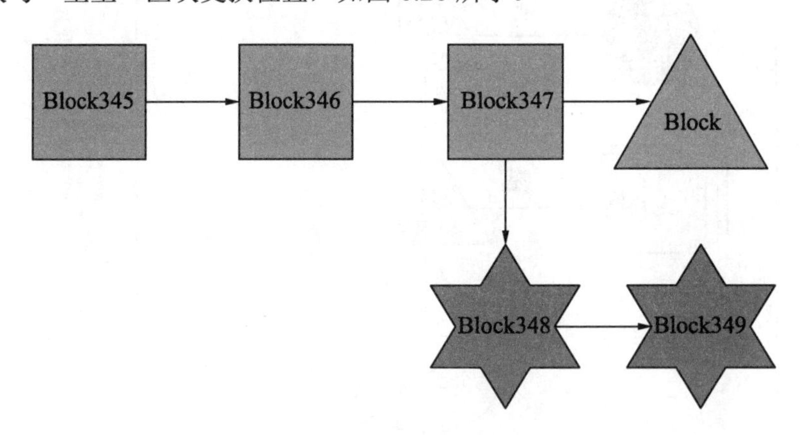

图 6.26　沿“星星”区块扩展

如果节点下一轮接收到的区块来自“三角形”区块，则区块链沿“三角形”区块扩展，区块位置保持不变，如图 6.27 所示。

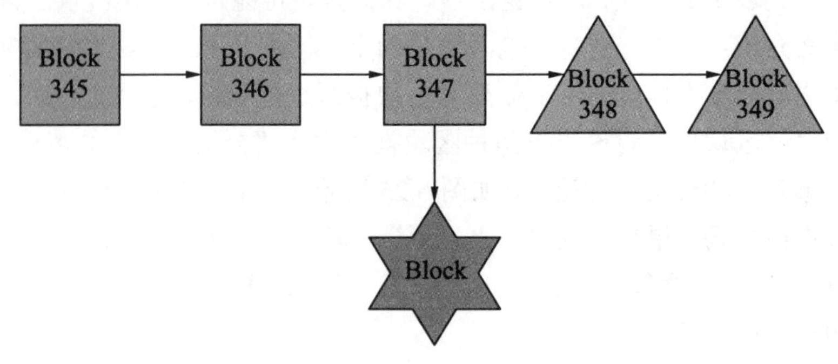

图 6.27　沿“三角形”区块扩展

由于一直存放在“分叉”列表中的区块是不被认可的，“矿工”们为了获得奖励，可能会展开一场竞赛。拥护“三角形”区块的“矿工”极力延长“三角形”链，拥护“星星”区块的“矿工”极力延长“星星”链。如果算力相当，“矿工”们的机会是均等的。

第二种情形，如图 6.28 所示，设想当前末尾区块为 348“三角形”区块，此时节点接收到“星星”区块，“星星”区块的“父区块”346，“星星”区块也会暂时存放到“分叉”列表。有没有可能区块链最终沿“星星”区块延长呢？答案是肯定的，如果拥护“星星”区块的“矿工”的算力很大，出块速度快，经过几轮的角逐，假设“星星”区块的拥护者和“三角形”区块的拥护者几乎在同一时刻挖出 350 区块，如图 6.29 所示，则链条沿“星星”区块延长是有极大可能的。不过，这要求“星星”区块的拥护者们拥有更大的算力，因为他们相较“三角形”区块的拥护者，要多挖出一个区块。除非“矿工”是“刻意为之”，这种情形很难发生。因为区块链总是沿着最长的链发展，为了最大可能地让自己的区块被添加到区块链，“矿工”在创建候选区块时，都会优先选择末尾区块为“父区块”。

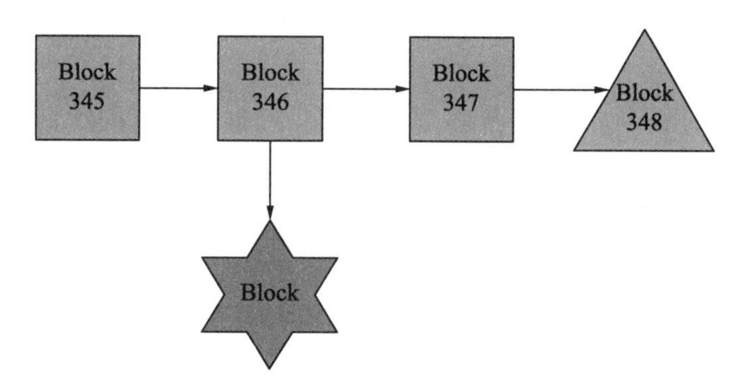

图 6.28 “遥远”的父区块

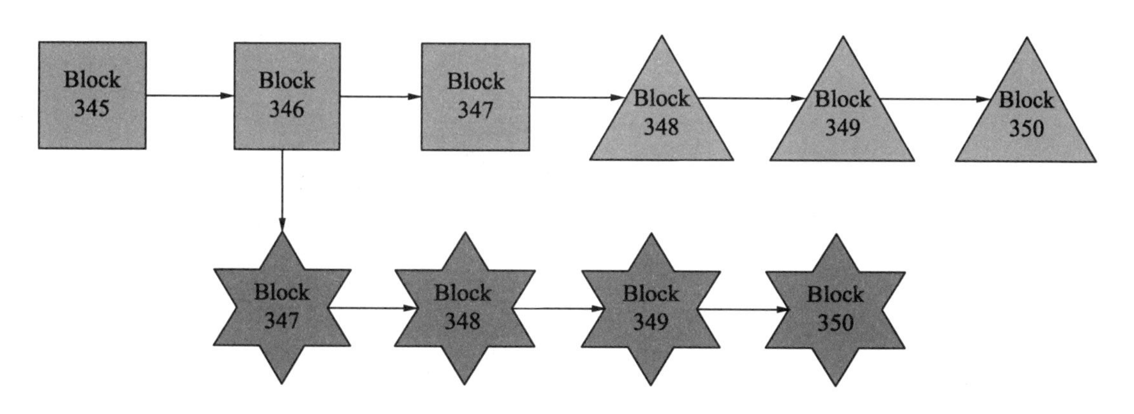

图 6.29 “区块”竞赛

6.6.2 51%攻击

51%并非指某个“矿工”掌握了全网51%的算力，而是指其算力足够大，对区块的产生具有足够的掌控能力。比如6.6.1节中图6.29的举例，“星星”区块的拥护者硬生生的夺取了原本属于348、349和350“三角形”区块创建者的奖励。换句话说，当某个“矿工”算力足够大时，他可以选择“重挖”区块，尽管该区块可能落后当前网络中的最新区块，但只要“矿工”坚持沿该区块扩展自己的链条，最终总会成为最长链，其他跟随“三角形”区块的节点也会将自己的链条调整过来。这样做的好处在于，“矿工”能获得更多的奖励。当然，既然“矿工”算力出众，完全可以沿着“三角形”区块扩展最长链条，只要“区块”由其挖出，一样可以获得奖励，为什么要选择“重挖”，夺取他人的奖励呢？原因很简单，因为区块奖励是有限的，“重挖”可以使自己获取的奖励最大化。当然，这种51%攻击的危害是可以忽略的。接下来讨论另外一种51%攻击。

以比特币为例，设想这样一种情形，张三是一个拥有51%攻击能力的“矿工”，他向李四支付10万比特币购买一件价值连城的古董。当张三创建的支付交易A被写进最新挖出的区块后，如图6.30所示，假如为350区块，即仅得到一个确认后，李四将古董交给了张三。

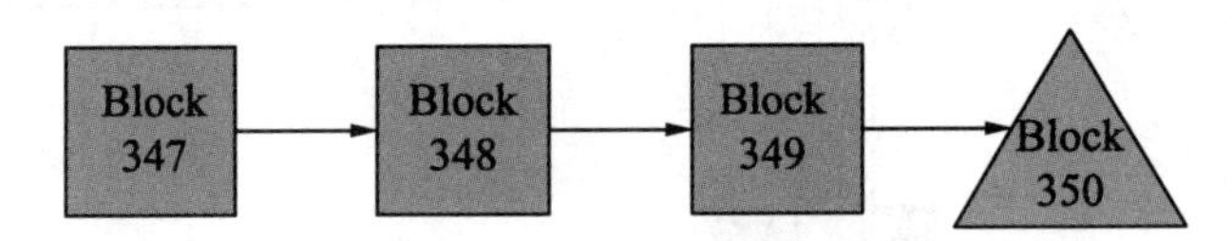

图6.30 张三支付李四交易被写进了区块350

在拿到古董后，张三开始发动51%攻击，他会选择“重挖”350区块。具体过程如下所述。如图6.31所示，张三先以349区块为父区块创建新的候选区块，同时将交易A输出中原本指向李四的地址修改为指向自己的地址，得到新的交易B，即张三企图双重支付，如图6.32所示。

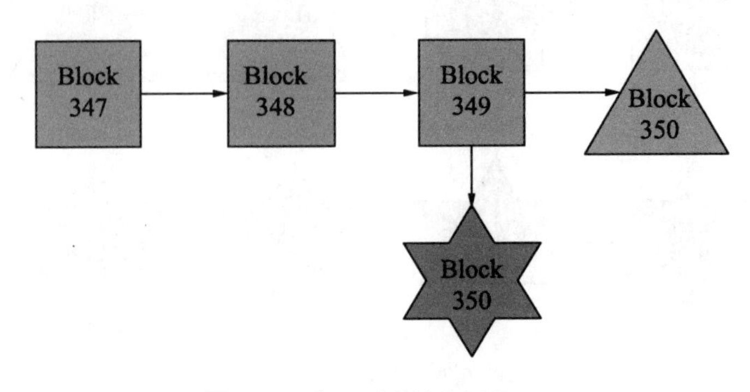

图6.31 张三“重挖”区块350

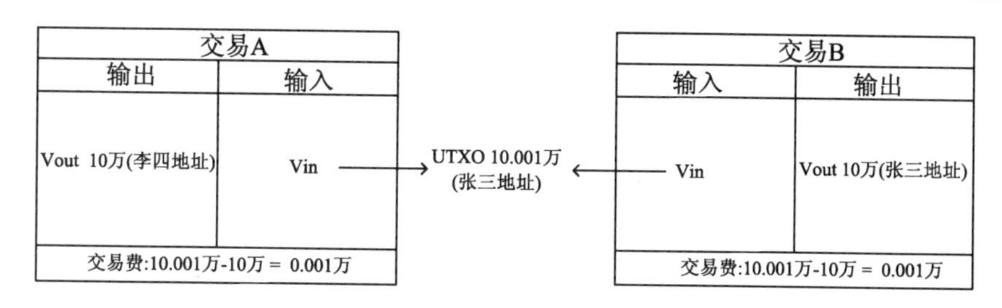

图 6.32　张三企图双重支付

接下来，张三利用自己的算力优势，在挖出新的含有双重支付交易 B 的 350 区块后，张三将沿着该区块继续扩展自己的链条，直到追赶上另一条链条，如图 6.29“区块”竞赛所示。

为什么含有篡改交易 B 的区块会被其他节点接受，原因为在验证区块交易时，并不关心交易的输出指向谁。只关心交易使用的 UTXO 是否存在，签名、公钥和地址是否匹配，输入金额与输出金额是否相等等条件，因为交易是由张三创建，签名、公钥都属于自己，所以条件都能得到满足。

不过，即使张三的算力高得惊人，也不能篡改其他人创建的交易，原因在第 3 章和第 4 章中讨论过，因为张三没有交易创建者的私钥。

同时，当节点算力相差不是特别显著时，由于哈希算法的随机性和偶然性，也会出现算力小的节点会先找到 nonce 的情形。只是从概率学的角度讲，算力越高，获胜的几率会越大。

6.6.3　Simchain 中的区块添加原则

Simchain 中的区块添加原则要简单粗暴许多，当节点接收到有效区块时，按照如下两个步骤处理。

第一步：定位“父区块”高度。

第二步：判断“父区块”的位置。如果“父区块”为末尾区块，则直接链接其后；如果“父区块”为末尾区块的前一区块（次末尾区块），则判断当前区块编号与末尾区块编号的大小，编号小的被写进区块链。具体来讲，如果末尾区块的编号小，则直接放弃当前区块；反之，用当前区块代替末尾区块。如果“父区块”在其他位置，直接放弃当前区块。如果找不到“父区块”，则将其存放到“孤块”列表。

Python 中实现该过程如下：

```
#根据哈希值定位区块的高度
def locate_block_by_hash(peer,block_hash):
    for height,block in enumerate(peer.blockchain):
        if block.hash == block_hash:
```

```
            return height+1
    return None

#尝试添加到区块链，输入为节点和待添加的区块
def try_to_add_block(peer,block):

    #获取区块的前哈希值
    prev_hash = block.prev_block_hash

    #定位“父区块”高度
    height = locate_block_by_hash(peer,prev_hash)

    #如果找不到“父区块”，添加至“孤块”列表
    if not height:
        peer.orphan_block.append(block)
        return False

    #如果“父区块”在末尾
    if height == peer.get_height():

        #将区块添加到区块链
        peer.blockchain.append(block)

        #更新 UTXO_SET 和交易池
        recieve_new_prev_hash_block(peer,block.txs)
        return True

    #如果“父区块”为末尾区块的前一区块
    elif height == peer.get_height()-1:
        b1,b2 = peer.blockchain[-1],block

        #比较末尾区块与当前区块哈希值的大小
        #Simchain 中的区块哈希值是十六进制字符串
        a,b = int(b1.hash,16),int(b2.hash,16)

        #如果末尾区块哈希值更小，保留
        if a < b:
            return False

        #如果当前区块哈希值更小
        else:

            #将末尾区块从区块链中删除
```

```
            peer.blookchian.pop()

            #将当前区块添加至区块链
            peer.blockchain.append(block)

            #数据回滚并更新 UTXO_SET 和交易池
            recieve_exist_prev_hash_block(peer,block.txs)

    #如果“父区块”在其他位置，返回
    else:
        return False
```

在 IDLE 中举例如下：

```
>>> from simchain import Network
>>> net = Network()
>>> zhangsan,lisi = net.peers[0],net.peers[2]
>>> net.make_random_transactions()
>>> zhangsan.create_candidate_block()
>>> block = zhangsan.candidate_block                    #张三创建一个候选区块
>>> from simchain.consensus import mine                 #导入“挖矿”函数
>>> nonce = mine(block)                                 #计算 nonce
>>> from simchain.peer import locate_block_by_hash,
try_to_add_block
>>> locate_block_by_hash(lisi,block.prev_block_hash)    #前区块高度
1
>>> try_to_add_block(lisi,block)                        #李四添加区块成功
True
>>> len(zhangsan.mem_pool)                              #张三的交易池有 3 条交易
3
>>> lisi.mem_pool                                       #李四的交易池为空
{}
>>> len(lisi.utxo_set)                                  #李四的 UTXO_SET
16
>>> len(zhangsan.utxo_set)                              #张三的 UTXO_SET
18
```

之所以张三和李四的数据不一致，是因为李四添加了区块，对 UTXO_SET 和交易池进行了更新，而张三没有。

对于 Simchain 中区块添加的两种情形，第一种直接将区块添加到区块链的末尾，第二种先将末尾区块从区块链中移除，然后将区块添加到末尾。不论哪种情形，都需要更新节点的 UTXO_SET 和交易池。OWN_UTXO_SET 的更新和 UTXO_SET 类似，此处不予讨论。

1．更新UTXO_SET和交易池

对于第一种情形，仅需要更新 UTXO_SET 和交易池，且顺序为先更新 UTXO_SET，再更新交易池。

更新 UTXO_SET 分为两步。

第一步：将区块交易所有输入单元使用过的 UTXO 从 UTXO_SET 中移除。

第二步：如果系统允许从有效交易中提取 UTXO，则只需要修改区块交易所有输出单元在 UTXO_SET 对应的 UTXO 的状态为确认，因为当有效交易被接收时，其输出单元已经被封装成 UTXO 添加至 UTXO_SET，但其状态为“未确认”（详见第 4 章）；如果系统不允许从有效交易中提取 UTXO，则需要将区块交易的所有输出单元封装为已确认的 UTXO 添加到 UTXO_SET。

更新交易池的过程为，如果区块交易在节点的交易池中，则移除。

与此同时，根据 Simchain 中对分叉的处理，每一个添加至区块链的区块都有可能会被后一个新区块代替，因此每次都要对当前操作的数据进行备份，防止数据回滚至该区块添加至区块链前的状态。需要备份的数据内容包括区块交易的所有输入单元使用过的 UTXO，所有输出单元封装成的“未确认”UTXO，以及从节点交易池中移除的交易。

对于第一种情形，Simchain 中通过 recieve_new_prev_hash_block()函数实现数据更新。该函数执行三个内容，一是将区块交易使用过的 UTXO 从 UTXO_SET 移除，调用函数 remove_spent_utxo_from_txs()实现，二是将区块交易的所有输出单元封装成已确认的 UTXO 添加至 UTXO_SET，调用 confirm_utxos_from_txs()函数实现，三是将区块交易从交易池中移除，调用函数 remove_txs_from_pool()实现。

```
#接受前区块哈希值在末尾的区块，输入为节点和区块交易
def recieve_new_prev_hash_block(peer,txs):
    utxo_set,pool = peer.utxo_set,peer.mem_pool
    allow_utxo_from_pool = peer.allow_utxo_from_pool

    #将交易使用过的 UTXO 从 UTXO_SET 从移除并进行备份
    peer._utxos_from_vins = remove_spent_utxo_from_txs(utxo_set,txs)

    #将区块交易的所有输出单元封装成已确认的 UTXO 添加至 UTXO_SET 并进行备份
    peer._pointers_from_vouts,peer._utxos_from_vouts = confirm_utxos_from_
txs(utxo_set,txs)

    #将区块交易从交易池中移除，并进行备份
    peer._txs_removed = remove_txs_from_pool(pool,txs)
```

2．移除使用过的UTXO

UTXO_SET 是字典 dict 类型，可以通过定位指针 Pointer 对象进行快速查找和删除，remove_spent_utxo_from_txs()函数定义如下：

```
def remove_spent_utxo_from_txs(utxo_set,txs):
    pointers = find_vin_pointer_from_txs(txs)
    utxos = delete_utxo_by_pointers(utxo_set,pointers)

    #返回移除的 UTXO 列表，用于备份
    return utxos

#找到交易所有输入单元使用过的 UTXO 的定位指针，并存储在列表中
def find_vin_pointer_from_txs(txs):
    return [vin.to_spend for tx in txs for vin in tx.tx_in]

#从 UTXO_SET 中通过定位指针移除使用过的 UTXO，并存储在列表中
def delete_utxo_by_pointers(utxo_set,pointers):

    #初始化 UTXO 列表
    utxos_from_vins = []

    #遍历所有指针
    for pointer in pointers:

        #如果指针属于 UTXO_SET
        if pointer in utxo_set:

            #将指针对应的 UTXO 添加到新列表
            utxos_from_vins.append(utxo_set[pointer])

            #从 UTXO_SET 中移除该 UTXO
            del utxo_set[pointer]

    #返回新列表，用于备份
    return utxos_from_vins
```

接着上例，在 IDLE 中继续输入如下：

```
>>> from simchain.peer import find_vin_pointer_from_txs,
delete_utxo_by_pointers,remove_spent_utxo_from_txs
>>> utxo_set = zhangsan.utxo_set.copy()          #复制张三的交易池
>>> pointers = find_vin_pointer_from_txs(txs)    #找到要删除 UTXO 的定位指针
```

```
>>> pointers
[None,  Pointer(tx_id:47bcaefd69d66f1a47f0df04bb362a183cc0aaa12499a1c84ef22761db8b513c,n:2),  Pointer(tx_id:47bcaefd69d66f1a47f0df04bb362a183cc0aaa12499a1c84ef22761db8b513c,n:3), Pointer(tx_id:47bcaefd69d66f1a47f0df04bb362a183cc0aaa12499a1c84ef22761db8b513c,n:10)]
>>> utxos = delete_utxo_by_pointers(utxo_set,pointers)#通过定位指针移除 UTXO
>>> from simchain.peer import add_utxos_to_set #函数在第五章创世区块小节定义
>>> utxo_set1 = utxo_set.copy()                #复制移除后的 UTXO_SET
>>> add_utxos_to_set(utxo_set1,utxos)          #还原 UTXO_SET，数据回滚
>>> utxo_set1 == zhangsan.utxo_set
True
>>> utxos1 = remove_spent_utxo_from_txs(utxo_set1,txs) #删除交易使用过的 UTXO
>>> utxos1 == utxos
True
```

3. 添加UTXO至UTXO_SET

前文已经说明，UTXO 的添加分两种情况，与系统是否允许从有效交易中提取 UTXO 创建交易有关。confirm_utxos_from_txs()函数定义如下：

```
#分两种情况讨论
def confirm_utxos_from_txs(utxo_set,txs,allow_utxo_from_pool):

    #如果系统允许从有效交易中提取 UTXO 创建交易
    if allow_utxo_from_pool:

        #找到非创币交易中的未确认 UTXO
        utxos = find_utxos_from_txs(txs[1:])

        #将交易的所有输出单元封装为 UTXO 添加至 UTXO_SET，所有 UTXO 为已确认
        #实际上，除了创币交易输出单元封装的 UTXO，其他 UTXO 都已存在于 UTXO_SET
        #于是用全新的同 key 不同 value 的 UTXO 代替
        add_utxo_from_block_to_set(utxo_set,txs)

        #找到所有 UTXO 的定位指针，用于备份
        pointers = find_vout_pointer_from_txs(txs)
        return pointers,utxos

    #如果系统不允许
    else:

        #找到交易中所有输出单元的 UTXO，状态为已确认
        utxos = find_utxos_from_block(txs)
```

```
        #找到所有 UTXO 的定位指针，用于备份
        pointers = find_vout_pointer_from_txs(txs)

        #将 UTXO 添加到 UTXO_SET
        add_utxos_to_set(utxo_set,utxos)

        return pointers,[]

    #找到交易中的所有输出单元的定位指针，并存储在列表中
    def find_vout_pointer_from_txs(txs):
        return [Pointer(tx.id,i) for tx in txs for i,vout in enumerate(tx.tx_
out)]
```

以上程序中使用的 find_utxos_from_txs()、add_utxo_from_block_to_set()、find_utxos_from_block()、add_utxos_to_set()函数在第 5 章创世区块一节中定义并介绍。命名中有带 block 的函数执行的 UTXO 都是已确认的。

对于系统允许从有效交易中提取 UTXO 中的情况，备份的 UTXO 列表中不包括创币交易输出单元封装的 UTXO；而系统不允许时，不需要备份 UTXO，只需要备份其定位指针。原因是，在数据回滚时，会将之前添加至 UTXO_SET 的已确认 UTXO 通过定位指针删除，然后再添加备份的 UTXO 列表至 UTXO_SET。

接着上例，在 IDLE 中继续输入如下：

```
    >>> len(utxo_set)                    #UTXO_SET 长度
    15
    >>> [utxo_set[pointer].confirmed for pointer in utxo_set]  #UTXO 的状态
    [True, True, True, True, True, True, True, True, True, False, False, False,
False, False, False]
    >>> from simchain.peer import confirm_utxos_from_txs
    >>> confirm_utxos_from_txs(utxo_set,txs,True)              #修改状态
    >>> [utxo_set[pointer].confirmed for pointer in utxo_set]
    [True, True, True, True, True, True, True, True, True, True, True, True,
True, True, True, True]
    >>> len(utxo_set)                    #增加了一个 UTXO，是创币交易的输出单元封装而来
    16
```

由上例可以看出，由于 Simchain 默认允许从有效交易中提取 UTXO 创建交易，UTXO_SET 中存在由有效交易输出单元封装的 UTXO，只是在写进区块链前，状态为未确认。执行添加后，状态都修改为已确认，而且由创币交易输出单元封装的 UTXO 也被添加至 UTXO_SET。

接下来，需要将区块交易从交易池中移除，remove_txs_from_pool()函数定义如下：

```
#从交易池中移除区块交易
def remove_txs_from_pool(pool,txs):

    #初始化将移除的交易字典
    n_txs = {}

    #遍历区块交易列表
    for tx in txs:

        #如果交易在交易池中
        if tx.id in pool:

            #则将交易添加至新字典
            n_txs[tx.id] = tx

            #交易从交易池中移除
            del pool[tx.id]

    #返回从交易池中移除的交易，用于备份
    return n_txs
```

接着上例，在 IDLE 中继续输入如下：

```
>>> from simchain.peer import remove_txs_from_pool
>>> pool = zhangsan.mem_pool.copy()                    #复制张三的交易池
>>> removed_txs = remove_txs_from_pool(pool,txs)    #从 pool 中移除交易
>>> pool
{}
>>> removed_txs == zhangsan.mem_pool             #备份的交易和张三的交易池相同
True
```

对于第二种情形，需要用新区块代替末尾区块，多一个数据回滚的过程，回滚到末尾区块未加入区块链之前的状态。Simchain 中通过 recieve_exist_prev_hash_block()函数实现数据更新。

```
#输入参数为节点和区块交易
def recieve_exist_prev_hash_block(peer,txs):

    #数据回滚
    roll_back(peer)

    #将新区块添加至区块链
    recieve_new_prev_hash_block(peer,txs)
```

4．数据回滚

为了防止数据回滚，在 recieve_new_prev_hash_block()函数的定义过程中，节点备份了可能回滚的数据，包括_txs_removed（被删除的交易）、_utxos_from_vins（被删除的 UTXO 列表）、_pointers_from_vouts（添加到 UTXO_SET 的 UTXO 的定位指针列表，包括创世交易输出封装的 UTXO）、_utxos_from_vouts（需要重新添加至 UTXO_SET 的 UTXO 列表，只有系统允许从有效交易中提取 UTXO 创建交易时才需要该过程，实质上是区块中非创币交易所有输出单元封装的未确认 UTXO 列表）。

```
def roll_back(peer):

    #将移除的交易重新添加至交易池
    peer.mem_pool.update(peer._txs_removed)

    #将交易使用过的 UTXO 重新添加至 UTXO_SET
    add_utxos_to_set(peer.utxo_set,peer._utxos_from_vins)

    #将交易输出单元封装的已确认 UTXO 从 UTXO_SET 中移除
    remove_utxos_from_set(peer.utxo_set,peer._pointers_from_vouts)

    #如果系统允许从有效交易中提取 UTXO，则将区块中非创币交易的
    #所有输出单元封装为未确认 UTXO 添加至 UTXO_SET
    #如果系统不允许，则该操作不改变数据
    add_utxos_to_set(peer.utxo_set,peer._utxos_from_vouts)

    #清空节点备份数据
    peer._utxos_from_vins = []
    peer._pointers_from_vouts = []
    peer._utxos_from_vouts = []
    peer._txs_removed = {}
```

接着上例，在 IDLE 中继续输入如下内容：

```
>>> utxo_set = zhangsan.utxo_set.copy()                #复制张三的 UTXO_SET
>>> txs = block.txs.copy()                             #复制区块交易
>>> try_to_add_block(zhangsan,block)                   #添加区块
True
>>> zhangsan.mem_pool                                  #交易池变为空
{}
>>> from simchain.peer import roll_back
>>> roll_back(zhangsan)                                #数据回滚到添加区块前
>>> txs[1:] == list(zhangsan.mem_pool.values())        #交易回滚成功
```

```
True
>>> zhangsan.utxo_set == utxo_set                        #UTXO_SET回滚成功
True
```

以上内容实现了 Simchain 中有效区块被添加至区块链的过程。对于“孤块”的处理，只需要在每添加一个新区块后，对“孤块”列表进行一次检查，每一个“孤块”进行尝试添加操作即可。

5. 更新UTXO_SET和交易池顺序讨论

在更新 UTXO_SET 和交易池的过程中，节点仍然在验证并接收新的交易。设想这样一种情形，当节点将区块中的某条交易 A 刚从交易池中移除，同时接收到交易 B，假设交易 B 和交易 A 使用了相同的 UTXO，如果此时节点的 UTXO_SET 未更新，则交易 B 使用的 UTXO 能在 UTXO_SET 中找到，则节点会“误认为”交易 B 为有效交易而添加至交易池，如果节点正好是“矿工”，当“挖出”的含有交易 B 的区块被广播到网络中时，就会被其他节点拒绝。所以，先更新 UTXO_SET 再更新交易池可以防止此类事件的发生。

6.7 区块的“一生”

结合以上内容的学习总结，区块从无到有，到最终被写进不可篡改的区块链，大致会经历五个阶段，如下所述。其中，第三、四个阶段并不是必经阶段。

第一个阶段：候选区块。区块是交易的容器，最终是为了让交易被全网认可。“矿工”首先选择交易创建候选区块。对于每一轮共识，有多少个“矿工”就会有多少个候选区块，但最终只有一个候选区块被写进区块链。

第二个阶段：被“矿工”打包的区块。每一轮共识中的“获胜矿工”将工作量证明添加至候选区块，该过程被称为候选区块的打包。打包的区块会被广播到网络中，被节点独立验证有效才能在网络中传播。同时，节点会尝试将该区块添加至区块链。

第三个阶段：“孤块”列表中的区块。如果节点接收到的有效区块的“父区块”并不在区块链中，则会将区块添加至“孤块”列表，直至其“父区块”添加至区块链。

第四个阶段：分叉列表中的区块。如果节点接收到的有效区块和区块链中的某个区块有着相同的“父区块”，则会将该区块添加至分叉列表，它仍然有机会被写进区块链，这依赖链条的发展情形。

第五个阶段：区块链中的区块。如果区块符合被添加条件，则会被添加到区块链。如果分叉列表中存在某区块与该区块有相同的“父区块”，则该区块有可能内被分叉列表中的区块代替。

以上就是区块链中区块的“一生”。

6.8 知识总结

到目前为止，完整的区块链系统就能搭建起来了。系统由对等节点构成 P2P 网络，为交易和区块的传播提供基本条件，交易和区块又由节点创建和负责传播。对于传统的有中心权威节点的网络交易平台，权威节点可以对单条交易数据逐一进行验证，验证即达成共识，然后统一存储。区块链系统采用的是分布式存储，为了保证所有节点数据的一致性，需要一个分布式共识的过程。很显然，像传统交易平台一样，对每一条交易单独达成共识是低效而不可取的。于是，每一次共识不以单条交易而是若干交易为对象，而若干交易构成区块，从而提高了系统的效率。

以 UTOX 模型区块链系统为例，分布式存储让区块链数据是完全公开透明的，如何保障用户的资产和信息安全，这就依赖加密来完成。比如，在 UTXO 模型中，用户的资产被存储在交易的未消费输出单元中，也称 UTXO，加密算法对 UTXO 进行锁定，UTXO 的归属者拥有唯一的解锁钥匙，只要钥匙不暴露，其他人都不能打开锁定的 UTXO 供自己使用。当然，除了默认的锁定形式，系统也允许用户在一定程度上自定义锁定形式，这丰富了系统的功能，这类数字货币也被称为可编程的数字货币。

哈希算法在加密中起到了非常重要的作用，比如，交易和区块的编号都是对其数据进行哈希运算得到，应用梅克尔树根哈希值对交易数据进行归纳，数字签名时对签名明文进行哈希运算，区块由哈希值链成区块链，工作量证明算法也是通过哈希运算找到满足条件的输入，以上哈希算法的应用都是为了保证交易和区块在网络中传播时不被篡改，而且环环相扣。

分布式存储的区块链要保证数据一致，必须要达成全网共识，这依赖共识算法来实现。目前的共识算法很多，比如本书中重点介绍的工作量证明（POW）共识算法。不同的共识算法，需要不同的区块数据结构和链式结构。因此，UTXO 模型并不是唯一的，它只是区块链技术的一种实现形式，比如以太坊的账户模型又是另一种区块链技术的实现形式。UTXO 模型是比特币最先采用的一种数据结构，无疑是创新的、惊艳的。

健康的区块链系统必须具备的四要素包括：P2P 网络、连续的交易、足够多的存储节点，以及足够多的共识节点。当 P2P 网络搭建完成后，节点发起的交易通过泛洪路由协议在网络中传播，其他节点对照自己的区块链数据独立验证交易的有效性，有效交易被存放在各自的交易池中。共识节点从交易池中选择一定数量的交易打包成区块，在达到满足共识条件的情形下（比如在工作证明（POW）中找到 nonce），将区块广播到网络中，其他节点对照自己的区块链数据独立验证区块的有效性，如果有效且符合添加原则，则会扩展自己的链条，从而保证了全网数据的一致。以上过程的无限循环，就是区块链系统的工作过程。

第7章 杂谈

在本章中，作者将从技术的角度从多方面讨论区块链的相关问题，纯属个人观点，仅供读者参考。如果没有做特殊说明，所讨论的都是公有链。

7.1　关于区块链常见问题的讨论

1．区块链是不是数据库

单从数据库的字面理解，作为一个公共账本，区块链很显然是一种存储数据结构的数据库。但和传统的数据库又有一定的区别。

从操作上讲，传统的数据库可以增、删、改、查；而区块链只支持增、查。

从隐私上讲，传统的数据库可能是不公开的，比如交易平台存储用户账户密码的数据库；而区块链是公开透明的。

从存储上讲，传统的数据库几乎都是中心化存储，而且可以存储任意大型数据；而区块链是分布式存储，目前只能存储简单的小型数据结构。

2．中心化与中介化

实际上，关于这两个概念的争议也是没有必要的，因为它们是从不同层面上衍生出来的概念。

从技术层面来讲，在传统的“服务器-客服端”模式的系统中，服务器是一个数据集散中心。从网络结构上讲，称之为中心化的节点是完全可以的。而中心化的区块链系统，所有区块来自该节点，将其称为中心化的节点也是没有太大争议的。

从功能层面上讲，区块链系统通过“冷酷无情”的程序实现了传统交易平台中心节点的中介功能，构建了一种新的信任机制。

当然，区块链实际上有一个“大”的中心，“大”的中心是“获胜共识节点”的集合，所以有人也主张将去中心化的概念用分布式代替。当然，由于目前缺乏相关标准，只要是有利于学习者理解的，都是可行的称谓。

3．既然区块链是账本，为什么要将交易封装为区块

传统的“服务器-客服端”模式的交易系统，仅有服务器中心节点有存储全网交易记录的账本。中心节点对照账本只需要验证交易，不需要达成共识，或者说验证交易就是达成共识。而区块链系统是分布式的，为了保证所有存储节点的数据一致，除了验证交易外，还有一个达成共识的过程，显然以单条交易为单元达成共识是低效的，如果将交易打包成区块能提高系统的效率。

4. SPV节点没有区块链数据，为什么能创建交易

SPV 节点也称为轻节点，虽然不存储完整的区块链数据，但却要存储和自己有关的交易数据，比如支付和接收支付的交易。从这些交易中可以提取 UTXO 创建交易和统计余额。不存储完整区块链数据，就不能验证交易，但是可以通过向存储完整区块链数据的节点“询问”，来验证支付。

5. 孤立交易池存放怎样的交易

当网络中的节点验证某条交易时，如果该条交易中有一个或多个输入单元使用的 UTXO 无法在区块链中找到，则该条交易会被暂时存放在孤立交易池中。孤立交易池中的交易可能是有效的（详见第 4 章），也可能是无效的。如果系统允许节点从有效交易中提取 UTXO，则每接收一条有效交易，节点就验证一次孤立交易池，确认新接收的有效交易是不是孤立交易池中某条交易的“父交易”。如果系统不允许节点从有效交易中提取 UTXO，则节点每添加一次区块就验证一次孤立交易池。孤立交易池中的有效区块最终会被转移进交易池中，也会被写进区块链；而无效交易会永远无效。

6. 区块链是安全的

事实上，区块链的安全有两个层面。

第一个层面是保证区块链数据的安全，主要是不能被篡改。分布式存储为数据的篡改制造了巨大的阻碍，这需要巨大的工作量。当然，哈希运算和链式结构也有防篡改的能力。再者，区块链系统的运行是以分布式数据的一致为前提的，共识算法的安全也在考虑之列。

第二个层面是链上资产的安全。资产的安全又可以从两个方面讨论。一方面是区块链中的资产是通过加密来确保所有权的，其加密算法必须是安全的；另一方面是用户的操作安全，比如用户操作不当暴露私钥（木马程序），而被盗取 UTXO 等。

7. 区块链是不可篡改的

有效交易和区块是不可篡改的，篡改后将会变得无效。但由于会有偶然分叉的可能性，被写进区块链的区块可能面临被有相同前区块哈希的其他区块代替，所以存在一个数据回滚的过程。

8. 区块链是颠覆性的技术

从全书的内容来看，区块链中所用到的技术都不算新技术，P2P 网络、密码学和分布式共识等问题都是老技术了，但区块链将这些技术完美地融合在一起。

7.2　关于真假区块链项目的辨别

目前，区块链的火爆程度是不言而喻的。国内市场上的区块链项目也是参差不齐，主要以“发币”为主，而且大部分项目并没有获得政府许可，所以区块链项目的门槛既高也低。说门槛高是因为技术本身并不成熟，作为一个无监管的系统，抵御攻击的唯一途径就是做到天衣无缝，无懈可击，很显然这是困难的。说门槛低是因为“造假”门槛低，掌握核心技术的人员少，市场也缺少相应的监管机构。所以作者对区块链“真假”判别给出一些浅薄的建议。建议的主旨是

无开源，不区块链。

只要是区块链项目，就必须开源，这是由区块链自身的技术特点决定的。比如第3章和第4章中介绍的随机数攻击和签名明文攻击，前者盗取私钥，后者盗取UTXO，整个系统仅需修改一两行代码就会出现安全漏洞。开源既是公开让全世界检验，也是让全世界一起找漏洞，是不断完善系统的过程。除了加密中的漏洞外，还存在哪些似是而非的区块链项目呢？一般有以下两类：

第一类，项目本身就和区块链技术扯不上任何关系，完全靠炒作。这类项目只要开源，就会被淘汰。

第二类，项目虽然用到了区块链技术，但不一定就是“真正”的区块链项目。为什么这样讲？前文已经提到，健康的区块链系统依赖四要素，分别为P2P网络、连续的交易、足够多的存储节点、以及足够多的共识节点，交易和区块的安全依赖加密，存储节点保证交易和区块的有效验证，共识节点维持区块链数据的一致。下面将分别从加密、P2P网络和共识三个方面讨论。

在加密算法上做“手脚”。随机数攻击、签名明文攻击都属于此类，但不仅限于此。同时也意味着，即使对于目前安全性较高的比特币和以太币等，用户也应该慎用非官方和非开源的钱包。即使是开源钱包，也应该读懂源码。

谨防中心化的区块链，这可以从网络和共识上加以辨别。比如某些项目，表面上看起来像区块链，但却存在“中心”，网络中其他节点的数据均来自该“中心”。这有多种可能的实现形式如下：

比如某个项目，所有区块由项目发起者产生，项目也为其他节点提供共识功能，但共识与记账无关，可能仅仅只是一个游戏。在项目运行中，也许“中心”节点不会“作恶”，但却有“作恶”的资本。

和上一种情形类似，但“中心”节点更隐蔽，整个网络能够健康运行，但可能项目代码的某一行或某一段代码能实现这样的功能，其他存储节点会定期同步“中心”节点的数据。

再看另外一种情形，很多小型项目，共识节点有限，可能参与共识的节点都是开发者认识或者有关系的人，他们组成“联盟”，实质上也是中心化的。

当然，以上仅是作者的一些看法，并不一定全面。但归根结底，不注重开源或者没有研究源码都是辨别不出“假”区块链的原因。所以，区块链项目，开源是首要条件。

7.3 关于区块链技术的发展趋势

7.3.1 抗量子密码学

在区块链的安全中，第二个层面讨论到加密算法的安全。想象一下，比特币用户一觉醒来，发现所有的比特币都不翼而飞，原来是“黑客”通过量子计算机攻克了所有私钥。这一天正在向我们靠近，区块链对全新的抗量子密码的需求也是迫在眉睫。

本书第 3 章中介绍的基于格的密码就是一种抗量子密码，也是目前的研究热点，当然也有一些待解决的问题。

- 嵌入式系统使用受限。嵌入式系统没有足够的内存和计算能力。第 3 章中介绍的椭圆曲线加密的密钥是整数和整数对，只涉及加减法运算，而格密码中的密钥是矩阵，运算涉及矩阵运算。
- 更短的密钥、签名和签名明文。密钥和明文的大小将直接影响交易数据的大小，但更短的密钥意味着抗攻击性更弱，如何达成平衡是个问题。
- 参数选择非常关键。比如矩阵的维度、矩阵元素的取值范围等。不同的参数直接影响加密的效果。

7.3.2 零知识证明

零知识证明（Zero Knowledge Proof）是指证明者在不向验证者提供任何有用信息的情况下，使验证者相信某个论断是正确的。

举个简单的例子，桃源村中有一个环形的山洞，山洞有两个入口，中间一扇门，只有知道密语的人才能打开。张三向李四声称自己知道开门的密语，李四不信，要张三证明。张三确实知道密语，但又不想告诉李四，于是他想到了一个办法。如图 7.1 所示，张三让李四在山洞外等着，然后自己走进山洞，随机选择入口 A 或 B，但不让李四知道。

等张三进入山洞后，李四来到两个入口处，大声地告诉张三，希望他从 A 或 B 入口出洞。假设李四的选择是 B，如果张三之前从 B 入口进洞，只需要原路返回即可，如图

7.2 所示；如果张三之前从 A 入口进洞，则他必须知道密语，打开门才能从 B 入口出洞，如图 7.3 所示。显然，张三知道密语的概率是 50%。但是如果将该过程重复多次，每一次张三都能从李四所要求的洞口出来，则李四有理由相信，张三确实拥有开门的密语。

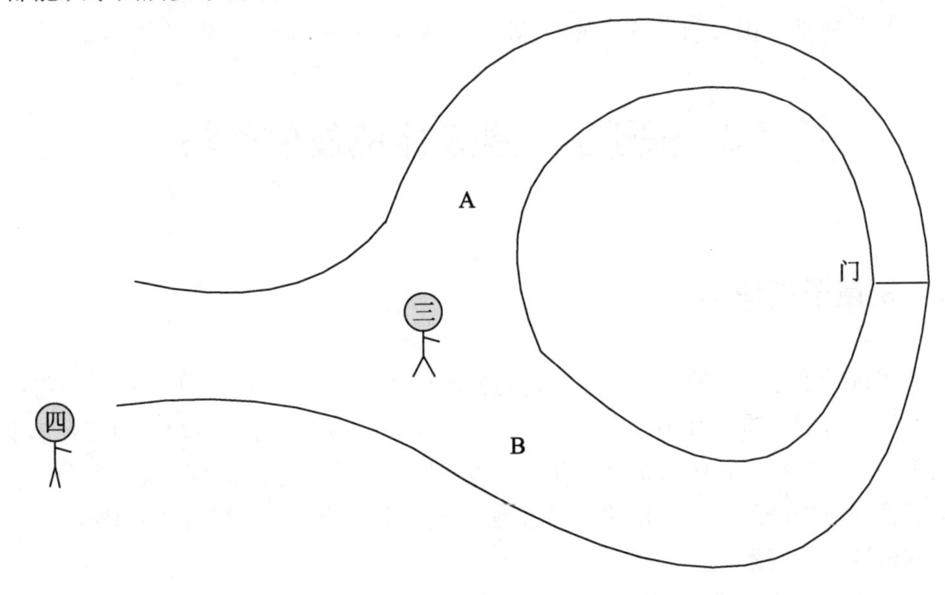

图 7.1　李四在洞外等候

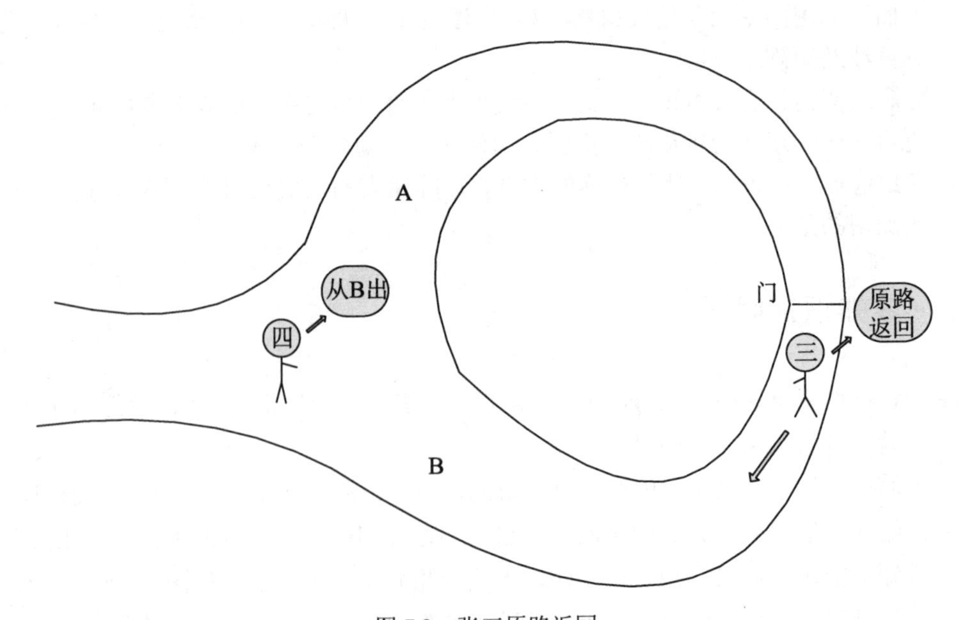

图 7.2　张三原路返回

零知识证明中的张三就是证明者，李四就是验证者，由于他们之间有互动，所以也称为交互式的零知识证明。在区块链中，交易创建者不提供任何和私钥有关的信息，但能像其他节点证明它确实拥有某个 UTXO 的所有权，这种证明是非交互式的。零知识证明一般和密码学结合使用，比如 Zcash 项目就应用了该技术，在该种数字货币中能隐藏用户的地址和转账金额。即便如此，该技术并不成熟，仍然存在值得深度挖掘之处。

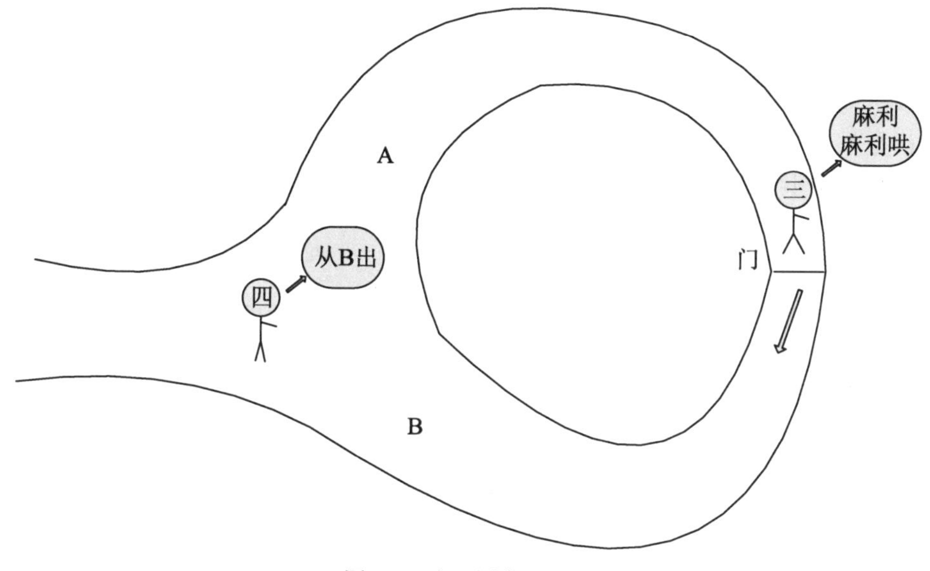

图 7.3　张三用密语开门

7.3.3　代码漏洞检测

区块链技术试图用“冷酷无情”的代码来创建信任，而且是对资产的管理，这无疑对代码的安全性提出了更高的要求。比如，著名的 The Dao 事件就是利用代码的漏洞发动的攻击。虽然比特币现在足够安全，但随着功能越来越多，出现漏洞的几率也在增加。比如以太坊中智能合约的安全。这些都对代码的漏洞检测提出了新的要求。

7.4　关于以太坊与智能合约

1. 以太坊简介

提到以太坊，不得不提它的创始人 Vitalik Buterin。在比特币早期，他就是比特币社区的活跃成员。最初他提议比特币需要开发通用的脚本语言来支持丰富的应用功能，但并没有获得比特币开发团队的支持。后来另起炉灶创建了以太坊，以太坊是一个区块链编程平台，提供了更底层的数据结构，支持用户开发新的记录和函数，比如对应用开发语言

Solidity 的使用。

2．账户模型

以太坊的设计初衷就是搭建区块链平台，所以 Vitalik Buterin 设计了完全不同的数据结构，相对于比特币的 UTXO 模型，它被称为账户模型。两种模型各有专攻，UTXO 模型是以实现电子现金为初衷，账户模型是以创建区块链平台为目的。两种模型各有优势，UTXO 模型具有更高的安全性，支持溯源，存储空间大等；账户模型能更好地融合智能合约，易用、存储小，但交易不能并法执行等。

3．智能合约

回顾第 6 章中介绍的多重签名。Simchain 本身并没有这种新的交易形式，但堆栈机提供了这种验证功能。这意味着用户可以自由开发新的交易形式。这种自定义交易形式就是智能合约。但 Simchain 的堆栈机功能有限，并不支持更复杂的功能。比特币的脚本引擎功能虽然比 Simchain 的 LittleMachine 强大，但仍不能支持复杂的智能合约功能；而以太坊的堆栈机，也被称为以太坊虚拟机，是图灵完备的，功能更为强大，支持更多复杂的功能。所以，以太坊智能合约的实现，实质上是对比特币脚本引擎的升级。

更多以太坊底层实现的知识，作者也希望能和读者一起探讨。

7.5 关于区块链应用的愿想

首先必须承认，从技术本身而言，区块链是伟大的发明。

相信大部分读者都从铺天盖地的报道中了解过区块链可能的应用场景。但目前主要的应用还是“发币”，也就是作者在第 5 章区块链分类一节中提到的代币链，代币也有人称为权益证明 Token。如果说区块链仅应用于金融领域，该技术必定是小众的。

作者认为区块链技术目前找不到合适的应用场景，还归因于以下两个原因：

- 技术本身还处于萌芽阶段，就像十几年前的互联网一样，谁都未曾想如今能如此深远地影响我们的生活。技术的发展需要一个过程，应该更耐心一点，多给它一点酝酿的时间。目前区块链甚至没有一个统一的标准，世界各国都在制定相关的标准体系，相信这会为区块链的发展奠定一个良好的基础。
- 目前对区块链技术有深入了解的人，大部分都出自计算机和金融行业，其他领域对该技术的重视程度不够，或者说“科普”程度不够。

作为区块链技术的推崇者，作者希望区块链技术能应用到更广泛的领域，加速实物链和交叉链的发展。可能道路是曲折坎坷的，但期盼这一天能早日到来。